常微分方程

高等学校数学类专业系列教材

(第三版)

张伟年 杜正东 徐　冰

Ordinary Differential Equations

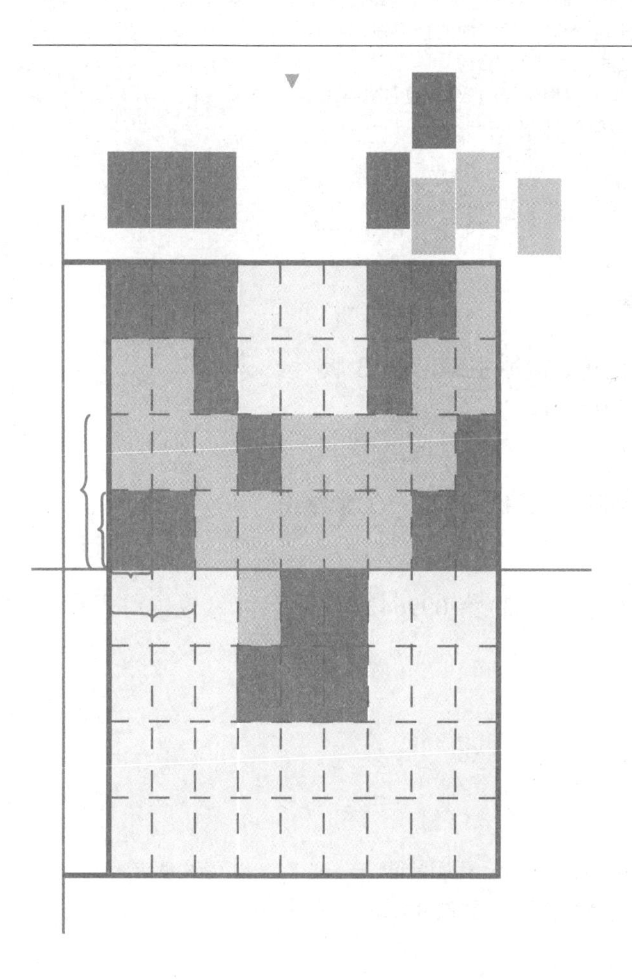

中国教育出版传媒集团
高等教育出版社·北京

内容提要

本书介绍常微分方程的基础知识，包括基本理论、方法和在工程实际中的若干应用。全书共分六章28节，包括绪论、初等积分法、线性方程、常系数线性方程、一般理论和定性理论初步等内容，涉及常微分方程模型、矩阵指数函数方法、微分不等式与比较定理、微分方程数值解、动力系统概念、周期轨道与 Poincaré 映射、平面 Hamilton 系统等方面的知识。本书力求贴近工程实际，贴近现代微分方程的发展主流，贴近新时代读者的阅读习惯，为读者以后深入学习、研究和应用微分方程提供一个方便的台阶。

本书可以作为高等学校数学类专业常微分方程课程的教材，也可供其他希望了解常微分方程理论的相关专业人员参考。

图书在版编目（CIP）数据

常微分方程／张伟年，杜正东，徐冰主编. -- 3版. -- 北京：高等教育出版社，2023.12

ISBN 978-7-04-060611-9

Ⅰ. ①常… Ⅱ. ①张… ②杜… ③徐… Ⅲ. ①常微分方程 Ⅳ. ①O175.1

中国国家版本馆 CIP 数据核字(2023)第099642号

Changweifen Fangcheng

策划编辑 高 旭	责任编辑 高 旭	封面设计 王 琰	版式设计 杨 树
责任绘图 马天驰	责任校对 高 歌	责任印制 耿 轩	

出版发行	高等教育出版社	网　　址	http://www.hep.edu.cn
社　　址	北京市西城区德外大街4号		http://www.hep.com.cn
邮政编码	100120	网上订购	http://www.hepmall.com.cn
印　　刷	山东临沂新华印刷物流集团有限责任公司		http://www.hepmall.com
开　　本	787 mm×1092 mm　1/16		http://www.hepmall.cn
印　　张	15	版　　次	2014年8月第1版
字　　数	270千字		2023年12月第3版
购书热线	010－58581118	印　　次	2023年12月第1次印刷
咨询电话	400－810－0598	定　　价	38.60元

本书如有缺页、倒页、脱页等质量问题，请到所购图书销售部门联系调换

物 料 号　60611-00

常微分方程

（第三版）

张伟年 杜正东 徐　冰

计算机访问：

1 计算机访问 https://abooks.hep.com.cn/60611。

2 注册并登录，点击页面右上角的个人头像展开子菜单，进入“个人中心”，点“绑定防伪码”按钮，输入图书封底防伪码（20位密码，刮开涂层可见），完成课程绑定。

3 在“个人中心”→“我的图书”中选择本书，开始学习。

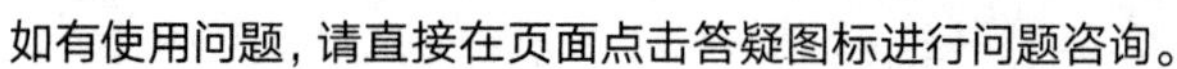

手机访问：

1 手机微信扫描下方二维码。

2 注册并登录后，点击“扫码”按钮，使用“扫码绑图书”功能或者输入图书封防伪码（20位密码，刮开涂层可见），完成课程绑定。

3 在“个人中心”→“我的图书”中选择本书，开始学习。

如有使用问题，请直接在页面点击答疑图标进行问题咨询。

序言

近几十年来随着非线性科学的迅猛发展，微分方程在力学技术、电子技术、生物技术等诸多领域中愈加呈现其重要性。同时，在这些高新科学技术的推动下，微分方程理论也得到飞速的发展。从过去对平衡点、周期轨道等的定性研究到今天对非局部分岔、高余维分岔的分析判定，微分方程在理论和方法上正经历着一个新的跨越。常微分方程是大学阶段的基础课程之一，面对新的挑战，其教学内容既要保证基础训练，也要力争反映时代要求，引导学生走近学科前沿，让年轻的一代尽快跟上学科发展的主流。

这本《常微分方程》正是在这样的背景下写成的，它出自几位年轻学者的手，他们正活跃在微分方程和动力系统的科研和教学的第一线。他们不仅在多年的教学实践中积累了一定的经验，而且在艰苦的科研工作中获得许多新知。他们力求教材能贴近工程实际，贴近现代微分方程的发展主流，为读者今后的学习和工作提供一个好的平台。正如作者在前言中提到的四条主线，它们正是这本书的鲜明特点。

应该看到，近十多年来在我国已经成长起来和正在成长着一批踏实、勤奋的年轻人，他们正带领着自己年轻的团队工作在微分方程领域的前沿，为我国的科学和教育事业拼搏着，这是令人欣慰的。他们必将会在未来的微分方程教学、科研和应用中超越他们的前辈，取得更大的成绩。

张芷芬*

2004 年 11 月 12 日于北京大学

---

* 张芷芬，数学家，北京大学数学科学学院教授、博士生导师。主要从事常微分方程定性理论和拓扑动力系统理论的研究，是国内这一领域的开拓者之一。

第三版前言

本书是修订的第三版。我们经过对2006年的第一版和2014年的第二版的使用,仍然发现了一些打印错误。在和同行的教学交流中,也发现一些需要改进的地方。

在本次修订中,我们将有些表述加以严格化,对有的章节补充了习题,并对"部分习题答案和提示"做了增补。整个修订工作中我们保持了上一版的结构和特色,丰富了原有内容。

本书作为四川大学立项建设教材,其修订得到了高等教育出版社及四川大学教务处、数学学院的支持。许多使用本书的高等学校师生给我们提出了宝贵意见和建议。借此修订再版的机会,谨向他们致以衷心的感谢。

张伟年　杜正东　徐冰

2022年12月于四川大学

第二版前言

本书自第一版出版以来，已连续8年作为四川大学数学类专业“常微分方程”课程教材使用。在使用中我们发现了一些打印错误，也发现不少需要改进与提高的地方。

在本次修订中，为了保持教材风格的连续性，我们纠正了所发现的打印错误并改进了一些表达方式，同时保持原教材整体结构不变。我们调换了原教材第一章第一节例1.2和例1.4的位置，使得本书以单摆的例子开始，也以单摆的例子(第六章第六节例6.9)结束，前后更好地呼应，形成一个完整的“故事”。

本书的修订得到了高等教育出版社、国家级精品资源共享课建设项目、四川大学教务处和数学学院的支持。不少使用本书的高等学校师生和自学者给我们提出了很多宝贵意见和建议，借此修订再版的机会，谨向他们致以衷心的感谢。

张伟年　杜正东　徐冰

2014年2月于四川大学

第一版前言

用微商来描述事物变化的趋势,用物质不灭、能量守恒以及其他物质运动基本规律来建立已知量和未知量之间的关系,这样可以将来自物理学、化学、生物学、工程和经济学等领域的一些实际问题表述为精确的等式形式。这种包含未知函数及其微商的等式就是我们将要学习的微分方程。

自 Newton(牛顿),Leibniz(莱布尼茨)创立微积分以来,人们就开始研究微分方程。从最初的初等求解技巧到今天日益发达的数值模拟技术,从早期对方向场的理解到今天关于微分方程定性理论、分岔理论的成熟知识体系的建立,三百多年的历史使这门数学分支不仅成为了数学学科中队伍最大、综合性最强的领域之一,而且成为数学以外学科最为关注的领域之一。它的发展极大地推动了自然科学、工程技术乃至社会科学的发展。尤其是地球椭圆轨道的计算、海王星的发现、弹道轨道的定位、大型机械振动的分析、自动控制的设计、气象数值预报、人口按年龄结构增长宏观预测等,微分方程为之提供了关键技术支撑。反过来这些实际问题也推动了微分方程领域走向纵深,使之成为当今经济发展、社会进步所不可缺少的一门高技术。

微分方程是研究自然科学、工程技术及社会生活中一些确定性现象的重要工具。通过研究微分方程的解的各种属性,我们就能解释一些现象,对未来的发展趋势作出预测,或者为我们设计新的装置提供参考。

我们将在前面四章介绍一些特殊形式的方程的精确求解方法。在第二章我们学习用初等积分法求解一些微分方程的技巧。在第三章和第四章我们用两章的篇幅详细介绍线性微分方程理论和求解方法,了解线性微分方程解的代数结构,为下一步深入学习非线性微分方程理论打下基础。

对非线性微分方程来说,除了极少数形式以外,绝大多数形式的方程(甚至是第二章提到的形式非常简单的 Riccati(里卡蒂)方程)都没有初等解法。因此对这一类方程,我们首先在建立微分方程理论的基石,即解的存在性和唯一性的基础上学习解的近似计算方法。这将是本书第五章的内容。

近似计算只是研究微分方程的一种方法。它并不能解决一切问题,尤其是在系统对初始数据十分敏感的情况下。非线性微分方程的研究仍然是十分困难的。19世纪末法国数学家 H. Poincaré(庞加莱)和俄国数学家 A. M. Lyapunov(李雅普诺夫)开创了微分方程定性理论和稳定性理论。20世纪初美国数学家 G. D. Birkhoff(伯克霍夫)继承和发展了 H. Poincaré 的思想并提出了“动力系统”的理论。他们把微分方程研究推向了一个新的发展阶段。在第六章我们将介绍这方面的基本知识,学习根据方程本身特点来分析它们所描述的现象,引导读者对非线性问题的研究兴趣。对非线性问题的研究是自然科学和工程技术中十分重要的课题。大多数在实际应用中遇到的问题都是非线性的,而且即使是一些表面形式非常简单的非线性微分方程(如周期激励下的单摆方程)都蕴含着极为复杂的动力学性质。由于其复杂性和困难性,它又对现有的科学和技术水平提出了巨大挑战。

微分方程理论是一门综合性很强的知识体系。它的发展从来就离不开数学其他分支的发展。要研究好微分方程就需要泛函分析、微分几何、代数和拓扑等方面的新成果、新方法支持。本课程适宜于大学二年级开设。要学好微分方程理论,首先要具备微积分和线性代数的基础。

本书是为了适应新世纪课程改革的需要,参照我们的常微分方程课程教学实践和微分方程与动力系统科研需求,参考国内外多本经典教材来编写的。我们力图通过教材来形成我们的教学特色。我们加强构造积分因子技巧的训练并将计算首次积分同计算 Hamilton(哈密顿)能量函数以及构造 Lyapunov 函数的需要联系在一起,加强常数变易法和微分不等式的内容并与进一步学习非线性微分方程的渐近性态联系在一起,加强 Euler(欧拉)指数函数法和特征理论并与微分方程平衡点分类联系在一起,加强 Picard(皮卡)逼近的思想并与微分方程数值解法以及动力系统中的迭代行为联系在一起。我们用这四条主线将整个体系前后串在一起。我们注意减轻习题的计算量而着重突出思想与结构,并适当增加开放式思考和设计解决方案、编写计算程序的“动手环节”。在书中我们利用一些知识点,例如解空间与通常见到的欧氏空间的区别、特征根对复系统的要求、算子解法的算子的描述等,引发读者对数学高年级课程的兴趣,促使读者将微分方程同数学的整个知识体系联系起来学习。

本书的写作得到了国家理科基地名牌课程建设项目的支持和四川大学教务处及数学学院领导的鼓励和帮助,在此我们深表谢意。作为我们教学实践和改革的一个阶段性总结,这本书一定还有许多需要完善的地方,因此我们真诚希望得到同行的批评指正,以便共同把微分方程的基础教学工作做好。

张伟年

2004年10月于四川大学

目录

第一章

绪　论

去粗取精，去伪存真，由此及彼，由表及里.

方程就是包含未知量的等式，求解方程就是要透过表象去探索内在的奥秘. 读者已经熟悉的方程包括一般的代数方程及三角函数方程等，如 $x^2+5x-6=0$，这些方程的未知量是一个量的某几个特定的值. 但在科学技术和实际应用中还会碰到大量的方程，其未知量是一个函数，例如 $F(x,\phi(x))=0$，$\phi(x^2+1)=2\phi(x)$ 和 $\phi(\phi(x))=x$，其中 ϕ 是未知函数. 这些方程称为*函数方程*或*泛函方程*. 其中，那些联系着自变量、未知函数以及未知函数的导数的函数方程称为*微分方程*，例如

$$\frac{\mathrm{d}^2\phi}{\mathrm{d}t^2}+k^2\phi+\gamma\phi^3=A\cos\omega t, \tag{1.1}$$

$$\frac{\partial\phi}{\partial t}=\frac{\partial^2\phi}{\partial x^2}. \tag{1.2}$$

上述第一个方程为*常微分方程*(ordinary differential equation)，其未知函数 $\phi(t)$ 是关于自变量 t 的一元函数；第二个方程为*偏微分方程*(partial differential equation)，其未知函数 $\phi(t,x)$ 为关于自变量 t,x 的多元函数. 严格地说，常微分方程的一般形式是

$$F(t,\phi,\phi',\cdots,\phi^{(n)})=0, \tag{1.3}$$

其中 F 是一个 $n+2$ 元的已知函数，而 $\phi',\phi'',\cdots,\phi^{(n)}$ 是未知函数 $\phi(t)$ 的一阶直至 n 阶导数. 我们称 n 为方程(1.3)的阶，称方程(1.3)为 **n 阶常微分方程**. 本书主要介绍常微分方程的理论、方法和应用. 因此当不会引起混淆时，又常简称(1.3)为 **n 阶微分方程**或 **n 阶方程**.

自 Newton，Leibniz 创立微积分以来，人们就开始研究微分方程. 三百多年来，微分方程的发展极大地推动了自然科学、技术科学和社会科学的发展. 到今天它已

广泛地渗透到了物理学、化学、生物学、工程技术乃至社会科学等各个领域，反过来这些领域中提出的实际问题也推动了微分方程领域走向纵深，使之成为当今经济发展和社会进步所不可缺少的一门高技术.

图 1.1　I. Newton(1643—1727)

图 1.2　G. W. Leibniz(1646—1716)

§ 1.1　常微分方程模型

设有一个质量为 m 的物体在 x 轴上作直线运动，由著名的牛顿第二定律，其位移 x 作为时间 t 的函数满足等式

$$m\ddot{x}=F(t,x,\dot{x}),$$

其中 x 的一阶导数 $\dot{x}$ 为物体的运动速度，二阶导数 $\ddot{x}$ 为物体的加速度，F 是与时间 t 、位移 x 及速度 $\dot{x}$ 有关的外力的总和. 这就是在实际问题中最常见的微分方程的例子. 在几何学中的无穷小分析和曲面、曲线方程的描述中我们也会见到许多微分方程. 物理学、化学、生物学、经济学中的许多基本规律和电子工程、机械工程、控制技术、航天技术中的许多基本原理都可以表述为微分方程这样的数学形式. 从分析实际问题到提出这样的数学形式的过程叫做数学建模. 通过建立微分方程模型可以把一个实际问题转换成求解微分方程.

下面我们再通过一些具体例子来说明如何对一个实际问题建立常微分方程模型.

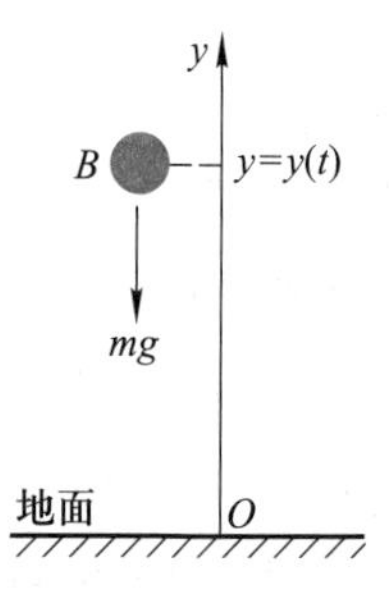

图 1.3　自由落体

例 1.1　设质点 B 做自由落体运动，即只考虑重力对落体的作用而忽略空气阻力等其他外力的影响. 设落体 B 做垂直于地面的运动，取坐标轴 y 从地面垂直向上，见图 1.3. 设 $y=y(t)$

表示 B 在时刻 t 的位置坐标，则它对 t 的一阶导数 $\dot{y}=\dot{y}(t)$ 表示 B 在时刻 t 的瞬时速度，其二阶导数 $\ddot{y}=\ddot{y}(t)$ 表示 B 在时刻 t 的瞬时加速度. 假设 B 的质量为 m，重力加速度为 g（一般取为常数 9.80 $\mathrm{m/s^2}$）. 由牛顿第二定律得出 $m\ddot{y}=-mg$，从而得到一个二阶微分方程

$$\ddot{y}=-g. \tag{1.4}$$

例 1.2　考虑一个铅直平面上的单摆在无阻力情况下的自由摆动，摆锤质量为 m，摆臂质量相对太小而忽略不计，摆臂长度为 l. 记重力加速度为 g. 设在某个时刻 t，摆臂与铅直线的夹角为 $\theta(t)$. 这个夹角的变化给出了单摆运动的规律. 由图 1.4 所示的受力分析表明，摆锤所受的外力（包括重力和摆臂的牵引力）的总和成为一个相切于圆周形式的摆轨道上的力 $F=-mg\sin\theta$. 摆锤从铅直状态到当前状态的位移 $x(t)$ 按弧长计算应该等于 $l\theta(t)$. 由牛顿第二定律，$m\ddot{x}=-mg\sin\theta$. 因而得到 $\theta(t)$ 满足的微分方程

$$\ddot{\theta}=-\frac{g}{l}\sin\theta. \tag{1.5}$$

例 1.3　弹簧振子：设质量为 m 的弹簧振子做水平自由振动，见图 1.5. 假设弹簧的弹性系数为 k，阻力与速度成正比，阻尼系数为 μ. 用 $x(t)$ 表示振子当前所处的位置，并假设弹簧松弛时振子所处的位置为 $x=0$. 那么振子在时刻 t 受到的弹性力为 $-kx(t)$，阻力等于 $-\mu\frac{\mathrm{d}x}{\mathrm{d}t}$. 由牛顿第二定律得

$$m\frac{\mathrm{d}^2x}{\mathrm{d}t^2}=-kx-\mu\frac{\mathrm{d}x}{\mathrm{d}t},$$

从而得到一个二阶微分方程

$$m\frac{\mathrm{d}^2x}{\mathrm{d}t^2}+\mu\frac{\mathrm{d}x}{\mathrm{d}t}+kx=0. \tag{1.6}$$

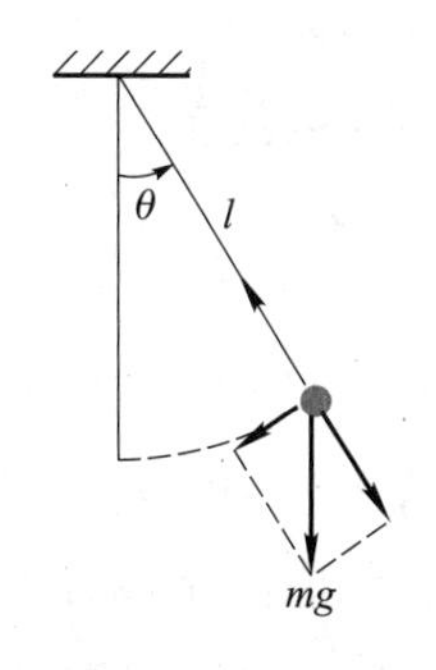

图 1.4　无阻力单摆

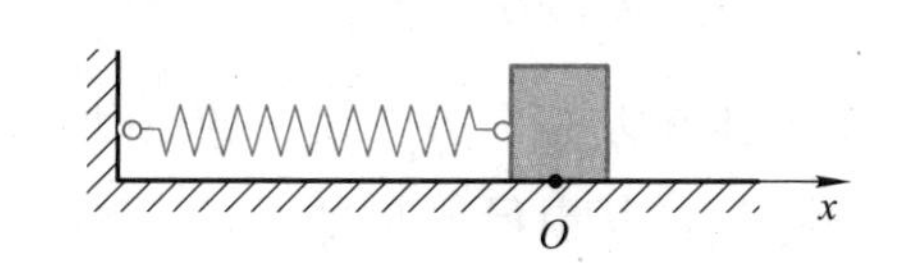

图 1.5　弹簧振子

例 1.4　考虑一个由电阻 R、电感 L、电容 C 串联组成的简单闭合电路，见图

1.6. 如果在某一时刻将电容器充电使它得到一个电位差，然后断开电源. 在电感的作用下这个闭合电路中开始了电流振荡. 我们用 $v(t)$ 表示在时刻 t 电容器两极间的电位差，并用 $v(t)$ 的函数规律来刻画该电路振荡的规律. 令 $i(t)$ 表示电流强度. 按照总电动势 $i(t)R$ 等于电容器的电位差 $-v(t)$ 和电感电动势 $-L\dfrac{\mathrm{d}i(t)}{\mathrm{d}t}$ 的总和，我们得到

$$i(t)R=-v(t)-L\frac{\mathrm{d}i(t)}{\mathrm{d}t}. \tag{1.7}$$

由于 $v(t)=\dfrac{Q(t)}{C}$，其中 $Q(t)$ 是在时刻 t 电容器上的电量，而 $i(t)=\dfrac{\mathrm{d}Q(t)}{\mathrm{d}t}$，因此

$$i(t)=C\frac{\mathrm{d}v(t)}{\mathrm{d}t},\quad \frac{\mathrm{d}i(t)}{\mathrm{d}t}=C\frac{\mathrm{d}^2v(t)}{\mathrm{d}t^2}, \tag{1.8}$$

这样，由(1.7)式和(1.8)式可以得到微分方程

$$L\frac{\mathrm{d}^2v}{\mathrm{d}t^2}+R\frac{\mathrm{d}v}{\mathrm{d}t}+\frac{1}{C}v=0. \tag{1.9}$$

例 1.5 经典天体力学中的 Kepler（开普勒）定律指出，行星以椭圆轨道围绕太阳运转. 但对水星和金星的观测表明，这实际上只是一种粗糙的描述，由于各个天体在万有引力作用下互相影响，行星的实际运行轨道为缓慢进动的椭圆：其轨道的形状在运行一周后与椭圆几乎没有偏差，但是轨道的性态随时间而逐渐发生变化，在图 1.7 中我们画出了某行星围绕太阳运转的实际运行轨道的示意图，其中我们以夸张的形式描绘了其进动的椭圆轨道.

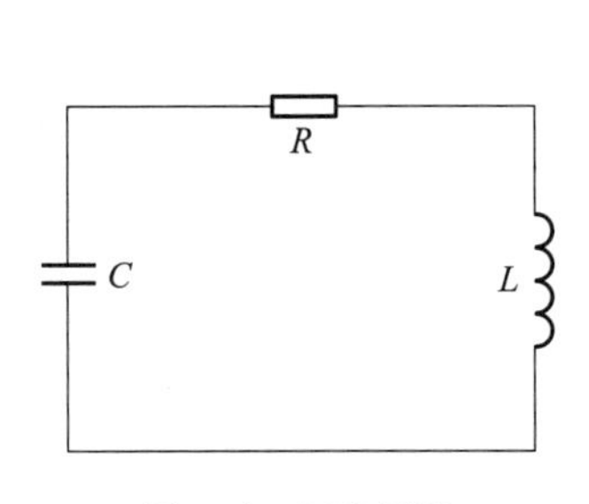

图 1.6 *RLC* 回路

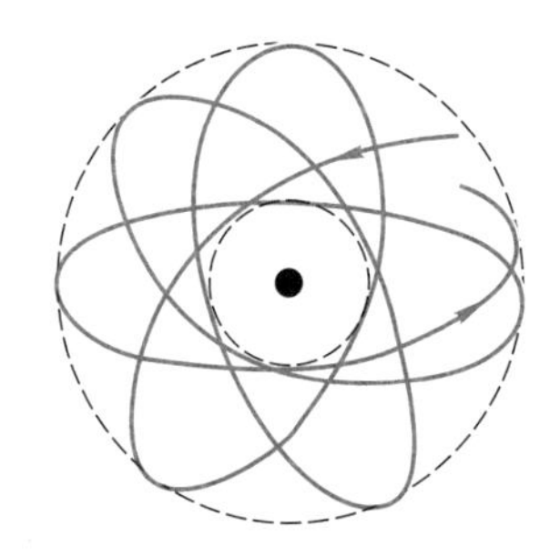

图 1.7 行星的实际运行轨道

研究多个天体在万有引力作用下的运动规律是现代天体力学和数学中的重要课题，称为多体问题. 其中最简单的是如下的二体问题：考虑两个物体在万有引力作用下运动. 设两个物体质量分别是 M 和 m，在 $\mathbb{R}^3$ 中关于坐标原点的向径分别为 $\boldsymbol{r}_s$ 和 $\boldsymbol{r}_p$. 用 $\boldsymbol{r}=\boldsymbol{r}_p-\boldsymbol{r}_s$ 表示质量为 m 的物体相对于质量为 M 的物体的位置. 根据万有引

力定律,

$$M\ddot{\boldsymbol{r}}_s=\frac{GMm}{r^2}\cdot\frac{\boldsymbol{r}}{r},\tag{1.10}$$

$$m\ddot{\boldsymbol{r}}_p=-\frac{GMm}{r^2}\cdot\frac{\boldsymbol{r}}{r},\tag{1.11}$$

其中 $r=|\boldsymbol{r}|$,将方程(1.10)乘 m 并将方程(1.11)乘 M,将两个乘积相减得到

$$mM(\ddot{\boldsymbol{r}}_s-\ddot{\boldsymbol{r}}_p)=G(m+M)\frac{Mm}{r^2}\cdot\frac{\boldsymbol{r}}{r}.$$

显然,$\ddot{\boldsymbol{r}}_s-\ddot{\boldsymbol{r}}_p=-\ddot{\boldsymbol{r}}$. 因此我们得到 $\boldsymbol{r}$ 满足的微分方程

$$\ddot{\boldsymbol{r}}=-\frac{\lambda}{r^2}\cdot\frac{\boldsymbol{r}}{r},\tag{1.12}$$

其中 $\lambda=G(M+m)$.

例 1.6 在研究一个仅由一种捕食者和一种被捕食者(即食饵)构成的简单生态系统(见图 1.8)时,我们常要研究捕食者数量 $x(t)$ 和食饵数量 $y(t)$ 之间的关系. 设 $x(t)>0, y(t)>0$. 一个简单的情形是:

(i) 当不考虑捕食者时,食饵自身有充足食物和空间而自由地以增长率 β 成长,亦即 $\dot{y}=\beta y$;当捕食者存在时,食饵的增长率与捕食者数量 $x(t)$ 成正比地下降,即 $\dot{y}=(\beta-sx)y$,其中 β, s 是正的常数;

(ii) 当没有食饵时,捕食者按固定比率 α 死亡,即 $\dot{x}=-\alpha x$;当有食饵时,捕食者数量增长率与食饵数量 $y(t)$ 成正比地增长,即 $\dot{x}=(-\alpha+ry)x$,其中 α, r 是正的常数.

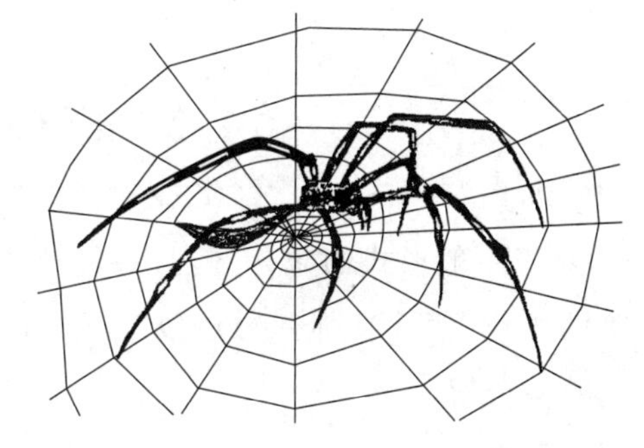

图 1.8 捕食者模型:正在等待猎物的蜘蛛

因而,我们得到了 $x(t)$ 和 $y(t)$ 满足的微分方程组

$$\begin{cases}\dot{x}=x(-\alpha+ry),\\ \dot{y}=y(\beta-sx).\end{cases}\tag{1.13}$$

例 1.7 如果一平面曲线 γ 过定点 M_0,且 γ 上任意一点 M(M_0 除外)的切线与直线 M_0M 的夹角恒等于常数 α_0,求这条曲线所满足的微分方程.

解 设坐标原点为 M_0. 我们在 Oxy 平面坐标系下考虑. 设曲线 γ 的方程为 $y=y(x)$. 过点 $M(x,y)$ 的切线与 x 轴的夹角 θ 满足 $\tan\theta=\frac{\mathrm{d}y}{\mathrm{d}x}$. 直线 M_0M 与 x 轴的夹

角 β 满足 $\tan\beta=\frac{y}{x}$. 按照夹角关系,我们知道 $\alpha_0=\theta-\beta$,见图 1.9. 因此,

$$\tan\alpha_0=\tan(\theta-\beta)=\frac{\tan\theta-\tan\beta}{1+\tan\theta\tan\beta}=\frac{x\dot{y}(x)-y(x)}{x+\dot{y}(x)y(x)}.$$

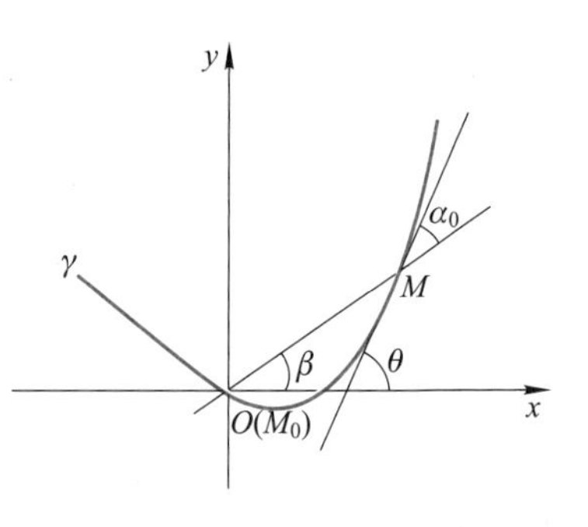

图 1.9 例 1.7

因而得到 $y(x)$ 满足的微分方程

$$\frac{\mathrm{d}y}{\mathrm{d}x}=\frac{(\tan\alpha_0)x+y}{x-(\tan\alpha_0)y}. \tag{1.14}$$

习题 1.1

1. 一船以恒定的速度 v_0 垂直向河对岸驶去,设水流沿 x 轴方向并且其速度与船离两岸的距离乘积成正比,比例系数为 k,河宽为 a. 求该船的运动轨迹满足的微分方程.

2. 求 Otx 平面上一曲线所满足的微分方程,使其上每点处的切线与该点的向径和 x 轴构成一个等腰三角形.

§1.2 微分方程求解思想

对于一般形式的微分方程(1.3)来说,如果函数 $\phi(t)$ 在区间 J 上连续,有直到 n 阶的导数,而且对所有的 $t\in J$,方程(1.3)恒成立,则称 $\phi(t)$ 为方程(1.3)在区间 J 上的一个**解**.

一、计算与近似计算

在例 1.1 中我们建立了自由落体的微分方程模型. 为了得出落体的运动规律,需要求解这个二阶微分方程. 在(1.4)式两侧对 t 积分一次,得到

$$\dot{y}=-gt+C_1, \tag{1.15}$$

其中 C_1 是一个任意常数. 再把(1.15)式两边对 t 积分一次,得到

$$y=-\frac{1}{2}gt^2+C_1t+C_2, \tag{1.16}$$

其中 C_2 是另一个任意常数. 易知(1.16)式是微分方程(1.4)包含两个独立的任意

常数的解. 这样形式的解称为方程(1.4)的**通解**. 这里"独立"是指这个通解 $y(t,C_1,C_2)$ 及其关于 t 的导数 $\dot{y}(t,C_1,C_2)$ 满足

$$\frac{\partial(y,\dot{y})}{\partial(C_1,C_2)}\neq 0.$$

准确地说,通解(1.16)是一族解. 当任意常数被完全确定时,我们也相应获得一个特定的解,称为**特解**.

通解(1.16)给出了自由落体的运动规律,它显然包含微分方程(1.4)的无穷多个特解. 这同其他形式的函数方程一样具有多解性. 为了解决这种求解结果的不确定性问题,我们需要对方程(1.4)附加定解条件. 如果我们指明落体运动的初始状态,包括在初始时刻($t=0$)的位置(高度)y_0 和初速度 v_0,即

$$y(0)=y_0,\quad \dot{y}(0)=v_0, \tag{1.17}$$

我们就能从通解(1.16)中确定 $C_2=y_0, C_1=v_0$,从而得到唯一的适合条件(1.17)的特解

$$y=-\frac{1}{2}gt^2+v_0t+y_0. \tag{1.18}$$

条件(1.17)称为方程(1.4)的**初值条件**,而把附加了初值条件的方程

$$\begin{cases}\ddot{y}=-g,\\ y(0)=y_0,\ \dot{y}(0)=v_0\end{cases} \tag{1.19}$$

称为**初值问题**,把(1.18)式称为初值问题(1.19)的解. 由于 Cauchy(柯西)在 19 世纪 20 年代首次建立了初值问题解的存在唯一性定理,因此又把初值问题称为 **Cauchy 问题**. 有时也把上述初值问题直接记为(1.4)+(1.17).

图 1.10　A. L. Cauchy(1789—1857)首次建立了初值问题解的存在唯一性定理

可以看出,初值问题(1.19)真正能够确切地反映一个自由落体的运动规律,而方程(1.4)所表达的只是物体自由下落时在任意瞬间 t 所满足的关系式. 事实上,在同一时刻从不同高度和(或)以不同初速度自由下落的物体将表现为不同的运动.

在 § 1.1 所见到的方程并不是都像对上述自由落体问题一样可以采用直接积分的办法

求解,有的方程如(1.1)甚至难以求出通解的精确形式. 然而我们可以迭代地构造一个函数序列来逼近其初值问题的特解. 例如将初值问题

$$\dot{\phi}(t)=f(t,\phi(t)), \tag{1.20}$$

$$\phi(t_0)=x_0 \tag{1.21}$$

用等价积分方程形式

$$\phi(t)=x_0+\int_{t_0}^{t} f(\tau,\phi(\tau))\,\mathrm{d}\tau \tag{1.22}$$

表示,我们可以构造函数序列$\{\phi_n(t)\}$来逼近方程(1.20)的初值问题的解. 这个函数序列是利用递推关系

$$\phi_0(t)\equiv x_0,$$

$$\phi_n(t)=x_0+\int_{t_0}^{t} f(\tau,\phi_{n-1}(\tau))\,\mathrm{d}\tau, \quad n=1,2,\cdots$$

来定义的. 在保证了收敛性的情形下,对较大的 n,函数 $\phi_n(t)$ 就是一个近似解. 这一思想将在第五章得到完整的阐述.

二、 几何分析

我们以后将看到,能用初等方法求出精确解的微分方程为数很少. 事实上,有的方程也没有必要非要给出解的精确表达式不可. 通过几何上的分析完全可以获得解的很多重要信息,推断解的某些重要属性,从而使该微分方程问题在一定程度上获得解决.

考虑方程(1.20)并假定 $f(t,x)$ 在平面上或其一个区域 G 上连续. 该方程的解 $x=\phi(t)$ 在 Otx 平面上给出了一条光滑曲线 Γ,称为该方程的一条**积分曲线**(integral curve).

微分方程(1.20)在 Otx 平面上的每一个使该方程有定义的点 $P_0(t_0,x_0)$ 处都指明了一个方向,那就是积分曲线在该点的斜率. 像这样逐点定义了方向斜率的平面(或区域 G)称为微分方程的**方向场**,见图 1.11. 方程的解就是在这样的斜率指引下走出来的,每到一处就修正前进方向. 显然,在点 P_0 处积分曲线 Γ 有切线

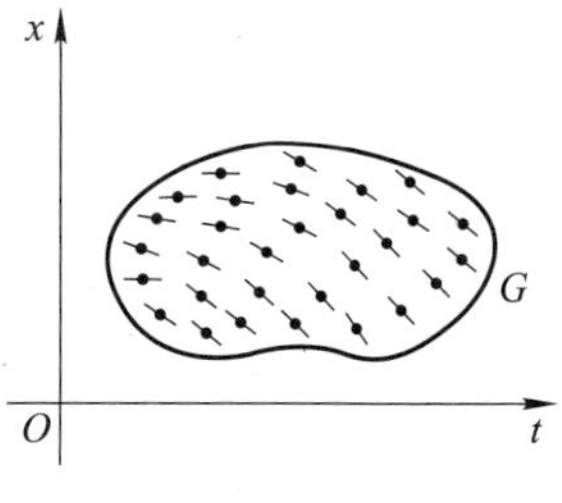

$$x=x_0+f(t_0,x_0)(t-t_0).$$

图 1.11 方向场

过任意一个点 P_0 作上述切线的短小的线段,这样我们就掌握了方程(1.20)定义的方向场的全部情况. 因此,积分曲线就是一条每个点的切向都与方向场一致的光滑

曲线.微分方程的求解就是要寻找这样的积分曲线.

积分曲线的分布状况可以由先求出一些**等倾线**来略见一斑,而没有必要把每个点上的方向都画出来.所谓“等倾线”(isoclines),就是上面每个点的斜率都一样的曲线,它由关系

$$f(t,x)=k$$

确定.特别地,当 $k=0$ 时,称相应的等倾线为水平等倾线;当 $k=\infty$,即 $\frac{1}{f(t,x)}=0$ 时,称相应的等倾线为竖直等倾线.

例 1.8　考虑方程

$$\frac{\mathrm{d}x}{\mathrm{d}t}=\frac{x-t}{x+t}. \tag{1.23}$$

斜率为 k 的等倾线满足

$$\frac{x-t}{x+t}=k,\quad 即\quad x=\frac{1+k}{1-k}t.$$

因此,过原点的直线都是等倾线.其中水平等倾线为 $x=t$,而竖直等倾线为 $x=-t$.进而可以看出,这些等倾线同方向场的方向成 45°角.更严格地看,这个夹角 $\theta=\alpha_i-\alpha_v$,其中 α_i,α_v 分别是等倾线和方向场的方向与 t 轴的夹角.易见,

$$\tan\theta=\frac{\tan\alpha_i-\tan\alpha_v}{1+\tan\alpha_i\tan\alpha_v}=\frac{\frac{1+k}{1-k}-k}{1+\frac{1+k}{1-k}k}=1.$$

容易看出,方程的积分曲线是围绕坐标原点旋转的螺线,且沿顺时针方向是由里向外的,见图 1.12.

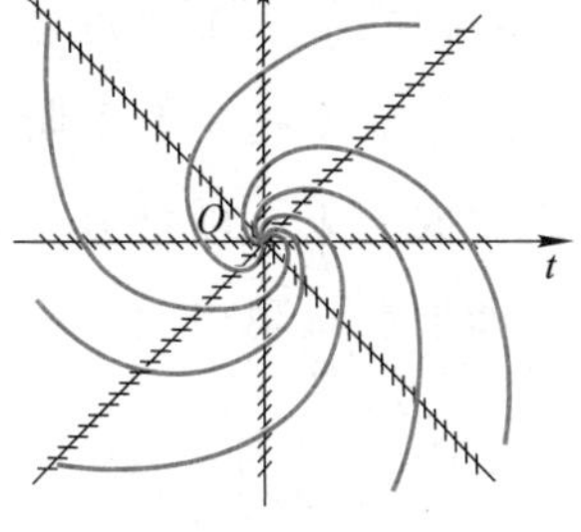

图 1.12　例 1.8

细心的读者可能会发现,在直线 $x=-t$ 上,方程(1.23)是没有意义的,但从方向场的角度来看,在直线 $x=-t$ 上每一点方向场的方向都是垂直的,这时我们可用方程

$$\frac{\mathrm{d}t}{\mathrm{d}x}=\frac{x+t}{x-t}$$

来代替原方程(1.23),这样在竖直等倾线 $x=-t$ 附近,我们可以把积分曲线看成 t 关于 x 的函数.

例 1.9　考虑方程

$$\frac{\mathrm{d}x}{\mathrm{d}t}=x(2-x). \tag{1.24}$$

它有水平等倾线 $x=0$ 和 $x=2$. 在区域 $x<0,0<x<2$ 和 $x>2$ 上导数$\frac{\mathrm{d}x}{\mathrm{d}t}$分别是小于 0,大于 0 和小于 0 的,因此,方向场的方向分别是递减、递增和递减的. 容易看出方程的积分曲线分别以水平等倾线 $x=0$ 或 $x=2$ 为渐近线,而且,这两条水平等倾线本身也是积分曲线,它们是方程(1.24)的常数解,称为**平衡解**(equilibrium solution). 进一步有

$$\frac{\mathrm{d}^2x}{\mathrm{d}t^2}=2(1-x)\frac{\mathrm{d}x}{\mathrm{d}t}=2x(x-1)(x-2).$$

因此我们还能得到积分曲线的凹凸性等方面的信息,由此可画出方程(1.24)的积分曲线在 Otx 平面上的分布,见图 1.13.

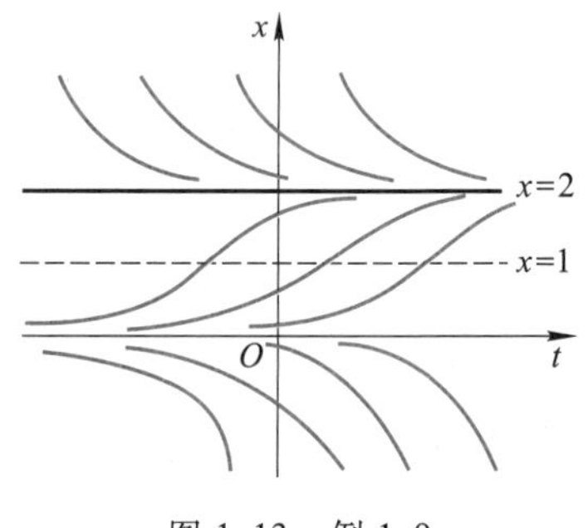

图 1.13　例 1.9

从上述例子可以看出,像平衡解那样的特解对于从几何上分析微分方程性质是十分重要的. 除了平衡解,我们还关心方程的周期解、不变曲线等,以及它们周围的积分曲线相对于它们的趋势. 这些问题仅仅用方向场来判断是远远不够的,尤其是对于一个形式较复杂的微分方程. 方向场是对微分方程几何理论的初步认识,是微分方程定性理论的开端. 关于微分方程的定性理论将在第六章详细介绍.

三、微分方程形式

前面我们无论是近似求解还是作几何分析,总是考虑一阶微分方程. 事实上,我们经常需要把一个高阶方程化成一个低阶(一阶)方程,把一个复杂的微分方程形式化成简单的微分方程形式.

如果能从隐式微分方程(1.3)中解出最高阶微商,得到

$$\phi^{(n)}(t)=f(t,\phi(t),\phi'(t),\cdots,\phi^{(n-1)}(t)), \tag{1.25}$$

则称方程(1.25)是方程(1.3)的**规范形式**. 将 n 阶方程(1.25)化成一阶方程的办法是令

$$x_1=\phi,\ x_2=\phi',\cdots,\ x_n=\phi^{(n-1)},$$

从而考虑关于 n 维向量 $\boldsymbol{x}=(x_1,x_2,\cdots,x_n)^{\mathrm{T}}$ 的微分方程,即微分方程组

$$
\begin{cases}
\dfrac{\mathrm{d}x_1}{\mathrm{d}t}=x_2, \\
\cdots\cdots\cdots\cdots \\
\dfrac{\mathrm{d}x_{n-1}}{\mathrm{d}t}=x_n, \\
\dfrac{\mathrm{d}x_n}{\mathrm{d}t}=f(t,x_1,x_2,\cdots,x_n).
\end{cases}
\tag{1.26}
$$

容易验证方程(1.25)和(1.26)是等价的.相应地,可以将方程(1.25)的初值条件

$$
\phi(t_0)=x_1^0,\ \phi'(t_0)=x_2^0,\ \cdots,\ \phi^{(n-1)}(t_0)=x_n^0 \tag{1.27}
$$

等价地化成

$$
x_1(t_0)=x_1^0,\ x_2(t_0)=x_2^0,\ \cdots,\ x_n(t_0)=x_n^0. \tag{1.28}
$$

因此,(1.26)式和(1.28)式成为我们往后讨论微分方程初值问题的基本形式.

一个微分方程形式的简化常常是解决这个微分方程问题的重要步骤.就像对初等形式的代数方程一样,在实施求解过程的开始,我们通常尝试消元和降次.在未来的微分方程理论学习中,我们会了解到微分方程的正规形(normal form)和不变流形(invariant manifold)理论以及它们对简化方程形式的作用.

习题 1.2

1. 证明对任意常数 C,函数 $x(t)=Ce^{-3t}+2t+1$ 是微分方程

$$
\dot{x}+3x=6t+5
$$

的解.进而计算该方程满足初值条件 $x(0)=3$ 的解.

2. 放射性物质镭的裂变速度与存余量成正比 k.设已知在某时刻 t_0 容器中镭的质量是 R_0.要求确定镭在任意时刻 t 的质量 $R(t)$.

*3. 求以初速度 v_0 在空气中铅直上抛的物体的运动方程,其中物体质量为 m,阻力与速度的平方成正比,比例系数为 k^2.又问物体达到最高点的时间是多少?

4. 把例 1.2 和例 1.3 的微分方程化成规范的一阶方程组形式.

5. 作出下列方程的方向场,并描出经过指定点的积分曲线:

(1) $\dfrac{\mathrm{d}x}{\mathrm{d}t}=|x|$, $(0,0)$, $(0,-1)$;

(2) $\dfrac{\mathrm{d}x}{\mathrm{d}t}=t^2+x^2$, $(0,0)$, $\left(0,-\dfrac{1}{2}\right)$, $(\sqrt{2},0)$;

(3) $\frac{dx}{dt}=t^2-x^2$, $(0,0)$, $(0,1)$.

§1.3 基本问题

对于微分方程的解,我们可以证明这样的事实:设 G 为 $\mathbb{R}^n$ 中的一个区域,给定一个定义在区间 J 上且包含 n 个独立参数 $C_1,C_2,\cdots,C_n$ 的函数族 $\phi(t,C_1,C_2,\cdots,C_n)$,其中 $(C_1,C_2,\cdots,C_n)\in G$,若它们对 t 是 n 阶可微的,则一定是某个 n 阶微分方程的通解. 反之,n 阶微分方程的通解一定包含 n 个独立的任意常数.

我们只证明这个事实的前一半,而把后一半留给读者去思考或查阅有关参考书. 根据独立性,函数

$$\phi,\frac{\partial\phi}{\partial t},\cdots,\frac{\partial^{n-1}\phi}{\partial t^{n-1}}$$

对参数 $C_1,C_2,\cdots,C_n$ 存在连续偏导数且 Jacobi(雅可比)行列式

$$\frac{\partial\left(\phi,\frac{\partial\phi}{\partial t},\cdots,\frac{\partial^{n-1}\phi}{\partial t^{n-1}}\right)}{\partial(C_1,C_2,\cdots,C_n)}\neq 0 \tag{1.29}$$

对所有 $(t,C_1,C_2,\cdots,C_n)\in J\times G$ 成立. 将

$$x=\phi(t,C_1,C_2,\cdots,C_n) \tag{1.30}$$

两端对 t 求导数依次得到

$$\begin{cases}\frac{dx}{dt}=\frac{\partial}{\partial t}\phi(t,C_1,C_2,\cdots,C_n),\\ \frac{d^2x}{dt^2}=\frac{\partial^2}{\partial t^2}\phi(t,C_1,C_2,\cdots,C_n),\\ \cdots\cdots\cdots\cdots\\ \frac{d^{n-1}x}{dt^{n-1}}=\frac{\partial^{n-1}}{\partial t^{n-1}}\phi(t,C_1,C_2,\cdots,C_n)\end{cases} \tag{1.31}$$

和

$$\frac{d^nx}{dt^n}=\frac{\partial^n}{\partial t^n}\phi(t,C_1,C_2,\cdots,C_n). \tag{1.32}$$

条件(1.29)使我们能够用隐函数定理从(1.30)式和(1.31)式中解出变元 C_1, $C_2,\cdots,C_n$,即得到函数

$$C_j=h_j\left(t,x,\frac{\mathrm{d}x}{\mathrm{d}t},\cdots,\frac{\mathrm{d}^{n-1}x}{\mathrm{d}t^{n-1}}\right),$$

其中 $j=1,2,\cdots,n$. 将这 n 个函数代入(1.32)式便得到一个 n 阶微分方程

$$\frac{\mathrm{d}^n x}{\mathrm{d}t^n}=\frac{\partial^n\phi}{\partial t^n}(t,h_1(t,x,x',\cdots,x^{(n-1)}),h_2(t,x,x',\cdots,x^{(n-1)}),\cdots,h_n(t,x,x',\cdots,x^{(n-1)})).$$

我们在上面的证明中事实上提供了一种求给定几何曲线族所满足的微分方程的方法. 另外,微分方程还可以用来描述弹道轨迹、化学实验中反应物与生成物的浓度之间的动态平衡关系以及经济系统中几种商品价格的平衡问题. 读者可以自己去查阅参考书并思考这些实际问题的微分方程模型.

关于微分方程形式,我们要区分“线性”与“非线性”. 若微分方程(1.3)中函数 F 对未知函数 ϕ 及其各阶导数 $\phi',\phi^{(2)},\cdots,\phi^{(n)}$ 的全体而言是一次的,也就是说,$F(t,x_0,x_1,\cdots,x_n)$ 关于变量 $(x_0,x_1,\cdots,x_n)$ 是一次的,则称该方程是**线性**的,否则称为**非线性**的. 一阶线性微分方程组的规范形式为

$$\frac{\mathrm{d}\boldsymbol{x}}{\mathrm{d}t}=\boldsymbol{A}(t)\boldsymbol{x}+\boldsymbol{f}(t),\qquad t\in\mathbb{R},\boldsymbol{x}\in\mathbb{R}^n,\tag{1.33}$$

其中 $\boldsymbol{x},\boldsymbol{f}$ 是 n 维向量值函数,$\boldsymbol{A}(t)$ 是 n 阶方阵值函数. 从前面的例子中可以看出方程(1.6)和(1.9)是线性的,而方程(1.5)、(1.12)和(1.13)是非线性的. 本书的主要篇幅是介绍线性微分方程的理论和方法,它是进一步研究非线性微分方程的基础. 一个非线性微分方程在具有一定可微性的条件下可以在局部展开成线性项加上高次项,从而将原微分方程看作一个线性微分方程的“扰动”. 有的时候这种扰动是不能动摇线性方程部分所确定下来的结构的,而有的时候这种改变的确要发生. 这就是以后我们要学习的稳定性问题.

在以后的学习中我们将看到,在初等积分法和线性微分方程理论的基础上,我们能够进一步对非线性微分方程作数值计算或定性分析,从而确认物理现象,预见运动将怎样进行,进而给出合理的设计方案.

习题 1.3

1. 求下列曲线族满足的微分方程:

(1) $x=Ct+C^2$;

(2) $x=C_1\mathrm{e}^t\cos t+C_2\mathrm{e}^t\sin t$;

(3) $(t-C_1)^2+(x-C_2)^2=1$,

其中 C, C_1, C_2 是参数.

2. 平面上安放长度为 $2a$ 的细磁棒,如果撒上一些小铁钉,它们将按磁场的方向排列. 可将细磁棒简化为放在两端点处的两个异性点磁荷,磁量分别为 $+1$ 和 -1. 试求出这个磁场满足的微分方程. 进而,画出磁场的方向场图并分析上面的积分曲线.

第二章

初等积分法

众所周知,没有什么比提出困难而又有用的问题更能激发杰出的天才人物来为增长人类知识而工作了.

——Johann Bernoulli(约翰·伯努利)

微分方程的求解是一个技巧性很高的工作,即使是一阶微分方程的求解也是十分困难的. Newton, Leibniz, Bernoulli 兄弟和 Euler 等数学家对一些特定形式的微分方程给出了精确求解方法. 这些方法是把微分方程的求解问题化成初等函数的积分问题,因此称为**初等积分法**. 这些方法是最经典、最古老的方法,也是最基本、最重要的方法. 我们将看到,线性方程的求解和 Hamilton 系统的能量计算都离不开它.

图 2.1 Johann Bernoulli(1667—1748)

图 2.2 L. Euler(1707—1783)

对于一阶微分方程

$$F\left(x,y,\frac{\mathrm{d}y}{\mathrm{d}x}\right)=0, \tag{2.1}$$

有时我们难以把它的解表示成未知函数 y 关于自变量 x 的显函数,这时若方程 $\Phi(x,y,C)=0$ 当常数 C 在某个给定的区域取值时所确定的隐函数 $y=\varphi(x)$ 是方程(2.1)的解,则称 $\Phi(x,y,C)=0$ 是方程(2.1)的**隐式解**.

§2.1 变量分离形式

一、变量分离方程

形如

$$\frac{\mathrm{d}y}{\mathrm{d}x}=h(x)g(y) \tag{2.2}$$

的一阶微分方程称为**变量分离**形式的方程,其中函数 $h(x)$ 在区间 (a,b) 上连续,$g(y)$ 在区间 (c,d) 上连续且不等于 0.

将方程(2.2)作等式变形得到

$$\frac{\mathrm{d}y}{g(y)}=h(x)\mathrm{d}x.$$

两端积分得

$$G(y)=H(x)+C, \tag{2.3}$$

其中 C 是某个常数且

$$G(y)=\int\frac{\mathrm{d}y}{g(y)},\quad H(x)=\int h(x)\mathrm{d}x,$$

这里我们把不定积分 $G(y)$ 及 $H(x)$ 分别理解为函数$\dfrac{1}{g(y)}$及 $h(x)$ 的某个原函数,而把积分常数 C 明确写出来. 如无特别申明,本书以后遇到的不定积分均作这样的理解.

容易看出(2.3)式就是方程(2.2)的隐式通解. 事实上,

$$G'(y)=\frac{1}{g(y)}\neq 0,$$

故 G 存在逆函数 G^{-1},从而得到

$$y=G^{-1}(H(x)+C). \tag{2.4}$$

可以验证对任意常数 C,(2.4)式都是方程(2.2)的解.

进而,考虑初值条件

$$y(x_0)=y_0, \tag{2.5}$$

其中 $a<x_0<b, c<y_0<d$. 将(2.5)式代入(2.3)式得到

$$C=G(y_0)-H(x_0).$$

从而获得方程(2.2)在初值条件(2.5)下的解

$$y=G^{-1}(H(x)+G(y_0)-H(x_0)).$$

这种求解方法也称为**分离变量法**.

例 2.1 求微分方程

$$\frac{\mathrm{d}y}{\mathrm{d}x}=x(1+y^2) \tag{2.6}$$

的通解.

解 显然,这是变量分离的方程. 分离变量后得

$$\frac{\mathrm{d}y}{1+y^2}=x\mathrm{d}x,$$

两边积分,得

$$\int\frac{\mathrm{d}y}{1+y^2}=\int x\mathrm{d}x,$$

因而方程(2.6)的通解为

$$y=\tan\left(\frac{x^2}{2}+C\right),$$

其中 C 为任意常数.

例 2.2 求微分方程

$$(x+3)\frac{\mathrm{d}y}{\mathrm{d}x}=4y \tag{2.7}$$

的通解.

解 显然,这是变量分离的方程. 当 $y\neq 0$ 时,分离变量后得

$$\frac{\mathrm{d}y}{y}=4\frac{\mathrm{d}x}{x+3},$$

两端积分得

$$\ln|y|=\ln(x+3)^4+C_1,$$

从而

$$|y|=e^{C_1}(x+3)^4,$$

即

$$y=C(x+3)^4,$$

其中 $C=\pm e^{C_1}$ 是非零的任意常数. 显然 $y=0$ 也是方程(2.7)的解. 故所求方程的通解为

$$y=C(x+3)^4,$$

其中 C 为任意常数.

二、可化为变量分离方程的类型

许多表面上看来不是变量分离形式的方程可以通过变量变换的方法化成变量分离的形式. 下面我们介绍几种重要的可化为变量分离形式的方程.

1) 一阶线性微分方程,即

$$\frac{dy}{dx}=a(x)y+f(x). \tag{2.8}$$

当 $f(x)\equiv 0$ 时,称方程(2.8)为**齐次线性方程**;否则,称方程(2.8)为**非齐次线性方程**.

假定函数 $a(x)$, $f(x)$ 在区间 (a,b) 上连续. 我们先求解齐次线性方程

$$\frac{dy}{dx}=a(x)y, \tag{2.9}$$

它是变量分离的方程. 当 $y\neq 0$ 时,分离变量后得

$$\frac{dy}{y}=a(x)dx,$$

两端积分

$$\int\frac{dy}{y}=\int a(x)dx,$$

得

$$\ln|y|=\int a(x)dx+C_1,$$

从而

$$|y| = e^{\int a(x)\mathrm{d}x + C_1} = e^{C_1} e^{\int a(x)\mathrm{d}x},$$

即

$$y = Ce^{\int a(x)\mathrm{d}x},$$

其中 $C = \pm e^{C_1}$ 是非零的任意常数. 显然 $y = 0$ 也是方程(2.9)的解. 故齐次线性方程(2.9)的通解为

$$y = Ce^{\int a(x)\mathrm{d}x}, \tag{2.10}$$

其中 C 为任意常数.

为了进一步求非齐次线性方程(2.8)的通解,我们的思想是把方程(2.9)的通解表达式(2.10)中的常数 C 换成 x 的函数 $c(x)$,从而先求形如

$$y = c(x) e^{\int a(x)\mathrm{d}x} \tag{2.11}$$

的解,其中 $c(x)$ 看成待定函数. 注意到

$$\frac{\mathrm{d}y}{\mathrm{d}x} = \frac{\mathrm{d}c}{\mathrm{d}x} \cdot e^{\int a(x)\mathrm{d}x} + c(x)a(x)e^{\int a(x)\mathrm{d}x}.$$

将(2.11)式代入方程(2.8)得

$$\frac{\mathrm{d}c}{\mathrm{d}x} \cdot e^{\int a(x)\mathrm{d}x} + c(x)a(x)e^{\int a(x)\mathrm{d}x} = a(x)c(x)e^{\int a(x)\mathrm{d}x} + f(x),$$

化简后得

$$\frac{\mathrm{d}c}{\mathrm{d}x} = f(x)e^{-\int a(x)\mathrm{d}x}.$$

两端积分,得

$$c(x) = \int f(x)e^{-\int a(x)\mathrm{d}x}\mathrm{d}x + C,$$

其中 C 为任意常数. 把上式代入(2.11)式,便得非齐次线性方程(2.8)的通解

$$y = e^{\int a(x)\mathrm{d}x}\left(\int f(x)e^{-\int a(x)\mathrm{d}x}\mathrm{d}x + C\right), \tag{2.12}$$

其中 C 为任意常数. 将(2.12)式改写成两项之和,即

$$y = Ce^{\int a(x)\mathrm{d}x} + e^{\int a(x)\mathrm{d}x}\int f(x)e^{-\int a(x)\mathrm{d}x}\mathrm{d}x. \tag{2.13}$$

易见,右端第一项是对应的齐次线性方程(2.9)的通解,第二项是非齐次线性方程

(2.8)的一个特解. 由此可知,一阶非齐次线性方程的通解等于对应的齐次线性方程的通解与非齐次线性方程的一个特解之和. 上述非齐次线性方程的求解思想和过程被称为**常数变易法**. 通解公式(2.13)称为**常数变易公式**.

例 2.3 试求方程

$$\frac{\mathrm{d}y}{\mathrm{d}x}=-2xy+2x\mathrm{e}^{-x^2} \tag{2.14}$$

的通解.

解 在方程(2.14)中,$a(x)=-2x$, $f(x)=2x\mathrm{e}^{-x^2}$. 根据公式(2.12),可求出方程(2.14)的通解为

$$y=\mathrm{e}^{-\int 2x\mathrm{d}x}\left(C+\int 2x\mathrm{e}^{-x^2}\mathrm{e}^{\int 2x\mathrm{d}x}\mathrm{d}x\right),$$

即 $y=\mathrm{e}^{-x^2}(C+x^2)$,其中 C 为任意常数.

2) Bernoulli 方程,即形如

$$\frac{\mathrm{d}y}{\mathrm{d}x}=a(x)y+f(x)y^{\alpha} \tag{2.15}$$

的方程. 当 $\alpha=0$ 或 $\alpha=1$ 时,这是上述讨论过的线性微分方程. 虽然当 $\alpha\neq 0,1$ 时该方程不是线性的,但是可以通过变量替换把它化为一阶线性方程.

事实上,若 $\alpha\neq 0,1$,设 $y\neq 0$. 我们用 y^{α} 除方程(2.15)的两端,得到

$$y^{-\alpha}\frac{\mathrm{d}y}{\mathrm{d}x}=a(x)y^{1-\alpha}+f(x).$$

引入新的未知函数 $z=y^{1-\alpha}$,由

$$\frac{\mathrm{d}z}{\mathrm{d}x}=(1-\alpha)y^{-\alpha}\frac{\mathrm{d}y}{\mathrm{d}x},$$

得

图 2.3 Jacob Bernoulli(1654—1705)建立并求解了 Bernoulli 方程

$$\frac{\mathrm{d}z}{\mathrm{d}x}=(1-\alpha)a(x)z+(1-\alpha)f(x).$$

这是一个关于 z 的一阶线性方程. 求出它的通解后,以 $y^{1-\alpha}$ 代 z,就得到方程(2.15)的通解

$$y^{1-\alpha}=\mathrm{e}^{\int(1-\alpha)a(x)\mathrm{d}x}\int(1-\alpha)f(x)\mathrm{e}^{-\int(1-\alpha)a(x)\mathrm{d}x}\mathrm{d}x+C\mathrm{e}^{\int(1-\alpha)a(x)\mathrm{d}x}, \tag{2.16}$$

其中 C 为任意常数. 显然 $y=0$ 也为方程(2.15)的解.

例 2.4　试求方程

$$\frac{\mathrm{d}y}{\mathrm{d}x}=-\frac{3}{x}y+x^2y^2\quad(x>0)\tag{2.17}$$

的通解.

解　这是 Bernoulli 方程,其中 $a(x)=-\dfrac{3}{x}$, $f(x)=x^2$, $\alpha=2$. 根据公式(2.16),当 $y\neq0$ 时,可求出方程(2.17)的通解为

$$y^{-1}=C\mathrm{e}^{\int\frac{3}{x}\mathrm{d}x}-\mathrm{e}^{\int\frac{3}{x}\mathrm{d}x}\int x^2\mathrm{e}^{-\int\frac{3}{x}\mathrm{d}x}\mathrm{d}x=Cx^3-x^3\ln x,$$

即 $y=x^{-3}(C-\ln x)^{-1}$,其中 C 为任意常数. 此外,$y=0$ 也是方程(2.17)的解.

3) 齐次方程,即形如

$$\frac{\mathrm{d}y}{\mathrm{d}x}=f(x,y)\tag{2.18}$$

的方程. 其中右端的函数 $f(x,y)$ 是变量 x,y 的零次齐次函数,即对任意不为 0 的常数 λ,都有

$$f(\lambda x,\lambda y)\equiv f(x,y).$$

在方程(2.18)中引入新的未知变量 $u=\dfrac{y}{x}$,即 $y=ux$,因此

$$\frac{\mathrm{d}y}{\mathrm{d}x}=u+x\frac{\mathrm{d}u}{\mathrm{d}x}.$$

代入方程(2.18),得

$$u+x\frac{\mathrm{d}u}{\mathrm{d}x}=f(x,ux)=f(1,u),$$

即

$$x\frac{\mathrm{d}u}{\mathrm{d}x}=f(1,u)-u,\tag{2.19}$$

这是一个变量分离的方程. 分离变量并两端积分,得

$$\int\frac{\mathrm{d}u}{f(1,u)-u}=\int\frac{\mathrm{d}x}{x}.$$

求出积分后,再用 $\dfrac{y}{x}$ 代替 u,就得到原方程(2.18)的通解.

上述分离变量的过程要求(2.19)式中 $f(1,u)-u\neq 0$. 如果 $f(1,u)-u$ 有零点 u_0,直接看出 $u=u_0$ 是方程(2.19)的解,从而 $y=u_0x$ 也是方程(2.18)的解. 如果 $f(1,u)-u\equiv 0$,即 $f(x,y)=\frac{y}{x}$,则方程(2.18)本身已经是变量分离的形式了.

例 2.5 试求方程

$$x^2\frac{\mathrm{d}y}{\mathrm{d}x}-3xy-2y^2=0 \tag{2.20}$$

的通解.

解 这是一个齐次方程,它可改写为

$$\frac{\mathrm{d}y}{\mathrm{d}x}-3\frac{y}{x}-2\left(\frac{y}{x}\right)^2=0, \tag{2.21}$$

令 $z=\frac{y}{x}$,得

$$\frac{\mathrm{d}y}{\mathrm{d}x}=x\frac{\mathrm{d}z}{\mathrm{d}x}+z,$$

方程(2.21)变为

$$x\frac{\mathrm{d}z}{\mathrm{d}x}=2z(1+z). \tag{2.22}$$

当 $z\neq 0$ 且 $1+z\neq 0$ 时,分离变量并两端积分,得到

$$\frac{z}{1+z}=Cx^2,$$

其中 $C\neq 0$ 为任意非零常数. 此外易见 $z=0$ 及 $z=-1$ 也是方程(2.22)的解. 将 z 换成$\frac{y}{x}$并化简,得方程(2.20)的通解为

$$y=Cx^2(x+y),$$

以及特解 $y=-x$,其中 C 为任意常数.

4) 线性分式形式的微分方程

$$\frac{\mathrm{d}y}{\mathrm{d}x}=f\left(\frac{a_1x+b_1y+c_1}{a_2x+b_2y+c_2}\right) \tag{2.23}$$

(其中 a_1,b_1,c_1,a_2,b_2,c_2 都是给定的常数)本身不是齐次方程,但可以通过变量替换化为齐次方程,从而求出它的通解.

当 $c_1=c_2=0$ 时,函数

$$f\left(\frac{a_1x+b_1y}{a_2x+b_2y}\right)$$

是零次齐次函数，此时方程(2.23)已是齐次方程.

当 c_1 和 c_2 不全为零时，可分如下两种情况讨论：

情况Ⅰ：$\Delta=\begin{vmatrix} a_1 & b_1 \\ a_2 & b_2 \end{vmatrix}=a_1b_2-a_2b_1\neq 0.$

这时可取常数 h 和 k，使得

$$\begin{cases} a_1h+b_1k+c_1=0, \\ a_2h+b_2k+c_2=0. \end{cases} \tag{2.24}$$

显然线性方程组(2.24)有唯一的解

$$h=\frac{b_1c_2-c_1b_2}{\Delta}, \quad k=\frac{a_2c_1-a_1c_2}{\Delta}.$$

然后作平移变换

$$x=\xi+h, \quad y=\eta+k,$$

就可将方程(2.23)化为齐次方程

$$\frac{\mathrm{d}\eta}{\mathrm{d}\xi}=f\left(\frac{a_1\xi+b_1\eta}{a_2\xi+b_2\eta}\right),$$

求出该齐次方程的通解后，在通解中以 $x-h$ 代 ξ，$y-k$ 代 η，便得方程(2.23)的通解.

情况Ⅱ：$\Delta=a_1b_2-a_2b_1=0.$

这时有如下三种可能：

(i) $b_1\neq 0, a_1\neq 0$ 且 $\dfrac{a_2}{a_1}=\dfrac{b_2}{b_1}=\lambda$，这里 λ 为常数.

这时方程(2.23)可写成

$$\frac{\mathrm{d}y}{\mathrm{d}x}=f\left(\frac{a_1x+b_1y+c_1}{\lambda(a_1x+b_1y)+c_2}\right).$$

引入新变量 $z=a_1x+b_1y$，可将方程(2.23)化为变量分离的方程

$$\frac{\mathrm{d}z}{\mathrm{d}x}=a_1+b_1f\left(\frac{z+c_1}{\lambda z+c_2}\right).$$

(ii) $b_1\neq 0, a_1=a_2=0$ 或者 $a_1\neq 0, b_1=b_2=0$.

这时方程(2.23)的形式分别为

$$\frac{\mathrm{d}y}{\mathrm{d}x}=f\left(\frac{b_1y+c_1}{b_2y+c_2}\right),\quad \frac{\mathrm{d}y}{\mathrm{d}x}=f\left(\frac{a_1x+c_1}{a_2x+c_2}\right),$$

它们已经是变量分离的形式了.

(iii) $b_1=a_1=0$.

这时方程(2.23)的形式为

$$\frac{\mathrm{d}y}{\mathrm{d}x}=f\left(\frac{c_1}{a_2x+b_2y+c_2}\right).$$

引入新变量 $z=a_2x+b_2y$,则方程(2.23)就化为变量分离的方程

$$\frac{\mathrm{d}z}{\mathrm{d}x}=a_2+b_2f\left(\frac{c_1}{z+c_2}\right).$$

因此通过变量代换总可以将方程(2.23)化为变量分离的方程,从而求出其通解.

例 2.6 求方程

$$\frac{\mathrm{d}y}{\mathrm{d}x}=\frac{2y+4}{x+y-1} \tag{2.25}$$

的通解.

解 这是一个线性分式方程. 令 $x=\xi+3, y=\eta-2$,可将此方程变为

$$\frac{\mathrm{d}\eta}{\mathrm{d}\xi}=\frac{2\eta}{\xi+\eta}, \tag{2.26}$$

令 $z=\dfrac{\eta}{\xi}$,得到

$$\frac{\mathrm{d}\eta}{\mathrm{d}\xi}=\xi\frac{\mathrm{d}z}{\mathrm{d}\xi}+z,$$

方程(2.26)变为

$$\xi\frac{\mathrm{d}z}{\mathrm{d}\xi}+z=\frac{2z}{1+z},$$

分离变量并两端积分,得

$$\xi=C\frac{z}{(1-z)^2}.$$

再由

$$z=\frac{\eta}{\xi}=\frac{y+2}{x-3},$$

得方程(2.25)的通解为

$$C(y+2)=(x-y-5)^2,$$

其中 C 为任意常数. 此外, $y=-2$ 也是方程(2.25)的解.

习题 2.1

1. 在方程 $\frac{\mathrm{d}y}{\mathrm{d}x}=h(x)g(y)$ 中, 如果没有假设 $g(y)\neq 0$, 讨论怎样用分离变量法来求解微分方程.

2. 试用分离变量法求下列一阶微分方程的解:

(1) $\frac{\mathrm{d}y}{\mathrm{d}x}=-\frac{x}{y}$;

(2) $\frac{\mathrm{d}y}{\mathrm{d}x}=y^2\cos x$;

(3) $\frac{\mathrm{d}y}{\mathrm{d}x}=2xy$;

(4) $xy(1+x^2)\mathrm{d}y=(1+y^2)\mathrm{d}x$;

(5) $\frac{\mathrm{d}y}{\mathrm{d}x}=\mathrm{e}^{2y-4x}$;

(6) $\frac{\mathrm{d}y}{\mathrm{d}x}=\frac{2}{x^2-1}$;

(7) $\frac{\mathrm{d}y}{\mathrm{d}x}=\frac{y^2-1}{2}$;

(8) $\frac{\mathrm{d}y}{\mathrm{d}x}=\mathrm{e}^x\cos^2 y$;

(9) $\frac{\mathrm{d}y}{\mathrm{d}x}=\frac{\sqrt{1-y^2}}{\sqrt{1-x^2}}$;

(10) $\frac{\mathrm{d}y}{\mathrm{d}x}=2xy^2$;

(11) $(x+1)\frac{\mathrm{d}y}{\mathrm{d}x}=2y$;

(12) $\frac{\mathrm{d}y}{\mathrm{d}x}=\frac{\cos x}{3y^2+\mathrm{e}^y}$;

(13) $x(y^2-1)\mathrm{d}x+y(x^2-1)\mathrm{d}y=0$.

3. 将下列方程化为可分离变量方程,并求解:

(1) $\frac{\mathrm{d}y}{\mathrm{d}x}=\frac{y}{x}+\tan\frac{y}{x}$;

(2) $\frac{\mathrm{d}y}{\mathrm{d}x}=\frac{x-y+1}{x+y-3}$;

(3) $y^2+x^2\frac{\mathrm{d}y}{\mathrm{d}x}=xy\frac{\mathrm{d}y}{\mathrm{d}x}$;

(4) $\frac{\mathrm{d}y}{\mathrm{d}x}=\frac{1}{x+y}$;

(5) $(2x+y-4)\mathrm{d}x+(x+y-1)\mathrm{d}y=0$;

(6) $(x^3+y^3)\mathrm{d}x-3xy^2\mathrm{d}y=0$;

(7) $\frac{\mathrm{d}y}{\mathrm{d}x}=\frac{1}{x-y}+1$;

(8) $\frac{\mathrm{d}y}{\mathrm{d}x}=\frac{x^2+y^2}{xy}$;

(9) $\frac{\mathrm{d}y}{\mathrm{d}x}=\frac{x-y+5}{x-y-2}$;

(10) $\frac{\mathrm{d}y}{\mathrm{d}x}=2\left(\frac{y+2}{x+y-1}\right)^2$;

(11) $\frac{\mathrm{d}y}{\mathrm{d}x}=2\sqrt{\frac{y}{x}}+\frac{y}{x}$;

(12) $\frac{\mathrm{d}y}{\mathrm{d}x}=\frac{y-x-2}{x+y+4}$;

(13) $2x^2\frac{\mathrm{d}y}{\mathrm{d}x}=x^2+y^2$;

(14) $\frac{\mathrm{d}y}{\mathrm{d}x}=\sin(x+y+1)$;

(15) $x\frac{\mathrm{d}y}{\mathrm{d}x}=\sqrt{x^2-y^2}+y$.

4. 解下列线性微分方程:

(1) $\frac{\mathrm{d}y}{\mathrm{d}x}-\frac{2y}{x+1}=(x+1)^{\frac{5}{2}}$;

(2) $\frac{\mathrm{d}y}{\mathrm{d}x}+\frac{1}{x}y=\frac{\sin x}{x}$;

(3) $x\frac{\mathrm{d}y}{\mathrm{d}x}+y=\mathrm{e}^x\quad(x>0)$;

(4) $x^2\mathrm{d}y+(3xy+x-4)\mathrm{d}x=0$;

(5) $(x+1)\frac{dy}{dx}-y=x\quad(x>-1)$;

(6) $\frac{dy}{dx}-2xy=x$.

5. 求下列方程的通解:

(1) $\frac{dy}{dx}=\frac{y}{2x-y^2}$;

(2) $y dx+(x-y^3)dy=0$;

(3) $y dx-(x+\sqrt{x^2+y^2})dy=0$.

6. 求下列初值问题的解:

(1) $(1+e^y)\frac{dy}{dx}=\cos x,\ y\left(\frac{\pi}{2}\right)=3$;

(2) $y(1+x^2)dy=x(1+y^2)dx,\ y(0)=1$;

(3) $(1+e^x)y\frac{dy}{dx}=e^x,\ y(0)=1$;

(4) $\frac{dy}{dx}+y\sin x=0,\ y(0)=\frac{3}{2}$;

(5) $e^y\frac{dy}{dx}-x-x^3=0,\ y(1)=1$;

(6) $\frac{dy}{dx}+2xy=x,\ y(1)=2$.

7. 求解下列 Bernoulli 方程:

(1) $\frac{dy}{dx}=6\frac{y}{x}-xy^2$;

(2) $\frac{dy}{dx}+\frac{y}{x}=y^2\ln x$;

(3) $x\frac{dy}{dx}-4y=2x^2\sqrt{y}\quad(x\neq 0,y>0)$;

(4) $\frac{dy}{dx}-2xy=2x^3y^2$.

8. 设有一过原点的曲线,其上任一点的切线斜率为

$$\frac{\sqrt{1-y^2}}{1+x^2},$$

试求该曲线方程.

9. 一曲线过点(4,6),它在两坐标轴间的任一切线段均被切点所平分,试求该曲线方程.

10. 验证形如

$$yg(xy)dx+xh(xy)dy=0$$

的微分方程可经变量代换 $z=xy$ 化为变量分离的方程.

11. 设 $y_1(x),y_2(x)$ 是方程

$$\frac{dy}{dx}+p(x)y=q(x)$$

的两个互异解. 求证对于该方程的任一解 $y(x)$,成立恒等式

$$\frac{y(x)-y_1(x)}{y_2(x)-y_1(x)}=C,$$

其中 C 是某常数.

§2.2 恰当方程形式

把一阶微分方程写成

$$M(x,y)dx+N(x,y)dy=0 \tag{2.27}$$

的形式后,如果方程(2.27)的左边恰好是某一函数 $u=U(x,y)$ 的全微分,即

$$dU(x,y)=M(x,y)dx+N(x,y)dy, \tag{2.28}$$

则称方程(2.27)为**恰当方程**或**全微分方程**. 在这种情况下,

$$U(x,y)=C$$

是恰当方程(2.27)的隐式通解,其中 C 为任意常数,称函数 $U(x,y)$ 为方程(2.27)的**首次积分**.

事实上,回顾数学分析的知识. 若函数 $u=U(x,y)$ 在点(x,y)可微分,则该函数在点(x,y)的偏导数

$$\frac{\partial U}{\partial x},\quad \frac{\partial U}{\partial y}$$

一定存在,并且函数 $u=U(x,y)$ 在点(x,y)的全微分为

$$du=\frac{\partial U}{\partial x}dx+\frac{\partial U}{\partial y}dy.$$

若函数 $u=U(x,y)$ 在点(x,y)的偏导数

$$\frac{\partial U}{\partial x},\quad \frac{\partial U}{\partial y}$$

连续,则函数 $u=U(x,y)$ 在点(x,y)可微分. 当方程(2.27)为恰当方程时,从(2.28)式知

$$\frac{\partial U}{\partial x}=M(x,y),\quad \frac{\partial U}{\partial y}=N(x,y). \tag{2.29}$$

从而方程(2.27)等价于

$$\mathrm{d}U(x,y)=0. \tag{2.30}$$

若 $y=\phi(x)$ 是方程(2.27)的解,则它亦是方程(2.30)的解. 因此,$\mathrm{d}U(x,\phi(x))\equiv 0$,即 $U(x,\phi(x))\equiv C$. 这意味着方程(2.27)的解 $y=\phi(x)$ 是由方程 $U(x,y)\equiv C$ 所确定的隐函数.

反之,若方程 $U(x,y)\equiv C$ 确定一个可微的隐函数 $y=\phi(x)$,则

$$U(x,\phi(x))\equiv C.$$

对 x 求导可得

$$\frac{\partial U}{\partial x}+\frac{\partial U}{\partial y}\frac{\mathrm{d}y}{\mathrm{d}x}=0,$$

即 $M(x,y)\mathrm{d}x+N(x,y)\mathrm{d}y=0$. 这意味着由方程 $U(x,y)\equiv C$ 所确定的隐函数 $y=\phi(x)$ 是方程(2.27)的解.

例 2.7　解方程 $(3x^2y^2+y)\mathrm{d}x+(2x^3y+x)\mathrm{d}y=0$.

解　令 L 表示该式左端,重新分组得

$$\begin{aligned}L&=(3x^2y^2\mathrm{d}x+2x^3y\mathrm{d}y)+(y\mathrm{d}x+x\mathrm{d}y)\\&=\mathrm{d}(x^3y^2)+\mathrm{d}(xy)\\&=\mathrm{d}(x^3y^2+xy).\end{aligned}$$

故其通解为 $x^3y^2+xy=C$.

上述通过观察、分组和利用简单函数 xy,x^3y^2 的全微分形式来求解恰当方程的方法虽然重要,但我们希望知道在一般情形下:

1. 如何判断方程(2.27)是不是恰当方程?

2. 若方程(2.27)为恰当方程,如何寻求它的首次积分 $U(x,y)$?

下面的定理回答了这两个问题:

定理 2.1　若函数 M,N 在某个开的矩形区域 G 内具有连续的一阶偏导数,则方程(2.27)为恰当方程的充要条件是

$$\frac{\partial M}{\partial y}=\frac{\partial N}{\partial x}. \tag{2.31}$$

若方程(2.27)为恰当方程,则其通解为

$$\int_{x_0}^{x}M(x,y)\mathrm{d}x+\int_{y_0}^{y}N(x_0,y)\mathrm{d}y=C, \tag{2.32}$$

或等价地，

$$\int_{x_0}^{x} M(x,y_0)\,\mathrm{d}x+\int_{y_0}^{y} N(x,y)\,\mathrm{d}y=C, \tag{2.33}$$

其中 C 是一个任意常数且 (x_0,y_0) 为区域 G 内任意取定的一点.

证明　若方程(2.27)为恰当方程，则从(2.28)式和(2.29)式知存在函数 $U(x,y)$ 满足(2.29)式. 由 M,N 的连续可微性得

$$\frac{\partial M}{\partial y}=\frac{\partial^2 U}{\partial y\partial x}=\frac{\partial^2 U}{\partial x\partial y}=\frac{\partial N}{\partial x},$$

从而(2.31)式得证.

欲证条件(2.31)的充分性，我们实质上只要证明(2.32)式和(2.33)式. 对(2.29)式的第一式积分，得

$$U(x,y)=\int_{x_0}^{x} M(x,y)\,\mathrm{d}x+\xi(y), \tag{2.34}$$

其中 $\xi(y)$ 是某个待定函数. 由于 $U(x,y)$ 满足(2.29)的第二式，对(2.34)式求导并利用(2.31)式得到

$$\begin{aligned}N(x,y)=\frac{\partial U(x,y)}{\partial y}&=\int_{x_0}^{x}\frac{\partial}{\partial y}M(x,y)\,\mathrm{d}x+\xi'(y)\\&=\int_{x_0}^{x}\frac{\partial}{\partial x}N(x,y)\,\mathrm{d}x+\xi'(y)\\&=N(x,y)-N(x_0,y)+\xi'(y).\end{aligned}$$

从中得出 $\xi'(y)=N(x_0,y)$，从而可以确定 $\xi'(y)$ 的一个原函数

$$\xi(y)=\int_{y_0}^{y} N(x_0,y)\,\mathrm{d}y.$$

这样就求得了一个满足(2.29)式的函数

$$U(x,y)=\int_{x_0}^{x} M(x,y)\,\mathrm{d}x+\int_{y_0}^{y} N(x_0,y)\,\mathrm{d}y.$$

因此(2.32)式得证.

若上述推理先从(2.29)式的第二式出发，则可以给出 $U(x,y)$ 的另一个表达式(2.33).　□

例 2.8　求方程

$$(x^2+2xy-y^2)\,\mathrm{d}x+(x^2-2xy-y^2)\,\mathrm{d}y=0$$

的通解.

解　因为 $M(x,y)=x^2+2xy-y^2$，$N(x,y)=x^2-2xy-y^2$，所以

$$\frac{\partial M}{\partial y}=2x-2y=\frac{\partial N}{\partial x},$$

这是一个恰当方程. 取 $x_0=0,y_0=0$,由公式(2.33),

$$U(x,y)=\int_0^x x^2\mathrm{d}x+\int_0^y(x^2-2xy-y^2)\mathrm{d}y$$

$$=\frac{x^3}{3}+x^2y-xy^2-\frac{y^3}{3}.$$

故该方程的通解为

$$\frac{x^3}{3}+x^2y-xy^2-\frac{y^3}{3}=C.$$

有的方程即使分组也无法看出它是恰当方程. 这时我们问:是否可以将方程作等式变形从而化成一个恰当方程呢? 我们注意到,方程(2.27)同方程

$$\mu(x,y)(M(x,y)\mathrm{d}x+N(x,y)\mathrm{d}y)=0$$

具有某种等价性. 这提示我们去寻找一个合适的因子 $\mu(x,y)$,这就是重要的**积分因子法**.

若方程(2.27)本身不是恰当方程,但乘上一个适当的非零函数 $\mu=\mu(x,y)$后,能使方程

$$\mu(x,y)M(x,y)\mathrm{d}x+\mu(x,y)N(x,y)\mathrm{d}y=0 \tag{2.35}$$

成为恰当方程,即存在函数 $W(x,y)$,使

$$\mathrm{d}W(x,y)=\mu(x,y)M(x,y)\mathrm{d}x+\mu(x,y)N(x,y)\mathrm{d}y,$$

则称函数 $\mu(x,y)$为方程(2.27)的**积分因子**. 这时 $W(x,y)=C$ 为方程(2.35)的通解,因而也必为方程(2.27)的通解.

例如,方程

$$y\mathrm{d}x-x\mathrm{d}y=0\quad(y>0) \tag{2.36}$$

不是恰当方程,因为

$$M(x,y)=y,N(x,y)=-x,\ \frac{\partial M}{\partial y}=1,\frac{\partial N}{\partial x}=-1.$$

但若用因子$\frac{1}{y^2}$乘该方程的两边,则其等价方程满足

$$\mathrm{d}\left(\frac{x}{y}\right)=\frac{y\mathrm{d}x-x\mathrm{d}y}{y^2}=0,$$

显然它是恰当方程. 因此$\frac{1}{y^2}$是方程(2.36)的一个积分因子,由此我们求得了该方程的通解$\frac{x}{y}=C$.

根据定理 2.1,函数 $\mu(x,y)$ 为方程(2.27)的积分因子的充要条件是

$$\frac{\partial(\mu M)}{\partial y}=\frac{\partial(\mu N)}{\partial x},$$

即

$$N\frac{\partial\mu}{\partial x}-M\frac{\partial\mu}{\partial y}=\left(\frac{\partial M}{\partial y}-\frac{\partial N}{\partial x}\right)\mu. \tag{2.37}$$

由一阶线性偏微分方程的理论知方程(2.37)的解存在,这表明形如方程(2.27)的微分方程必定存在积分因子. 在一般情况下,由偏微分方程(2.37)求解 μ 比求解方程(2.27)本身更困难. 但是,在某些特殊情况下,求方程(2.37)的一个特解还是容易的,因此方程(2.37)提供了求方程(2.27)的某些特殊形式的积分因子的方法.

例如,我们可以尝试寻找只依赖于变量 x 的积分因子 $\mu=\mu(x)$. 这时方程(2.37)变为

$$N\frac{\mathrm{d}\mu}{\mathrm{d}x}=\left(\frac{\partial M}{\partial y}-\frac{\partial N}{\partial x}\right)\mu,$$

即

$$\frac{\mathrm{d}\mu}{\mu}=\frac{1}{N}\left(\frac{\partial M}{\partial y}-\frac{\partial N}{\partial x}\right)\mathrm{d}x. \tag{2.38}$$

为了方便起见,记

$$E(x,y)=\frac{\partial M}{\partial y}-\frac{\partial N}{\partial x}, \tag{2.39}$$

并称之为恰当判别式,因为 $E(x,y)=0$ 意味着方程(2.27)为恰当方程. 因此,(2.38)式表明:当且仅当$\frac{E}{N}$只依赖于变量 x 而与变量 y 无关时,方程(2.27)存在只依赖于变量 x 的积分因子 $\mu(x)$. 此时,

$$\mu(x)=\exp\left(\int\frac{E}{N}\mathrm{d}x\right). \tag{2.40}$$

类似地，当且仅当$\frac{E}{M}$只依赖于变量 y 而与变量 x 无关时，方程(2.27)存在只依赖于变量 y 的积分因子 $\mu(y)$. 此时，

$$\mu(y)=\exp\left(-\int\frac{E}{M}\mathrm{d}y\right). \tag{2.41}$$

例 2.9 用积分因子法求解线性方程

$$\frac{\mathrm{d}y}{\mathrm{d}x}=a(x)y+f(x).$$

解 先把方程写成对称形式

$$(a(x)y+f(x))\mathrm{d}x-\mathrm{d}y=0,$$

因此 $M(x,y)=a(x)y+f(x)$, $N(x,y)=-1$. 易见

$$E=\left(\frac{\partial M}{\partial y}-\frac{\partial N}{\partial x}\right)=a(x),$$

它一般是非零函数，所以方程不是恰当方程. 由于$\frac{E}{N}=-a(x)$与 y 无关，因此该方程有只依赖于变量 x 的积分因子

$$\mu(x)=\mathrm{e}^{-\int a(x)\mathrm{d}x}.$$

这样我们得到

$$\begin{aligned}&\mathrm{e}^{-\int a(x)\mathrm{d}x}((a(x)y+f(x))\mathrm{d}x-\mathrm{d}y)\\ =&a(x)\mathrm{e}^{-\int a(x)\mathrm{d}x}y\mathrm{d}x-\mathrm{e}^{-\int a(x)\mathrm{d}x}\mathrm{d}y+f(x)\mathrm{e}^{-\int a(x)\mathrm{d}x}\mathrm{d}x\\ =&-\mathrm{d}\left(\mathrm{e}^{-\int a(x)\mathrm{d}x}y\right)+\mathrm{d}\left(\int f(x)\mathrm{e}^{-\int a(x)\mathrm{d}x}\mathrm{d}x\right).\end{aligned}$$

因此得到通解

$$-\mathrm{e}^{-\int a(x)\mathrm{d}x}y+\int f(x)\mathrm{e}^{-\int a(x)\mathrm{d}x}\mathrm{d}x=C.$$

这与常数变易公式(2.13)相同.

在实际应用中我们常常可通过分组观察的方法和积分因子法相结合来求解微分方程(2.27).

例 2.10 求解方程$(\mathrm{e}^x+3y^2)\mathrm{d}x+2xy\mathrm{d}y=0$.

解 分组观察方程的左端，

$$\begin{aligned}(e^x+3y^2)dx+2xydy &= de^x+\frac{1}{x^2}(3x^2y^2dx+2x^3ydy)\\ &= de^x+\frac{1}{x^2}d(x^3y^2)\\ &= \frac{1}{x^2}\left(d\left(\int x^2de^x\right)+d(x^3y^2)\right).\end{aligned}$$

由分部积分得

$$\int x^2de^x+x^3y^2=(x^2-2x+2)e^x+x^3y^2.$$

因此,通解为

$$(x^2-2x+2)e^x+x^3y^2=C.$$

通过分组观察的方法求解方程(2.27)时常会遇到下面一些二元函数的全微分公式:

$$d(xy)=ydx+xdy,$$

$$d\left(\frac{y}{x}\right)=\frac{xdy-ydx}{x^2},$$

$$d(x^2+y^2)=2(xdx+ydy),$$

$$d\left(\arctan\frac{y}{x}\right)=\frac{xdy-ydx}{x^2+y^2},$$

$$d\left(\ln\frac{y}{x}\right)=\frac{xdy-ydx}{xy}.$$

一般说来,我们有这样的结果:

定理 2.2　若方程(2.27)有积分因子 $\mu(x,y)$ 和相应的原函数 $U(x,y)$,即

$$dU(x,y)=\mu(x,y)M(x,y)dx+\mu(x,y)N(x,y)dy,$$

则 $\mu(x,y)h(U(x,y))$ 也是方程(2.27)的一个积分因子,其中 h 是任意一个可微的非零函数.

证明　由假设知

$$\begin{aligned}&\mu(x,y)h(U(x,y))M(x,y)dx+\mu(x,y)h(U(x,y))N(x,y)dy\\ &=h(U(x,y))(\mu(x,y)M(x,y)dx+\mu(x,y)N(x,y)dy)\\ &=h(U(x,y))dU(x,y)=dH(U(x,y)),\end{aligned}$$

其中 H 是 h 的一个原函数. □

假设方程(2.27)左端可以分成两组

$$(M_1 dx+N_1 dy)+(M_2 dx+N_2 dy)=0,$$

其中第一组和第二组各有积分因子 μ_1 和 μ_2 及相应的原函数 U_1 和 U_2. 由定理 2.2, 对任意可微函数 h_1, h_2, 这两个组可以分别有积分因子 $\mu_1 h_1(U_1)$ 和 $\mu_2 h_2(U_2)$. 为了找出两组公共的积分因子,我们需要寻求合适的可微函数 h_1, h_2, 使得

$$\mu_1 h_1(U_1)=\mu_2 h_2(U_2).$$

如果这样的 h_1, h_2 已经找到,那么 $\mu=\mu_1 h_1(U_1)$ 就是原方程(2.27)的积分因子.

例 2.11 设 $r, s, \rho, \sigma, \alpha, \beta, \gamma, \delta$ 是任意常数,其中 $\alpha\delta-\beta\gamma\neq 0$. 求方程

$$x^r y^s(\alpha y dx+\beta x dy)+x^\rho y^\sigma(\gamma y dx+\delta x dy)=0$$

的通解.

解 取

$$\mu_1=x^{\frac{\alpha}{\beta}-1}, \quad \mu_2=x^{\frac{\gamma}{\delta}-1}.$$

则

$$\mu_1(\alpha y dx+\beta x dy)=\beta\left(\frac{\alpha}{\beta} y x^{\frac{\alpha}{\beta}-1} dx+x^{\frac{\alpha}{\beta}} dy\right)=\beta d(x^{\frac{\alpha}{\beta}} y),$$

$$\mu_2(\gamma y dx+\delta x dy)=\delta d(x^{\frac{\gamma}{\delta}} y).$$

因此方程中的两组分别有积分因子

$$\mu_3=x^{\frac{\alpha}{\beta}-1}(x^{-r} y^{-s}), \quad \mu_4=x^{\frac{\gamma}{\delta}-1}(x^{-\rho} y^{-\sigma}).$$

相应的原函数分别为 $\beta x^{\frac{\alpha}{\beta}} y, \delta x^{\frac{\gamma}{\delta}} y$.

欲求可微函数 h_1, h_2, 使得

$$x^{\frac{\alpha}{\beta}-1-r} y^{-s} h_1(\beta x^{\frac{\alpha}{\beta}} y)=x^{\frac{\gamma}{\delta}-1-\rho} y^{-\sigma} h_2(\delta x^{\frac{\gamma}{\delta}} y). \tag{2.42}$$

由于(2.42)式两边都是由幂函数构成的单项式形式,因此只考虑如下形式的 h_1, h_2:

$$h_1(z)=z^m, \quad h_2(z)=z^n,$$

而(2.42)式两边也都应该是单项式,不妨记为 $x^k y^l$. 因为 h_1, h_2 的选择有一定的随意性,因此我们不必对函数 h_1, h_2 考虑自变量中的系数 β 和 δ. 这样(2.42)式就简化为

$$x^{\frac{\alpha}{\beta}-1-r} y^{-s}(x^{\frac{\alpha}{\beta}} y)^m=x^{\frac{\gamma}{\delta}-1-\rho} y^{-\sigma}(x^{\frac{\gamma}{\delta}} y)^n=x^k y^l. \tag{2.43}$$

比较(2.43)式中第一项和第三项中 x,y 的指数可得到比例关系

$$\frac{k+r+1-\alpha/\beta}{l+s}=\frac{\alpha/\beta}{1}.$$

整理得到

$$\alpha(l+s+1)-\beta(k+r+1)=0. \tag{2.44}$$

同理对(2.43)式中的第二项和第三项分别比较 x,y 的指数,得到

$$\gamma(l+\sigma+1)-\delta(k+\rho+1)=0. \tag{2.45}$$

从而确定了方程的积分因子为 $x^k y^l$,其中 k,l 满足(2.44)式和(2.45)式. 最后得到通解

$$\frac{\alpha}{r+k+1}x^{r+k+1}y^{s+l+1}+\frac{\gamma}{\rho+k+1}x^{\rho+k+1}y^{\sigma+l+1}=C.$$

习题 2.2

1. 验证下列方程是恰当方程,并求出方程的解:

(1) $(3x^2+6xy^2)\mathrm{d}x+(6x^2y+4y^3)\mathrm{d}y=0$;

(2) $\left(\cos x+\dfrac{1}{y}\right)\mathrm{d}x+\left(\dfrac{1}{y}-\dfrac{x}{y^2}\right)\mathrm{d}y=0$;

(3) $(5x^4+3xy^2-y^3)\mathrm{d}x+(3x^2y-3xy^2+y^2)\mathrm{d}y=0$;

(4) $(x^2+y)\mathrm{d}x+(x+y)\mathrm{d}y=0$;

(5) $\dfrac{\mathrm{d}y}{\mathrm{d}x}=-\dfrac{6x+y+2}{x+8y-3}$;

(6) $xy\mathrm{d}x+\left(\dfrac{x^2}{2}+\dfrac{1}{y}\right)\mathrm{d}y=0$;

(7) $3x^2-2y^2+(1-4xy)\dfrac{\mathrm{d}y}{\mathrm{d}x}=0$;

(8) $(x^3+xy^2)\mathrm{d}x+(x^2y+y^3)\mathrm{d}y=0$;

(9) $3y+\mathrm{e}^x+(3x+\cos y)\dfrac{\mathrm{d}y}{\mathrm{d}x}=0$.

2. 求下列初值问题的解:

(1) $3x^2y+8xy^2+(x^3+8x^2y+12y^2)\dfrac{\mathrm{d}y}{\mathrm{d}x}=0,\ y(2)=1$;

(2) $4x^3\mathrm{e}^{x+y}+x^4\mathrm{e}^{x+y}+2x+(x^4\mathrm{e}^{x+y}+2y)\dfrac{\mathrm{d}y}{\mathrm{d}x}=0,\ y(0)=1$.

3. 试证:齐次方程

$$M(x,y)\mathrm{d}x+N(x,y)\mathrm{d}y=0$$

当 $xM+yN\neq 0$ 时存在积分因子

$$\mu=\frac{1}{xM+yN}.$$

4. 试用积分因子法解下列方程:

(1) $y\mathrm{d}x+(y-x)\mathrm{d}y=0$;

(2) $\dfrac{\mathrm{d}y}{\mathrm{d}x}=-\dfrac{x}{y}+\sqrt{1+\left(\dfrac{x}{y}\right)^2}\ (y>0)$;

(3) $(x^2+y^2+y)\mathrm{d}x-x\mathrm{d}y=0$;

(4) $\left(2xy+x^2y+\dfrac{y^3}{3}\right)\mathrm{d}x+(x^2+y^2)\mathrm{d}y=0$;

(5) $2xy\ln y\mathrm{d}x+(x^2+y^2\sqrt{1+y^2})\mathrm{d}y=0$.

5. 试求 Bernoulli 方程

$$\frac{\mathrm{d}y}{\mathrm{d}x}=a(x)y+f(x)y^{\alpha}\quad(\alpha\neq 0,1)$$

的积分因子.

6. 试求变量可分离方程

$$M(x)N(y)\mathrm{d}x+P(x)Q(y)\mathrm{d}y=0$$

的积分因子.

7. 试求能使微分方程

$$y^2\sin x\mathrm{d}x+yf(x)\mathrm{d}y=0$$

成为恰当方程的所有的函数 $f(x)$,并根据所得的 $f(x)$ 求该方程的解.

8. 已知微分方程

$$(x^2+y)\mathrm{d}x+f(x)\mathrm{d}y=0$$

有积分因子 $\mu=x$,试求所有可能的函数 $f(x)$.

9. 假设微分方程

$$\frac{\mathrm{d}y}{\mathrm{d}x}=\tan y-\mathrm{e}^{x}\sec y$$

有形如 $\mathrm{e}^{-ax}\cos y$ 的积分因子,试确定其中的常数 a,并求解该方程.

§2.3 隐式方程

在实际问题中常会出现导数未解出的一阶微分方程,它们不是前面两节所讨论的方程形式. 这就是本节要讨论的一阶隐式方程,其一般形式为

$$F\left(x,y,\frac{\mathrm{d}y}{\mathrm{d}x}\right)=0. \tag{2.46}$$

求解这类方程的基本思想是将 $p=\frac{\mathrm{d}y}{\mathrm{d}x}$ 看成独立的变量而考虑由代数方程 $F(x,y,p)=0$ 所定义的$\mathbb{R}^3$上的曲面的参数化，再通过变量替换的方法把方程(2.46)化为导数已解出的显式方程，然后用上两节给出的方法求解.

对一般形式的方程(2.46)，其具体做法是：

第一步　将曲面 $F(x,y,p)=0$ 表示成参数形式

$$x=\phi(s,t),\quad y=\psi(s,t),\quad p=\kappa(s,t). \tag{2.47}$$

第二步　对(2.47)式求 x,y 的微分，用 $p=\frac{\mathrm{d}y}{\mathrm{d}x}$ 给出 $\mathrm{d}y$ 和 $\mathrm{d}x$ 的关系：

$$\mathrm{d}x=\frac{\partial\phi}{\partial s}\mathrm{d}s+\frac{\partial\phi}{\partial t}\mathrm{d}t, \tag{2.48}$$

$$\mathrm{d}y=\frac{\partial\psi}{\partial s}\mathrm{d}s+\frac{\partial\psi}{\partial t}\mathrm{d}t, \tag{2.49}$$

$$\mathrm{d}y=\frac{\mathrm{d}y}{\mathrm{d}x}\mathrm{d}x=\kappa\mathrm{d}x. \tag{2.50}$$

第三步　将(2.48)式、(2.49)式代入(2.50)式得

$$\frac{\partial\psi}{\partial s}\mathrm{d}s+\frac{\partial\psi}{\partial t}\mathrm{d}t=\kappa\left(\frac{\partial\phi}{\partial s}\mathrm{d}s+\frac{\partial\phi}{\partial t}\mathrm{d}t\right).$$

合并得到

$$\left(\frac{\partial\psi}{\partial s}-\frac{\partial\phi}{\partial s}\kappa\right)\mathrm{d}s+\left(\frac{\partial\psi}{\partial t}-\frac{\partial\phi}{\partial t}\kappa\right)\mathrm{d}t=0. \tag{2.51}$$

从而化成了§2.2讨论的对称形式的微分方程.

第四步　如果用§2.1和§2.2的方法已求得了方程(2.51)的通解 $s=w(t,C)$，则将它代入(2.47)式就得到方程(2.46)的参数形式的解

$$\begin{cases}x=\phi(w(t,C),t),\\ y=\psi(w(t,C),t),\end{cases} \tag{2.52}$$

其中 C 为任意常数. 如果方程(2.51)的通解是另一种形式 $t=w(s,C)$，我们可得到类似结果.

下面我们用这一方法讨论几类特殊形式的方程(2.46)：

1）可以解出 y 的方程：

$$y=f\left(x,\frac{\mathrm{d}y}{\mathrm{d}x}\right), \tag{2.53}$$

这里函数 f 有连续的一阶偏导数. 这时曲面 $F(x,y,p)=0$ 的参数形式可为

$$x=x,\quad y=f(x,p),\quad p=p,$$

其中 $x,p=\frac{\mathrm{d}y}{\mathrm{d}x}$ 为参数. 对方程(2.53)两边关于 x 求导,得

$$p=\frac{\partial f}{\partial x}(x,p)+\frac{\partial f}{\partial p}(x,p)\frac{\mathrm{d}p}{\mathrm{d}x},$$

因此得到如下对称形式的方程：

$$\left(p-\frac{\partial f}{\partial x}(x,p)\right)\mathrm{d}x-\frac{\partial f}{\partial p}(x,p)\,\mathrm{d}p=0. \tag{2.54}$$

2）可以解出 x 的方程：

$$x=f\left(y,\frac{\mathrm{d}y}{\mathrm{d}x}\right), \tag{2.55}$$

这里函数 f 有连续的一阶偏导数. 类似地,曲面 $F(x,y,p)=0$ 的参数形式可为

$$x=f(y,p),\quad y=y,\quad p=p,$$

其中 $y,p=\frac{\mathrm{d}y}{\mathrm{d}x}$ 为参数. 对方程(2.55)两边关于 x 求导,得

$$1=\frac{\partial f}{\partial y}(y,p)p+\frac{\partial f}{\partial p}(y,p)\frac{\mathrm{d}p}{\mathrm{d}x}. \tag{2.56}$$

由于

$$\frac{\mathrm{d}p}{\mathrm{d}x}=p\frac{\mathrm{d}p}{\mathrm{d}y},$$

因此从(2.56)式得到

$$1=\frac{\partial f}{\partial y}(y,p)p+\frac{\partial f}{\partial p}(y,p)p\frac{\mathrm{d}p}{\mathrm{d}y}.$$

由上式可解出 $\frac{\mathrm{d}p}{\mathrm{d}y}$,从而得到如下规范形式的一阶微分方程：

$$\frac{\mathrm{d}p}{\mathrm{d}y}=\frac{\dfrac{1}{p}-\dfrac{\partial f}{\partial y}(y,p)}{\dfrac{\partial f}{\partial p}(y,p)}. \tag{2.57}$$

3）不显含 y 的隐式方程：

$$F\left(x,\frac{\mathrm{d}y}{\mathrm{d}x}\right)=0. \tag{2.58}$$

令 $p=\dfrac{\mathrm{d}y}{\mathrm{d}x}$，这时代数方程 $F(x,p)=0$ 代表 Oxp 平面上的一条曲线，设该曲线有参数表示

$$x=\varphi(s),\quad p=\psi(s), \tag{2.59}$$

其中 s 为参数. 由微分关系得

$$\mathrm{d}y=p\mathrm{d}x=\psi(s)\mathrm{d}x,\quad \mathrm{d}x=\varphi'(s)\mathrm{d}s,$$

因此

$$\mathrm{d}y=\psi(s)\varphi'(s)\mathrm{d}s,$$

这是一个变量分离的方程，其通解为

$$y(s)=\int\psi(s)\varphi'(s)\mathrm{d}s+C,$$

其中 C 为任意常数. 由此得方程(2.58)的参数形式的通解为

$$\begin{cases}x=\varphi(s),\\ y=\displaystyle\int\psi(s)\varphi'(s)\mathrm{d}s+C.\end{cases} \tag{2.60}$$

4）不显含 x 的隐式方程：

$$F\left(y,\frac{\mathrm{d}y}{\mathrm{d}x}\right)=0, \tag{2.61}$$

令 $p=\dfrac{\mathrm{d}y}{\mathrm{d}x}$，同样，代数方程 $F(y,p)=0$ 代表 Oyp 平面上的一条曲线，设其参数表示为

$$y=\varphi(s),\quad p=\psi(s). \tag{2.62}$$

由微分关系得

$$\mathrm{d}y=\varphi'(s)\mathrm{d}s,\quad \mathrm{d}y=p\mathrm{d}x=\psi(s)\mathrm{d}x,$$

因此，

$$dx=\frac{\varphi'(s)}{\psi(s)}ds.$$

故方程(2.61)的参数形式的通解为

$$\begin{cases}x=\int\frac{\varphi'(s)}{\psi(s)}ds+C,\\ y=\varphi(s),\end{cases}\tag{2.63}$$

其中 C 为任意常数.

下面我们通过一些具体的例子来说明这些求解方法.

例 2.12　解方程

$$\left(\frac{dy}{dx}\right)^3+2x\frac{dy}{dx}-y=0.\tag{2.64}$$

解　令 $p=\frac{dy}{dx}$,则(2.64)式成为

$$y=p^3+2xp.\tag{2.65}$$

对方程(2.65)两边关于 x 求导,得

$$p=3p^2\frac{dp}{dx}+2x\frac{dp}{dx}+2p,$$

即

$$(3p^2+2x)dp+pdx=0,\tag{2.66}$$

当 $p\neq0$ 时,方程(2.66)有积分因子 $\mu=p$,用 μ 乘方程(2.66)的两端,得

$$3p^3dp+(2xpdp+p^2dx)=0.$$

由此求出方程(2.66)的隐式通解:

$$\frac{3p^4}{4}+xp^2=C_1,$$

其中 C_1 为任意常数. 解出 x 得

$$x=\frac{C_1-\frac{3}{4}p^4}{p^2}=\frac{C-3p^4}{4p^2},$$

其中 $C=4C_1$. 从而方程(2.64)的参数形式的解为

$$
\begin{cases}
x=\dfrac{C-3p^4}{4p^2}, \\
y=p^3+2p\dfrac{C-3p^4}{4p^2}=\dfrac{C-p^4}{2p}
\end{cases}
\quad (p\neq 0).
$$

当 $p=0$ 时,由(2.65)式可直接推知 $y=0$ 也是方程(2.64)的解.

例 **2.13** 解方程

$$
x^3+\left(\frac{\mathrm{d}y}{\mathrm{d}x}\right)^3-3x\frac{\mathrm{d}y}{\mathrm{d}x}=0.
$$

解 令$\dfrac{\mathrm{d}y}{\mathrm{d}x}=p=tx$,则由方程得

$$
x=\frac{3t}{1+t^3},\quad p=\frac{3t^2}{1+t^3}.
$$

于是

$$
\mathrm{d}y=\frac{9(1-2t^3)t^2}{(1+t^3)^3}\mathrm{d}t.
$$

两边积分,可得

$$
y=\int\frac{9(1-2t^3)t^2}{(1+t^3)^3}\mathrm{d}t=\frac{3(1+4t^3)}{2(1+t^3)^2}+C.
$$

因此,方程的参数形式的通解为

$$
\begin{cases}
x=\dfrac{3t}{1+t^3}, \\
y=\dfrac{3(1+4t^3)}{2(1+t^3)^2}+C,
\end{cases}
$$

其中 C 为任意常数.

例 **2.14** 解方程

$$
\left(\frac{\mathrm{d}y}{\mathrm{d}x}\right)^3-y^2\left(4-\frac{\mathrm{d}y}{\mathrm{d}x}\right)=0.
$$

解 令$\dfrac{\mathrm{d}y}{\mathrm{d}x}=p$,$y=pt$,由方程可得

$$
p=\frac{4t^2}{1+t^2},\quad y=\frac{4t^3}{1+t^2}.
$$

当 $p\neq 0$ 时，有 $\mathrm{d}x=\frac{1}{p}\mathrm{d}y$，则

$$x=\int\frac{3+t^2}{1+t^2}\mathrm{d}t=t+2\arctan t+C.$$

因此，该方程的参数形式的解为

$$\begin{cases}x=t+2\arctan t+C,\\ y=\dfrac{4t^3}{1+t^2},\end{cases}$$

其中 C 为任意常数. 此外，当 $p=0$ 时，易知 $y=0$ 也是方程的解.

在某些情况下我们可从隐式方程中解出 $\frac{\mathrm{d}y}{\mathrm{d}x}$，因此可以将方程化成前两节讨论过的显式方程. 例如若方程(2.46)的左边是 $\frac{\mathrm{d}y}{\mathrm{d}x}$ 的 n 次多项式，即方程(2.46)的形式为

$$\sum_{k=0}^{n}a_k(x,y)\left(\frac{\mathrm{d}y}{\mathrm{d}x}\right)^k=0. \tag{2.67}$$

若方程(2.67)关于 $\frac{\mathrm{d}y}{\mathrm{d}x}$ 的多项式有 s 个不同的实根 $f_k(x,y)$，$k=1,2,\cdots,s$，$s\leqslant n$，则对每个 k，方程(2.67)的求解问题都可归结为形式较简单的显式方程

$$\frac{\mathrm{d}y}{\mathrm{d}x}=f_k(x,y)$$

的求解问题. 例如方程

$$y'^2-\left(xy+\frac{1}{2y}\right)y'+\frac{x}{2}=0,$$

可写成

$$\left(y'-\frac{1}{2y}\right)(y'-xy)=0,$$

由此得两个方程

$$y'=\frac{1}{2y},\quad y'=xy.$$

对这两个方程分别用分离变量法求解，从而得到原方程的不同的解为

$$x=y^2+C_1,$$

或

$$y=C_2e^{\frac{x^2}{2}},$$

其中 C_1,C_2 为任意常数.

另外,若方程(2.46)不显含 x 和 y,即方程(2.46)的形式为

$$F\left(\frac{dy}{dx}\right)=0. \tag{2.68}$$

这时若方程(2.68)至少有一个实根 $y'=p$,则有 $y=px+C$. 将 $p=\frac{y-C}{x}$ 代入方程(2.68),即得方程(2.68)的隐式通解

$$F\left(\frac{y-C}{x}\right)=0,$$

其中 C 为任意常数. 例如方程

$$\left(\frac{dy}{dx}\right)^7-2\left(\frac{dy}{dx}\right)^4+5\left(\frac{dy}{dx}\right)^3+5=0.$$

由于方程的左边是一个关于 $\frac{dy}{dx}$ 的 7 次多项式,因此该方程至少有一个实根,故有隐式通解

$$\left(\frac{y-C}{x}\right)^7-2\left(\frac{y-C}{x}\right)^4+5\left(\frac{y-C}{x}\right)^3+5=0,$$

其中 C 为任意常数.

习题 2.3

1. 求解下列方程:

(1) $x\left(\frac{dy}{dx}\right)^2-2y\frac{dy}{dx}+9x=0$;

(2) $y=x^2+2x\frac{dy}{dx}+\frac{1}{2}\left(\frac{dy}{dx}\right)^2$;

(3) $\left(\frac{dy}{dx}\right)^3\cos^2 y+2\tan y-2x\frac{dy}{dx}=0$.

2. 求解下列方程：

(1) $y=\frac{\mathrm{d}y}{\mathrm{d}x}+\ln\left(\frac{\mathrm{d}y}{\mathrm{d}x}\right)$；

(2) $x=\sin\left(\frac{\mathrm{d}y}{\mathrm{d}x}\right)+\exp\left(\frac{\mathrm{d}y}{\mathrm{d}x}\right)$；

(3) $\frac{y-xy'}{\sqrt{1+y'^2}}=f(\sqrt{x^2+y^2})$.

§ 2.4　初等积分法的一些应用

一、奇解

初等积分法的一个重要应用是讨论方程的奇解. 对于某些微分方程,有时存在一条特殊的积分曲线,它不属于该方程的积分曲线族,但在它的每一点上都有积分曲线族中的某条曲线与它相切. 在几何学上,这条特殊的积分曲线称为该积分曲线族的包络. 从微分方程的角度来看,在这条特殊的积分曲线上的每一点处,解的唯一性都被破坏. 通常,我们把这条特殊的积分曲线所对应的解称为方程的**奇解**.

下面我们给出曲线族的包络的确切定义. 设

$$\Phi(x,y,C)=0 \tag{2.69}$$

为给定的平面单参数曲线族,其中 C 为参数,$\Phi(x,y,C)$ 作为 (x,y,C) 的三元函数连续可微. 曲线族(2.69)的**包络**是指这样的曲线 Γ,它本身并不包含在曲线族(2.69)中,但过曲线 Γ 的每一点,有曲线族(2.69)中的一条曲线和 Γ 在这点相切. 例如,单参数曲线族 $y=\cos(x+C)$ 显然有包络 $y=1$ 和 $y=-1$. 然而,一般的曲线族不一定有包络,例如同心圆族和平行线族都没有包络.

由微分几何学知识,若曲线族(2.69)有包络,则当函数 $\Phi(x,y,C)$ 是 x,y,C 的连续可微函数时,其包络应满足关系式

$$\begin{cases}\Phi(x,y,C)=0,\\ \Phi'_C(x,y,C)=0.\end{cases} \tag{2.70}$$

通常,我们把关系式(2.70)或由它消去 C 而得到的关于 x,y 的关系式 $\Omega(x,y)=0$ 所确定的曲线称为 C **判别曲线**. 它只是一个必要条件. $\Omega(x,y)=0$ 可能有几个分支,哪一个分支才是包络还需要验证.

例如考虑方程

$$\left(\frac{\mathrm{d}y}{\mathrm{d}x}\right)^2=4y,$$

分解因式得

$$\frac{\mathrm{d}y}{\mathrm{d}x}=\pm 2\sqrt{y},\quad y\geqslant 0.$$

求积分可得该方程的通解为

$$\Phi(x,y,C)=y-(x+C)^2=0.$$

由此得 C 判别曲线满足方程

$$\begin{cases}\Phi(x,y,C)=y-(x+C)^2=0,\\ \Phi'_C(x,y,C)=2(x+C)=0.\end{cases}\tag{2.71}$$

从中消去 C 得 $y=0$. 易见 $y=0$ 是方程的抛物线解族 $y=(x+C)^2$ 的包络,见图 2.4. 显然它也是该方程的解,因而 $y=0$ 是该方程的奇解.

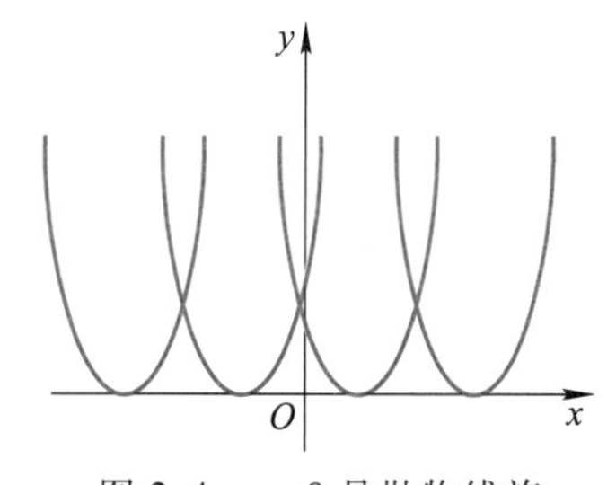

图 2.4　$y=0$ 是抛物线族 $y=(x+C)^2$ 的包络

下面给出另一个判断奇解的方法.

定理 2.3　*设函数 $F(x,y,p)$ 连续且对 x,y,p 连续可微,则方程*

$$F\left(x,y,\frac{\mathrm{d}y}{\mathrm{d}x}\right)=0$$

的奇解 $y=\phi(x)$ 应满足关系式

$$\begin{cases}F(x,y,p)=0,\\ F'_p(x,y,p)=0,\end{cases}\tag{2.72}$$

或满足从中消去 p 而得到的关系式 $\Delta(x,y)=0$,其中 $p=\dfrac{\mathrm{d}y}{\mathrm{d}x}$.

证明　由于奇解 $y=\phi(x)$ 也是方程的解,因此它显然满足(2.72)的第一式,故只需要证明它也满足(2.72)的第二式. 用反证法. 假设在某点 x_0 处,

$$\frac{\partial F}{\partial p}(x_0,y_0,p_0)\neq 0,$$

其中 $y_0=\phi(x_0)$, $p_0=\phi'(x_0)$. 由于 $F(x_0,y_0,p_0)=0$,由隐函数定理,存在点 (x_0,y_0) 的某邻域,使得在该邻域内,由方程

$$F(x,y,y')=0\tag{2.73}$$

可以唯一地确定

$$\frac{\mathrm{d}y}{\mathrm{d}x}=f(x,y),\tag{2.74}$$

其中函数 $f(x,y)$ 满足 $f(x_0,y_0)=p_0$ 且连续，并对 y 连续可微. 因此方程(2.73)所有满足 $y(x_0)=y_0, y'(x_0)=p_0$ 的解都是方程(2.74)的解. 而方程(2.74)满足 Picard 存在唯一性定理的条件(参见第五章)，显然方程(2.74)满足初值条 $y(x_0)=y_0$ 的唯一解只能是 $y=\phi(x)$. 因此，在点 (x_0,y_0) 附近不可能存在方程(2.73)的其他解在该点与 $y=\phi(x)$ 相切. 这与 $y=\phi(x)$ 是奇解的假定矛盾. 证毕. □

我们把由关系式(2.72)或关系式 $\Delta(x,y)=0$ 所确定的曲线称为 p **判别曲线**. 显然，方程 $F\left(x,y,\dfrac{dy}{dx}\right)=0$ 若存在奇解，则该奇解对应的积分曲线必在 p 判别曲线中. 至于 p 判别曲线是不是方程的奇解，尚需进一步验证.

例 2.15　证明 Clairaut(克莱罗)方程

$$y=x\frac{dy}{dx}+f\left(\frac{dy}{dx}\right) \tag{2.75}$$

恒有奇解，其中一元函数 $f(u)$ 二次连续可微，且 $f''(u)\neq 0$.

证明　令 $p=\dfrac{dy}{dx}$. 对方程两边关于 x 求导，可得

$$p=p+x\frac{dp}{dx}+f'(p)\frac{dp}{dx},$$

故或者 $\dfrac{dp}{dx}=0$，或者 $x+f'(p)=0$.

若 $\dfrac{dp}{dx}=0$，则 $p=C$，其中 C 为任意常数. 将它代入方程(2.75)即得 Clairaut 方程(2.75)的通解

$$y=Cx+f(C). \tag{2.76}$$

因此 Clairaut 方程的积分曲线族为直线族(2.76). 显然，直线族(2.76)的包络由关系式

$$\begin{cases} y=Cx+f(C), \\ x+f'(C)=0 \end{cases} \tag{2.77}$$

所确定.

若 $x+f'(p)=0$，则可得方程(2.75)的参数形式的特解为

$$\begin{cases} x=-f'(p), \\ y=-pf'(p)+f(p). \end{cases} \tag{2.78}$$

它也是 p 判别曲线，并且它和(2.77)式有相同的形式. 不难验证由(2.78)式消去 p

后得到的是方程(2.75)的一个奇解.

事实上,若把 p 看成参数,则曲线(2.78)的切线的斜率为

$$\frac{\mathrm{d}y}{\mathrm{d}x}=\frac{\frac{\mathrm{d}y}{\mathrm{d}p}}{\frac{\mathrm{d}x}{\mathrm{d}p}}=\frac{-pf''(p)}{-f''(p)}=p.$$

把 $x=-f'(p)$ 和 $\frac{\mathrm{d}y}{\mathrm{d}x}=p$ 代入(2.78)的后一式,即可得

$$y=x\frac{\mathrm{d}y}{\mathrm{d}x}+f\left(\frac{\mathrm{d}y}{\mathrm{d}x}\right),$$

因此所给 p 判别曲线是方程(2.75)的一条积分曲线.读者可进一步由定义证明它确实是方程(2.75)的一个奇解.

例如当 $f(p)=-p^2$ 时,容易由上面的结果知相应的 Clairaut 方程的积分曲线族为直线族 $y=Cx-C^2$,它的包络为抛物线 $y=\frac{1}{4}x^2$,方程的积分曲线在 Oxy 平面上的分布如图 2.5 所示.

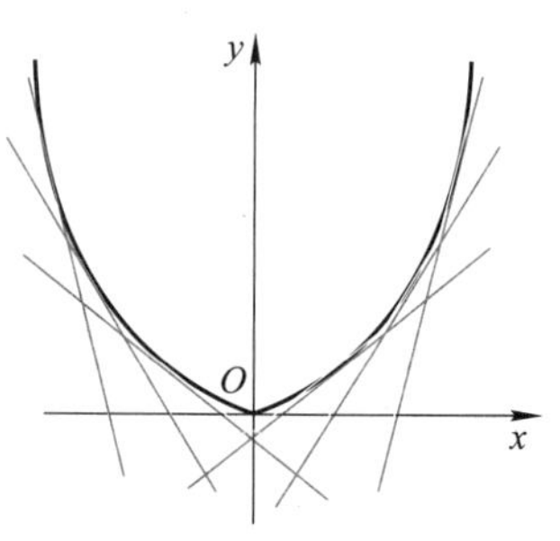

图 2.5 当 $f(p)=-p^2$ 时 Clairaut 方程的积分曲线分布图

二、 高阶微分方程

对于高阶微分方程

$$F\left(x,y,\frac{\mathrm{d}y}{\mathrm{d}x},\cdots,\frac{\mathrm{d}^n y}{\mathrm{d}x^n}\right)=0, \tag{2.79}$$

一般没有普遍的解法,求解高阶微分方程的基本思想是降阶,即通过变量变换的方法将方程(2.79)化为阶数较低的方程来求解,从而将问题简化.对某些特殊形式的方程这往往是有效的.下面我们介绍几类可通过降阶的方法求解的高阶微分方程.

1) 不显含未知函数 y 的方程:

$$F\left(x,\frac{\mathrm{d}^k y}{\mathrm{d}x^k},\cdots,\frac{\mathrm{d}^n y}{\mathrm{d}x^n}\right)=0 \quad (k\geqslant 1). \tag{2.80}$$

令 $p=\frac{\mathrm{d}^k y}{\mathrm{d}x^k}$,则方程(2.80)变为关于 p 的 $n-k$ 阶微分方程

$$F\left(x,p,\frac{\mathrm{d}p}{\mathrm{d}x},\cdots,\frac{\mathrm{d}^{n-k}p}{\mathrm{d}x^{n-k}}\right)=0. \tag{2.81}$$

若能够求出方程(2.81)的通解 $p=\varphi(x,C_1,C_2,\cdots,C_{n-k})$,则方程

$$\frac{\mathrm{d}^k y}{\mathrm{d}x^k}=\varphi(x,C_1,C_2,\cdots,C_{n-k}) \tag{2.82}$$

经过 k 次积分后得到的通解

$$y=\psi(x,C_1,C_2,\cdots,C_n)$$

就是方程(2.80)的通解,这里 C_j, $j=1,2,\cdots,n$ 为任意常数.

例 2.16　解方程

$$x\frac{\mathrm{d}^3 y}{\mathrm{d}x^3}-2\left(\frac{\mathrm{d}^2 y}{\mathrm{d}x^2}\right)^2+2\frac{\mathrm{d}^2 y}{\mathrm{d}x^2}=0.$$

解　令 $p=\dfrac{\mathrm{d}^2 y}{\mathrm{d}x^2}$,则

$$x\frac{\mathrm{d}p}{\mathrm{d}x}-2(p^2-p)=0. \tag{2.83}$$

当 $p\neq 0$ 且 $p\neq 1$ 时用分离变量法,可得

$$p=\frac{1}{1-ax^2},$$

其中 a 为任意非零常数. 当 $a>0$ 时,令 $a=C_1^2$,则

$$\frac{\mathrm{d}^2 y}{\mathrm{d}x^2}=\frac{1}{1-C_1^2x^2}.$$

经过两次积分后解得

$$y=\frac{1}{2C_1^2}\ln|1+C_1x||1-C_1x|+\frac{x}{2C_1}\ln\left|\frac{1+C_1x}{1-C_1x}\right|+C_2x+C_3.$$

当 $a<0$ 时,令 $a=-C_1^2$,则

$$\frac{\mathrm{d}^2 y}{\mathrm{d}x^2}=\frac{1}{1+C_1^2x^2}.$$

经过两次积分后解得

$$y=\frac{x}{C_1}\arctan(C_1x)-\frac{1}{2C_1^2}\ln(1+C_1^2x^2)+C_2x+C_3,$$

其中 $C_1 \neq 0, C_2, C_3$ 为任意常数.

此外,由于常函数 $p=0$ 和 $p=1$ 也是方程(2.83)的解,因此,函数 $y=C_1x+C_2$, $y=\frac{1}{2}x^2+C_1x+C_2$ 亦为原方程的解,其中 C_1, C_2 为任意常数.

2)不显含自变量 x 的方程:

$$F\left(y, \frac{\mathrm{d}y}{\mathrm{d}x}, \cdots, \frac{\mathrm{d}^n y}{\mathrm{d}x^n}\right)=0. \tag{2.84}$$

这种方程也称为自治微分方程. 令 $p=\frac{\mathrm{d}y}{\mathrm{d}x}$,则方程(2.84)可变为关于 p 的 $n-1$ 阶微分方程.

事实上,若 $p=\frac{\mathrm{d}y}{\mathrm{d}x}$,则

$$\frac{\mathrm{d}^2 y}{\mathrm{d}x^2}=\frac{\mathrm{d}}{\mathrm{d}x}\left(\frac{\mathrm{d}y}{\mathrm{d}x}\right)=\frac{\mathrm{d}p}{\mathrm{d}y}\cdot\frac{\mathrm{d}y}{\mathrm{d}x}=p\frac{\mathrm{d}p}{\mathrm{d}y},$$

用数学归纳法容易证明:对任意的 $1<j\leqslant n$, $\frac{\mathrm{d}^j y}{\mathrm{d}x^j}$可以用

$$y, \ p, \ \frac{\mathrm{d}p}{\mathrm{d}y}, \cdots, \ \frac{\mathrm{d}^{j-1}p}{\mathrm{d}y^{j-1}}$$

来表出. 把它们代入方程(2.84)就得到形如

$$G\left(y, p, \frac{\mathrm{d}p}{\mathrm{d}y}, \cdots, \frac{\mathrm{d}^{n-1}p}{\mathrm{d}y^{n-1}}\right)=0 \tag{2.85}$$

的关于 p 的 $n-1$ 阶微分方程,比方程(2.84)低了一阶.

例 2.17 解方程

$$y\frac{\mathrm{d}^2 y}{\mathrm{d}x^2}-\left(\frac{\mathrm{d}y}{\mathrm{d}x}\right)^2-2\frac{\mathrm{d}y}{\mathrm{d}x}=0.$$

解 令 $p=\frac{\mathrm{d}y}{\mathrm{d}x}$,则

$$\frac{\mathrm{d}^2 y}{\mathrm{d}x^2}=p\frac{\mathrm{d}p}{\mathrm{d}y}.$$

故原方程可化为

$$yp\frac{\mathrm{d}p}{\mathrm{d}y}-p^2-2p=0. \tag{2.86}$$

易见 $p=0$ 和 $p=-2$ 是方程(2.86)的解.因此,$y=C$,$y=-2x+C$ 是原方程的解,其中 C 为任意常数.

当 $p\neq 0$ 且 $p\neq -2$ 时,使用分离变量的方法,可得方程(2.86)的通解为

$$p=C_1y-2,$$

其中 C_1 为任意常数.求解方程

$$\frac{\mathrm{d}y}{\mathrm{d}x}=C_1y-2.$$

当 $C_1\neq 0$ 时,原方程的通解为

$$y=C_2\mathrm{e}^{C_1x}+\frac{2}{C_1},$$

其中 C_2 为任意常数.当 $C_1=0$ 时,即为上面讨论过的 $p=-2$ 的情况.

3）齐次方程:

$$F\left(x,y,\frac{\mathrm{d}y}{\mathrm{d}x},\cdots,\frac{\mathrm{d}^ny}{\mathrm{d}x^n}\right)=0,\tag{2.87}$$

其中左边是关于变量

$$y,\ \frac{\mathrm{d}y}{\mathrm{d}x},\cdots,\ \frac{\mathrm{d}^ny}{\mathrm{d}x^n}$$

的零次齐次函数,即

$$F\left(x,ty,t\frac{\mathrm{d}y}{\mathrm{d}x},\cdots,t\frac{\mathrm{d}^ny}{\mathrm{d}x^n}\right)=F\left(x,y,\frac{\mathrm{d}y}{\mathrm{d}x},\cdots,\frac{\mathrm{d}^ny}{\mathrm{d}x^n}\right),\qquad \forall\, t\neq 0.$$

显然,当 $y\neq 0$ 时,齐次方程(2.87)等价于

$$F\left(x,1,\frac{1}{y}\frac{\mathrm{d}y}{\mathrm{d}x},\cdots,\frac{1}{y}\frac{\mathrm{d}^ny}{\mathrm{d}x^n}\right)=0.\tag{2.88}$$

若令

$$p=\frac{1}{y}\frac{\mathrm{d}y}{\mathrm{d}x}$$

并以它为新未知函数,则方程就可降低一阶.事实上,在所作的假定下,有

$$\frac{\mathrm{d}y}{\mathrm{d}x}=yp,$$

$$\frac{\mathrm{d}^2y}{\mathrm{d}x^2}=\frac{\mathrm{d}y}{\mathrm{d}x}p+y\frac{\mathrm{d}p}{\mathrm{d}x}=y\left(p^2+\frac{\mathrm{d}p}{\mathrm{d}x}\right),$$

用数学归纳法不难证明：对任意的 $1<k\leqslant n$，$\frac{1}{y}\frac{\mathrm{d}^k y}{\mathrm{d}x^k}$可用

$$p,\ \frac{\mathrm{d}p}{\mathrm{d}x},\cdots,\ \frac{\mathrm{d}^{k-1}p}{\mathrm{d}x^{k-1}}$$

表出. 将这些表达式代入方程(2.88)，可得形如

$$G\left(x,p,\frac{\mathrm{d}p}{\mathrm{d}x},\cdots,\frac{\mathrm{d}^{n-1}p}{\mathrm{d}x^{n-1}}\right)=0 \tag{2.89}$$

的关于 p 的 $n-1$ 阶微分方程，比方程(2.87)低了一阶.

例 2.18　解方程

$$x^2y\frac{\mathrm{d}^2y}{\mathrm{d}x^2}=\left(y-x\frac{\mathrm{d}y}{\mathrm{d}x}\right)^2.$$

解　令 $p=\frac{1}{y}\frac{\mathrm{d}y}{\mathrm{d}x}$，则

$$\frac{\mathrm{d}y}{\mathrm{d}x}=yp,$$

$$\frac{\mathrm{d}^2y}{\mathrm{d}x^2}=\frac{\mathrm{d}y}{\mathrm{d}x}p+y\frac{\mathrm{d}p}{\mathrm{d}x}=yp^2+y\frac{\mathrm{d}p}{\mathrm{d}x}.$$

故原方程可化为

$$x^2y^2\frac{\mathrm{d}p}{\mathrm{d}x}=y^2-2xy^2p. \tag{2.90}$$

当 $y\neq 0$ 时，方程(2.90)等价于

$$x^2\frac{\mathrm{d}p}{\mathrm{d}x}=1-2xp.$$

解得

$$p=\frac{1}{x}+\frac{C_1}{x^2},$$

其中 C_1 为任意常数. 因此原方程的通解为

$$y=C_2\mathrm{e}^{\int p\mathrm{d}x}=C_2x\mathrm{e}^{-\frac{C_1}{x}},$$

其中 C_2 为任意常数.

此外，$y=0$ 显然是原方程的一个特解，但此解已包含在上面的通解表达式之中

(取 $C_2=0$ 即得).

4) 全微分方程:

$$F\left(x, y, \frac{\mathrm{d}y}{\mathrm{d}x}, \cdots, \frac{\mathrm{d}^n y}{\mathrm{d}x^n}\right)=0, \tag{2.91}$$

其中左边是某个形如

$$\Phi\left(x, y, \frac{\mathrm{d}y}{\mathrm{d}x}, \cdots, \frac{\mathrm{d}^{n-1} y}{\mathrm{d}x^{n-1}}\right)$$

的表达式对 x 的全导数,即

$$F\left(x, y, \frac{\mathrm{d}y}{\mathrm{d}x}, \cdots, \frac{\mathrm{d}^n y}{\mathrm{d}x^n}\right)=\frac{\mathrm{d}}{\mathrm{d}x}\Phi\left(x, y, \cdots, \frac{\mathrm{d}^{n-1} y}{\mathrm{d}x^{n-1}}\right),$$

这里 $n+1$ 元函数 $\Phi(x_1, x_2, \cdots, x_{n+1})$ 的对各变元的一阶偏导数都存在且连续,故方程(2.91)有形式:

$$F\left(x, y, \frac{\mathrm{d}y}{\mathrm{d}x}, \cdots, \frac{\mathrm{d}^n y}{\mathrm{d}x^n}\right)=\frac{\partial \Phi}{\partial x_1}+\frac{\partial \Phi}{\partial x_2} \frac{\mathrm{d}y}{\mathrm{d}x}+\cdots+\frac{\partial \Phi}{\partial x_{n+1}} \frac{\mathrm{d}^n y}{\mathrm{d}x^n}.$$

其中函数 $\Phi(x_1, x_2, \cdots, x_{n+1})$ 的对各变元的一阶偏导数在

$$(x_1, x_2, \cdots, x_{n+1})=\left(x, y, \frac{\mathrm{d}y}{\mathrm{d}x}, \cdots, \frac{\mathrm{d}^{n-1} y}{\mathrm{d}x^{n-1}}\right)$$

处取值.

此时,方程(2.91)等价于

$$\Phi\left(x, y, \cdots, \frac{\mathrm{d}^{n-1} y}{\mathrm{d}x^{n-1}}\right)=C, \tag{2.92}$$

其中 C 为任意常数. 而方程(2.92)是 $n-1$ 阶的,这样就降低了方程(2.91)的阶数. 与一阶微分方程类似,有时方程(2.91)本身不是全微分方程,但乘上适当的函数

$$\mu\left(x, y, \cdots, \frac{\mathrm{d}^{n-1} y}{\mathrm{d}x^{n-1}}\right)$$

后,就变为全微分方程. 这时,也称函数 μ 为积分因子.

例 2.19　解方程

$$(1+y^2)\frac{\mathrm{d}^2 y}{\mathrm{d}x^2}-2y\left(\frac{\mathrm{d}y}{\mathrm{d}x}\right)^2=0.$$

解 当 $y'\neq 0$ 时,由于

$$\frac{y''}{y'}-\frac{2yy'}{1+y^2}=(\ln|y'|-\ln(1+y^2))',$$

故原方程可化为

$$\ln|y'|-\ln(1+y^2)=C_0,$$

其中 C_0 为任意常数,这等价于

$$y'=\widetilde{C}(1+y^2)\quad (\widetilde{C}\overset{\text{def}}{=\!=}\pm e^{C_0}).$$

由此解得 $y=\tan(\widetilde{C}x+C_2)$,其中 C_2 为任意常数.

此外,当 $y'=0$ 时,$y=C$ 也是原方程的解,其中 C 为任意常数.

因此原方程的通解可统一表示为

$$y=\tan(C_1x+C_2),$$

其中 C_1,C_2 为任意常数.

三、 平面保守系统

在第一章的例 1.3 中,若不考虑阻力,即设 $\mu=0$,则方程为

$$\frac{d^2x}{dt^2}+\frac{k}{m}x=0. \tag{2.93}$$

它描述了线性弹簧振子的自由振动.这是一个二阶的自治微分方程.按照前面的降阶法,令 $y=\frac{dx}{dt}$,则

$$\frac{d^2x}{dt^2}=y\frac{dy}{dx}.$$

代入方程(2.93)即得如下对称形式的一阶方程:

$$kx\,dx+my\,dy=0. \tag{2.94}$$

它是一个恰当方程,具有原函数

$$H(x,y)=\frac{m}{2}y^2+\frac{k}{2}x^2.$$

因此方程(2.94)的通解为 $H(x,y)=C$.如果 $k>0$,对每个 $C>0$,曲线 $H(x,y)=C$ 是一个椭圆.如果 $k<0$,对每个 $C\neq 0$,曲线 $H(x,y)=C$ 是双曲线.我们常将系统(2.93)表示的运动刻画在 Oxy 平面上,这时称 Oxy 平面为相平面.该相平面上的这

些曲线称为系统的轨道. 相平面上的轨道分布图称为相图. 在图 2.6 和图 2.7 中我们分别画出了当 $k>0$ 及 $k<0$ 时系统(2.93)的相图,其中箭头方向为当 $t\to+\infty$ 时 x 和 y 变动的方向. 在 $k>0$ 情形下的相图表明,线性弹簧振子的自由振动呈周期运动.

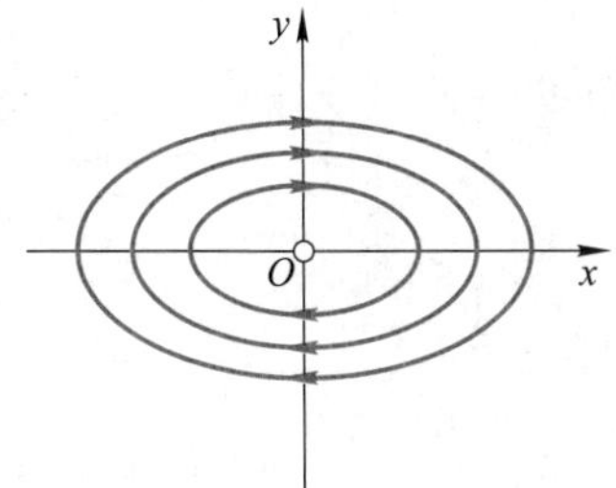

图 2.6　$k>0$ 时系统(2.93)的相图

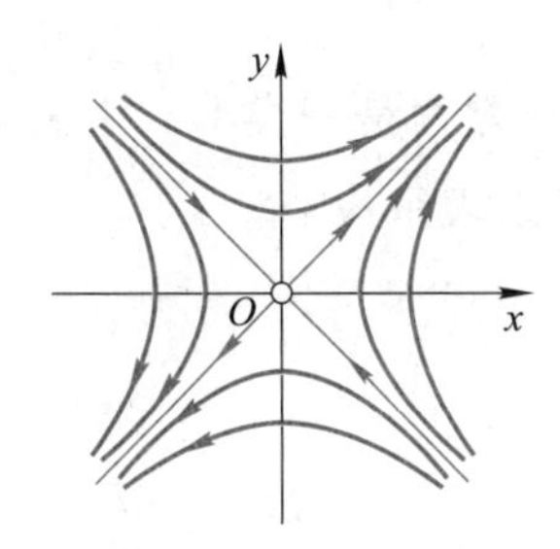

图 2.7　$k<0$ 时系统(2.93)的相图

进一步,在函数 $H(x,y)$ 中 $\frac{1}{2}my^2$ 和 $\frac{1}{2}kx^2$ 分别表示振子的动能和势能. 因此 $H(x,y)$ 是系统的总机械能. 方程(2.93)的通解形式表明,在任何一条轨道上,总机械能是恒定不变的. 我们称这种系统为保守系统. 以后我们会知道方程(2.93)描述的是一个平面 Hamilton 系统,这种系统的运动轨道都在能量等位线上.

方程(2.93)是下面更一般方程的特殊情况:

$$\frac{\mathrm{d}^2x}{\mathrm{d}t^2}+g(x)=0. \tag{2.95}$$

方程(2.95)称为 Newton 系统. 按照上面的做法,方程可以化成

$$y\mathrm{d}y+g(x)\mathrm{d}x=0. \tag{2.96}$$

同样可以得到总机械能

$$H(x,y)=\frac{1}{2}y^2+G(x),$$

其中

$$G(x)=\int_0^x g(x)\mathrm{d}x.$$

不难看出方程(2.96)的通解为 $H(x,y)=C$,其中 C 为任意常数. 因为

$$y=\pm\sqrt{2(C-G(x))},$$

所以方程(2.95)的解 $x(t)$ 可以通过求解下列变量分离形式的一阶方程

$$\frac{\mathrm{d}x}{\mathrm{d}t}=\pm\sqrt{2(C-G(x))} \tag{2.97}$$

得到. 在求解方程(2.97)的过程中往往会遇到计算困难,因为分离变量后关于 x 的积分常常涉及椭圆积分. 读者不妨尝试用这里介绍的方法解决第一章例 1.2 提出的单摆问题.

四、 Riccati 方程

Riccati 方程是一类形式上看起来十分简单的一阶微分方程,其右端为二次多项式. 它可以表示成

$$\frac{\mathrm{d}x}{\mathrm{d}t}=a(t)x^2+b(t)x+c(t), \tag{2.98}$$

其中函数 a,b,c 在区间 I 上连续且 $a(t)\neq 0$. 如果已经知道其一个特解 $\phi(t)$,我们可通过变换 $y=x-\phi(t)$ 把方程(2.98)化成一个 Bernoulli 方程

$$\frac{\mathrm{d}y}{\mathrm{d}t}=(2a(t)\phi(t)+b(t))y+a(t)y^2, \tag{2.99}$$

从而可以用初等积分法求出通解.

然而问题是怎样找到特解 $\phi(t)$ 呢? 很早人们就在探索这个有代表性的问题. 不妨考虑一个形式具体一些的 Riccati 方程

$$\frac{\mathrm{d}x}{\mathrm{d}t}=-x^2+ct^m, \tag{2.100}$$

其中 c 是常数且 $t\neq 0, x\neq 0$. 显然当 $m=0$ 时方程(2.100)已经是变量分离形式的方程. 当 $m=-2$ 时,在变换 $y=tx$ 下,方程(2.100)也可化成变量分离形式的方程

$$\frac{\mathrm{d}y}{\mathrm{d}t}=\frac{-y^2+y+c}{t}.$$

图 2.8 J. F. Riccati(1676—1754)

当 $m=\dfrac{-4k}{2k+1}$ 时,容易验证通过变换

$$t=\tau^{-\frac{1}{m+1}},\quad x=\left(\frac{c}{m+1}\right)\frac{1}{\tau-y\tau^2},$$

方程(2.100)仍化成(2.100)的形式,即

$$\frac{\mathrm{d}y}{\mathrm{d}\tau}=-y^2+c'\tau^n, \tag{2.101}$$

其中

$$c' = \frac{c}{(m+1)^2},\quad n = \frac{-4(k-1)}{2(k-1)+1}.$$

因此重复上述过程 k 次后原方程(2.100)可以化成(2.100)的形式,其中 $m=0$,从而得到一个变量分离形式的方程. 类似地可以证明当 $m=\frac{-4k}{2k-1}$时原方程(2.100)也可以化成(2.100)的形式,其中 $m=0$.

因此,条件

$$m=0,-2,\ \frac{-4k}{2k\pm1},\quad k=1,2,\cdots \tag{2.102}$$

是 Riccati 方程(2.100)可以用初等积分法求解的一个充分条件. 不幸的是,1841 年 Liouville(刘维尔)证明条件(2.102)还是必要的,参见文献[25]第 113—123 页. 这个例子表明:并不是所有的微分方程都可以用初等积分法求出其通解,即使是形式非常简单的非线性微分方程也是如此. 因此人们不再把主要精力用于追求微分方程的初等积分法求解,转而考虑怎样从微分方程表达形式本身的特点去分析推断其解的属性. 人们不再刻意在乎方程解的解析表达式,而希望能获得一个相对满意的近似结果,甚至不在乎方程解的近似解,而直接由方程本身的特点来准确地判定解是否具有周期性、有界性、稳定性,等等,因为这些性质才是人们对方程所描述的运动状况所要关心的实质性问题.

图 2.9　J. Liouville(1809—1882)证明 Riccati 方程一般不能用初等积分法求解

习题 2.4

1. 求下列方程的通解:

(1) $\left(\frac{dy}{dx}\right)^3+2\frac{dy}{dx}-x=0$;

(2) $y=\left(\frac{dy}{dx}\right)^2-x\frac{dy}{dx}+\frac{x^2}{2}$;

（3）$y^2\left(1-\frac{dy}{dx}\right)=\left(2-\frac{dy}{dx}\right)^2$；

（4）$\left(\frac{dy}{dx}\right)^3-4xy\frac{dy}{dx}+8y^2=0$；

（5）$y^3+\left(\frac{dy}{dx}\right)^3-3y\frac{dy}{dx}=0$；

（6）$\left(\frac{dy}{dx}\right)^5-5\left(\frac{dy}{dx}\right)^2+1=0$.

2. 解下列方程，并求奇解（如果存在的话）：

（1）$\left(\frac{dy}{dx}\right)^2+y^2-1=0$；

（2）$x\left(\frac{dy}{dx}\right)^2-y\frac{dy}{dx}+1=0$；

（3）$y=\left(\frac{dy}{dx}\right)^2$；

（4）$x-y=\frac{4}{9}\left(\frac{dy}{dx}\right)^2-\frac{8}{27}\left(\frac{dy}{dx}\right)^3$；

（5）$\frac{dy}{dx}=-\sqrt{y-x}+1$；

（6）$\frac{dy}{dx}=-x+\sqrt{x^2+2y}$.

3. 求下列高阶方程的解：

（1）$\frac{d^5y}{dx^5}-\frac{1}{x}\frac{d^4y}{dx^4}=0$；

（2）$y\frac{d^2y}{dx^2}+\left(\frac{dy}{dx}\right)^2=0$；

（3）$(1+x^2)\frac{d^2y}{dx^2}=2x\frac{dy}{dx}$；

（4）$y\frac{d^2y}{dx^2}=\left(\frac{dy}{dx}\right)^2$；

（5）$\left(\frac{d^2y}{dx^2}\right)^2=\frac{dy}{dx}$；

（6）$\frac{d^2y}{dx^2}+\frac{1}{1-y}\left(\frac{dy}{dx}\right)^2=0$；

（7）$4\frac{d^4y}{dx^4}=\frac{d^2y}{dx^2}$；

（8）$(1+x^2)\frac{d^2y}{dx^2}+\left(\frac{dy}{dx}\right)^2+1=0$；

（9）$\frac{dy}{dx}\frac{d^3y}{dx^3}-\left(\frac{d^2y}{dx^2}\right)^2=0$.

4. 已知某曲线，它的方程 $y=y(x)$ 满足微分方程

$$x\frac{\mathrm{d}y}{\mathrm{d}x}+\left(\frac{\mathrm{d}y}{\mathrm{d}x}\right)^2=y,$$

且与另一曲线 $y=\mathrm{e}^{-x}$ 在点 $(0,1)$ 相切，求此曲线方程.

5. 证明方程

$$x^2\left(\frac{\mathrm{d}y}{\mathrm{d}x}\right)^2+3xy\frac{\mathrm{d}y}{\mathrm{d}x}+3y^2=0$$

只有零解.

6. 试证：若 $y=\varphi(x)$ 是方程

$$\frac{\mathrm{d}y}{\mathrm{d}x}=p(x)\sin y$$

的满足初值条件 $\varphi(0)=0$ 的解，则 $\varphi(x)\equiv 0$，其中 $p(x)$ 在 $-\infty<x<+\infty$ 上连续.

第三章

线性方程

当我们用这种方法预先获得有关这些问题的信息时,完成它们的证明当然要比没有任何信息的情况下去发现其证明容易得多……这种方法一旦被建立起来,我们的同代人或后继者中的某些人将会利用它发现另外一些我尚未想到的定理.

——Archimedes(阿基米德,公元前 287—前 212)

考虑如下形式的微分方程组:

$$\frac{\mathrm{d}\boldsymbol{x}}{\mathrm{d}t}=\boldsymbol{f}(\boldsymbol{x}), \tag{3.1}$$

其中 $\boldsymbol{x},\boldsymbol{f}\in\mathbb{R}^n$. 若函数 $\boldsymbol{f}(\boldsymbol{x})$ 在某点 $\boldsymbol{x}=\boldsymbol{x}_0$ 处有 Taylor(泰勒)展开

$$\boldsymbol{f}(\boldsymbol{x})=\boldsymbol{f}(\boldsymbol{x}_0)+\boldsymbol{A}(\boldsymbol{x}-\boldsymbol{x}_0)+\boldsymbol{R}(\boldsymbol{x}),$$

其中 $\|\boldsymbol{R}(\boldsymbol{x})\|$ 是 $\|\boldsymbol{x}-\boldsymbol{x}_0\|$ 的高阶无穷小(这里 $\|\boldsymbol{x}-\boldsymbol{x}_0\|$ 是向量 $\boldsymbol{x}-\boldsymbol{x}_0$ 的范数,其定义见下面 §3.1),$\boldsymbol{A}$ 为 n 阶方阵,则在 $\boldsymbol{x}=\boldsymbol{x}_0$ 附近向量值函数$\boldsymbol{f}(\boldsymbol{x})$可以用其线性部分

$$\boldsymbol{f}(\boldsymbol{x}_0)+\boldsymbol{A}(\boldsymbol{x}-\boldsymbol{x}_0)$$

来逼近,因此人们自然地想到用如下形式的线性微分方程组的解来逼近方程组(3.1)在 $\boldsymbol{x}=\boldsymbol{x}_0$ 附近的解:

$$\frac{\mathrm{d}\boldsymbol{x}}{\mathrm{d}t}=\boldsymbol{f}(\boldsymbol{x}_0)+\boldsymbol{A}(\boldsymbol{x}-\boldsymbol{x}_0).$$

从这个意义上说,研究线性微分方程及线性微分方程组是进一步研究一般(非线性)微分方程及微分方程组的基础.

在第二章我们已讨论了含一个未知函数的一阶线性微分方程的求解. 然而在实际问题中往往要涉及几个未知函数和它们的导数,因而相应的数学模型需要用微分方程组来表示,我们自然需要解决多维的线性微分方程组的求解问题.

§3.1 存在性与唯一性

考虑含 n 个未知函数的一阶线性微分方程组

$$\begin{cases}\dfrac{\mathrm{d}x_1}{\mathrm{d}t}=a_{11}(t)x_1+a_{12}(t)x_2+\cdots+a_{1n}(t)x_n+f_1(t),\\ \dfrac{\mathrm{d}x_2}{\mathrm{d}t}=a_{21}(t)x_1+a_{22}(t)x_2+\cdots+a_{2n}(t)x_n+f_2(t),\\ \cdots\cdots\cdots\cdots\\ \dfrac{\mathrm{d}x_n}{\mathrm{d}t}=a_{n1}(t)x_1+a_{n2}(t)x_2+\cdots+a_{nn}(t)x_n+f_n(t),\end{cases}\tag{3.2}$$

其中已知函数 $a_{ij}(t),f_i(t)(i,j=1,2,\cdots,n)$ 都是区间 $[\alpha,\beta]$ 上的连续函数. 令

$$\boldsymbol{A}(t)=\begin{pmatrix}a_{11}(t) & a_{12}(t) & \cdots & a_{1n}(t)\\ a_{21}(t) & a_{22}(t) & \cdots & a_{2n}(t)\\ \vdots & & & \vdots\\ a_{n1}(t) & a_{n2}(t) & \cdots & a_{nn}(t)\end{pmatrix},\quad \boldsymbol{f}(t)=\begin{pmatrix}f_1(t)\\ f_2(t)\\ \vdots\\ f_n(t)\end{pmatrix},\quad \boldsymbol{x}=\begin{pmatrix}x_1\\ x_2\\ \vdots\\ x_n\end{pmatrix},$$

则可以用矩阵记号把方程组(3.2)写为

$$\frac{\mathrm{d}\boldsymbol{x}}{\mathrm{d}t}=\boldsymbol{A}(t)\boldsymbol{x}+\boldsymbol{f}(t).\tag{3.3}$$

当 $\boldsymbol{f}(t)\equiv\boldsymbol{0}$ 时,我们称方程组(3.3)是**齐次**的; 否则,就称为是**非齐次**的.

对方程组(3.3),我们首先需要知道它满足给定的初值条件的解是否存在, 如果存在是否唯一. 下面的存在唯一性定理回答了这一基本问题:

定理 3.1 假设 $\boldsymbol{A}(t)$ 是区间 $[\alpha,\beta]$ 上的 n 阶连续方阵函数, $\boldsymbol{f}(t)$ 是区间 $[\alpha,\beta]$ 上的 n 维连续列向量函数,则对于区间 $[\alpha,\beta]$ 上的任意实数 t_0 及任意 n 维常向量 $\boldsymbol{x}^0$,方程组(3.3)在区间 $[\alpha,\beta]$ 上存在唯一解 $\boldsymbol{x}(t)$ 满足初值条件 $\boldsymbol{x}(t_0)=\boldsymbol{x}^0$.

这个结果不仅告诉我们初值问题解的存在性和唯一性,而且指出解的存在区间和已知函数连续的区间是一样大的.

为了理解和证明这个定理,我们需要了解矩阵函数的一些性质. 对矩阵函数的加法、乘法的定义与普通的常数矩阵相同. 称矩阵 $\boldsymbol{A}(t)=(a_{ij}(t))$ 是连续的(或可微的),如果其每一个元素 $a_{ij}(t)$(其中 $i,j=1,2,\cdots,n$)都是实变量 t 的连续函数(或可微函数). 在可微的情形下,

$$\frac{\mathrm{d}}{\mathrm{d}t}\boldsymbol{A}(t)=\left(\frac{\mathrm{d}}{\mathrm{d}t}a_{ij}(t)\right).$$

矩阵函数的导数也满足

$$\frac{\mathrm{d}}{\mathrm{d}t}(\boldsymbol{A}_1(t)+\boldsymbol{A}_2(t))=\frac{\mathrm{d}\boldsymbol{A}_1(t)}{\mathrm{d}t}+\frac{\mathrm{d}\boldsymbol{A}_2(t)}{\mathrm{d}t},$$

$$\frac{\mathrm{d}}{\mathrm{d}t}(\boldsymbol{A}_1(t)\boldsymbol{A}_2(t))=\frac{\mathrm{d}\boldsymbol{A}_1(t)}{\mathrm{d}t}\boldsymbol{A}_2(t)+\boldsymbol{A}_1(t)\frac{\mathrm{d}\boldsymbol{A}_2(t)}{\mathrm{d}t}.$$

如果矩阵 $\boldsymbol{A}(t)=(a_{ij}(t))$ 的每个元素 $a_{ij}(t)$（其中 $i,j=1,2,\cdots,n$）都在 t 的区间$[\alpha,\beta]$上可积，就称矩阵 $\boldsymbol{A}(t)$ 在区间$[\alpha,\beta]$上可积，并且

$$\int_\alpha^\beta \boldsymbol{A}(t)\,\mathrm{d}t=\left(\int_\alpha^\beta a_{ij}(t)\,\mathrm{d}t\right).$$

为了讨论矩阵函数序列的收敛问题，对矩阵 $\boldsymbol{A}$ 及向量 $\boldsymbol{x}$ 我们引入其范数为

$$\|\boldsymbol{A}\|=\sum_{i,j=1}^{n}|a_{ij}|,\quad \|\boldsymbol{x}\|=\sum_{i=1}^{n}|x_i|.$$

显然对任意 n 阶方阵 $\boldsymbol{A}_1,\boldsymbol{A}_2$ 及 n 维向量 $\boldsymbol{x}_1,\boldsymbol{x}_2$，有如下性质：

$$\|\boldsymbol{A}_1+\boldsymbol{A}_2\|\leqslant\|\boldsymbol{A}_1\|+\|\boldsymbol{A}_2\|,\quad \|\boldsymbol{x}_1+\boldsymbol{x}_2\|\leqslant\|\boldsymbol{x}_1\|+\|\boldsymbol{x}_2\|,$$

$$\|\gamma\boldsymbol{A}\|=|\gamma|\,\|\boldsymbol{A}\|,\quad \|\gamma\boldsymbol{x}\|=|\gamma|\,\|\boldsymbol{x}\|,\quad \forall\gamma\in\mathbb{R}\,(\text{或}\,\mathbb{C}),$$

$$\|\boldsymbol{A}_1\boldsymbol{A}_2\|\leqslant\|\boldsymbol{A}_1\|\,\|\boldsymbol{A}_2\|,$$

$$\left\|\int_\alpha^\beta \boldsymbol{A}(t)\,\mathrm{d}t\right\|\leqslant\int_\alpha^\beta\|\boldsymbol{A}(t)\|\,\mathrm{d}t.$$

考虑 n 阶方阵函数序列 $\{\boldsymbol{A}_k(t)\}$，其中 $\boldsymbol{A}_k(t)=(a_{ij}^{(k)}(t))$。称它对所有的 $\alpha\leqslant t\leqslant\beta$ 收敛（一致收敛），如果对任意的 $i,j=1,2,\cdots,n$，函数序列 $\{a_{ij}^{(k)}(t)\}$ 对所有的 $\alpha\leqslant t\leqslant\beta$ 收敛（一致收敛）。同理，称矩阵函数项级数

$$\sum_{k=1}^{\infty}\boldsymbol{A}_k(t)$$

对所有的 $\alpha\leqslant t\leqslant\beta$ 收敛（一致收敛），如果对任意的 $i,j=1,2,\cdots,n$，函数项级数

$$\sum_{k=1}^{\infty}a_{ij}^{(k)}(t)$$

对所有的 $\alpha\leqslant t\leqslant\beta$ 收敛（一致收敛）。

定理 3.1 的证明 第一步 容易验证，方程组(3.3)关于 $\boldsymbol{x}(t_0)=\boldsymbol{x}^0$ 的初值问题等价于求积分方程

$$\boldsymbol{x}(t)=\boldsymbol{x}^0+\int_{t_0}^{t}(\boldsymbol{A}(\tau)\boldsymbol{x}(\tau)+\boldsymbol{f}(\tau))\,\mathrm{d}\tau \tag{3.4}$$

在区间$[\alpha,\beta]$上的连续解. 事实上,如果连续函数$\boldsymbol{x}(t)$是积分方程(3.4)的解,由方程(3.4)右端立即看出$\boldsymbol{x}(t)$也是可微的. 因此对方程(3.4)的两端关于t求导可推出微分方程组(3.3)的形式. 方程(3.4)称为方程组(3.3)的等价积分方程.

第二步 利用积分方程(3.4)构造向量函数序列$\{\boldsymbol{x}_k(t)\}$,其中$\boldsymbol{x}_0(t)\equiv\boldsymbol{x}^0$,且

$$\boldsymbol{x}_k(t)=\boldsymbol{x}^0+\int_{t_0}^{t}(\boldsymbol{A}(\tau)\boldsymbol{x}_{k-1}(\tau)+\boldsymbol{f}(\tau))\mathrm{d}\tau, \tag{3.5}$$

这里$k=1,2,\cdots$且$t\in[\alpha,\beta]$. 容易归纳地证明,对任意正整数k,向量函数$\boldsymbol{x}_k(t)$在区间$[\alpha,\beta]$上有定义并且连续. 我们将证明向量函数序列$\{\boldsymbol{x}_k(t)\}$在区间$[\alpha,\beta]$上是一致收敛的,它的极限函数$\lim\limits_{k\to\infty}\boldsymbol{x}_k(t)$在区间$[\alpha,\beta]$上连续且满足等价积分方程(3.4).

第三步 向量函数序列$\{\boldsymbol{x}_k(t)\}$在区间$[\alpha,\beta]$上一致收敛. 为此只需证明向量函数级数

$$\boldsymbol{x}_0(t)+\sum_{j=1}^{\infty}(\boldsymbol{x}_j(t)-\boldsymbol{x}_{j-1}(t)),\quad \alpha\leqslant t\leqslant\beta \tag{3.6}$$

在区间$[\alpha,\beta]$上一致收敛,因为它的前k项之和为$\boldsymbol{x}_k(t)$.

因为$\boldsymbol{A}(t)$和$\boldsymbol{f}(t)$都在区间$[\alpha,\beta]$上连续,所以$\|\boldsymbol{A}(t)\|$和$\|\boldsymbol{f}(t)\|$都在区间$[\alpha,\beta]$上有界,即存在大于零的常数M,使得

$$\|\boldsymbol{A}(t)\|\leqslant M,\quad \|\boldsymbol{f}(t)\|\leqslant M,\quad \alpha\leqslant t\leqslant\beta$$

成立. 利用(3.5)式可以归纳地证明在区间$[\alpha,\beta]$上成立

$$\|\boldsymbol{x}_j(t)-\boldsymbol{x}_{j-1}(t)\|\leqslant(\|\boldsymbol{x}^0\|+1)\frac{M^j}{j!}|t-t_0|^j. \tag{3.7}$$

证明$j=1$的情形和在假设$j=m$成立时证明$j=m+1$情形的方法基本上是一样的. 事实上,由(3.5)式和归纳法假设,

$$\begin{aligned}\|\boldsymbol{x}_{m+1}(t)-\boldsymbol{x}_m(t)\|&\leqslant\left|\int_{t_0}^{t}\|\boldsymbol{A}(\tau)\|\ \|\boldsymbol{x}_m(\tau)-\boldsymbol{x}_{m-1}(\tau)\|\mathrm{d}\tau\right|\\&\leqslant M(\|\boldsymbol{x}^0\|+1)\frac{M^m}{m!}\left|\int_{t_0}^{t}|\tau-t_0|^m\mathrm{d}\tau\right|\\&=(\|\boldsymbol{x}^0\|+1)\frac{M^{m+1}}{(m+1)!}|t-t_0|^{m+1}.\end{aligned}$$

用M判别法及比值判别法知级数

$$\sum_{j=1}^{\infty}\frac{M^j}{j!}|t-t_0|^j$$

在区间$[\alpha,\beta]$上是一致收敛的. 因此级数(3.6)在区间$[\alpha,\beta]$上一致收敛. 从而,向

量函数序列$\{\boldsymbol{x}_k(t)\}$在区间$[\alpha,\beta]$上是一致收敛的.

第四步 根据收敛性,设

$$\lim_{k\to\infty}\boldsymbol{x}_k(t)=\boldsymbol{x}(t).$$

由序列$\{\boldsymbol{x}_k(t)\}$的连续性和一致收敛性,它的极限函数$\boldsymbol{x}(t)$也在区间$[\alpha,\beta]$上连续. 在(3.5)式两边令$k\to\infty$取极限得到

$$\lim_{k\to\infty}\boldsymbol{x}_k(t)=\boldsymbol{x}^0+\int_{t_0}^{t}\lim_{k\to\infty}(\boldsymbol{A}(\tau)\boldsymbol{x}_{k-1}(\tau)+\boldsymbol{f}(\tau))\,\mathrm{d}\tau,$$

即极限函数$\boldsymbol{x}(t)$对所有的$\alpha\leqslant t\leqslant\beta$都满足积分方程(3.4).

第五步 证明积分方程(3.4)的连续解的唯一性. 设$\widetilde{\boldsymbol{x}}(t)$是在同一区间$[\alpha,\beta]$上的积分方程(3.4)的另一个连续解. 容易证明$\boldsymbol{y}(t)=\boldsymbol{x}(t)-\widetilde{\boldsymbol{x}}(t)$满足积分方程

$$\boldsymbol{y}(t)=\int_{t_0}^{t}\boldsymbol{A}(\tau)\boldsymbol{y}(\tau)\,\mathrm{d}\tau,\quad \alpha\leqslant t\leqslant\beta.$$

由连续性,令$L>0$为$\|\boldsymbol{y}(t)\|$在有界闭区间$[\alpha,\beta]$上的一个上界. 和前面类似,可以归纳地证明对任意正整数k,

$$\|\boldsymbol{y}(t)\|\leqslant\frac{LM^k}{k!}|t-t_0|^k,\quad \alpha\leqslant t\leqslant\beta. \tag{3.8}$$

上面不等式的右端当$k\to\infty$时趋于零,因此$\boldsymbol{y}(t)\equiv\mathbf{0}$,即在区间$[\alpha,\beta]$上$\widetilde{\boldsymbol{x}}(t)\equiv\boldsymbol{x}(t)$. 定理证毕. □

在证明定理3.1时所采用的逐次逼近法是Picard(1856—1941)给出的. 我们将在第五章用它给出一般非线性微分方程的解的存在唯一性定理. Picard逐次逼近法也是用来求方程近似解的一种方法.

习题3.1

1. 试证明

$$\frac{\mathrm{d}}{\mathrm{d}t}\begin{vmatrix} a_{11}(t) & a_{12}(t) & \cdots & a_{1n}(t)\\ a_{21}(t) & a_{22}(t) & \cdots & a_{2n}(t)\\ \vdots & \vdots & & \vdots\\ a_{n1}(t) & a_{n2}(t) & \cdots & a_{nn}(t)\end{vmatrix}$$

$$=\sum_{k=1}^{n}\begin{vmatrix} a_{11}(t) & a_{12}(t) & \cdots & a_{1n}(t) \\ \vdots & \vdots & & \vdots \\ \frac{\mathrm{d}}{\mathrm{d}t}a_{k1}(t) & \frac{\mathrm{d}}{\mathrm{d}t}a_{k2}(t) & \cdots & \frac{\mathrm{d}}{\mathrm{d}t}a_{kn}(t) \\ \vdots & \vdots & & \vdots \\ a_{n1}(t) & a_{n2}(t) & \cdots & a_{nn}(t) \end{vmatrix}.$$

2. 设

$$\boldsymbol{A}=\begin{pmatrix} 2t^3+1 & t^2 \\ t & 4t^2 \end{pmatrix},$$

试计算并比较其导数的行列式和其行列式的导数.

3. 设 $x(t)$ 是区间 $[\alpha,\beta]$ 上的连续函数,且当 $\alpha\leqslant t\leqslant\beta$ 时,

$$|x(t)|\leqslant L+M\int_{\alpha}^{t}|x(\tau)|\mathrm{d}\tau,$$

其中 L,M 是非负常数. 试用逐次逼近法证明:

$$|x(t)|\leqslant L\mathrm{e}^{M(t-\alpha)},\quad \alpha\leqslant t\leqslant\beta.$$

§ 3.2　齐次线性方程组的通解结构

本节讨论齐次线性微分方程组

$$\frac{\mathrm{d}\boldsymbol{x}}{\mathrm{d}t}=\boldsymbol{A}(t)\boldsymbol{x} \tag{3.9}$$

的解的结构. 假设 $\boldsymbol{A}(t)$ 是区间 $[\alpha,\beta]$ 上的 n 阶连续方阵函数. 一个最基本的结果是:

定理 3.2(叠加原理)　若 $\boldsymbol{x}_1(t)$ 和 $\boldsymbol{x}_2(t)$ 是齐次线性微分方程组(3.9)的两个解,则

$$\boldsymbol{x}(t)=C_1\boldsymbol{x}_1(t)+C_2\boldsymbol{x}_2(t)$$

也是方程组(3.9)的解,其中 C_1,C_2 是任意常数. 并且齐次线性微分方程组(3.9)解的全体 S 为一个 n 维线性空间.

为了证明这个定理,我们需要引入若干个向量函数线性无关的概念. 给定定义在区间 $[\alpha,\beta]$ 上的 n 个向量函数 $\boldsymbol{x}_1(t),\boldsymbol{x}_2(t),\cdots,\boldsymbol{x}_n(t)$,若存在 n 个不全为零的常数 $C_1,C_2,\cdots,C_n$,使得

$$\sum_{k=1}^{n}C_k\boldsymbol{x}_k(t)\equiv\boldsymbol{0},\quad \forall\, t\in[\alpha,\beta], \tag{3.10}$$

则称 $\boldsymbol{x}_1(t),\boldsymbol{x}_2(t),\cdots,\boldsymbol{x}_n(t)$ 在区间 $[\alpha,\beta]$ 上**线性相关**；否则就称这些向量函数在区间 $[\alpha,\beta]$ 上**线性无关**.

定理 3.2 的证明　定理的前一半根据求导公式容易得到. 我们只需证明方程组(3.9)的解的全体 S 为一个 n 维线性空间.

我们先证明方程组(3.9)在区间 $[\alpha,\beta]$ 上一定存在 n 个线性无关的解 $\boldsymbol{x}_1(t)$，$\boldsymbol{x}_2(t),\cdots,\boldsymbol{x}_n(t)$. 在 n 维向量空间 $\mathbb{R}^n$(或 $\mathbb{C}^n$)上任意选择 n 个线性无关的向量 $\boldsymbol{x}_1^0$，$\boldsymbol{x}_2^0,\cdots,\boldsymbol{x}_n^0$. 根据定理 3.1，对任意的 $k(1\leqslant k\leqslant n)$ 及区间 $[\alpha,\beta]$ 上的任意实数 t_0，方程组(3.9)在 t 的区间 $[\alpha,\beta]$ 上存在唯一满足初值条件 $\boldsymbol{x}_k(t_0)=\boldsymbol{x}_k^0$ 的解 $\boldsymbol{x}_k(t)$. 若有常数 $C_1,C_2,\cdots,C_n$，满足

$$\sum_{k=1}^{n} C_k\boldsymbol{x}_k(t)\equiv\boldsymbol{0},\quad \alpha\leqslant t\leqslant\beta,$$

则必有

$$\sum_{k=1}^{n} C_k\boldsymbol{x}_k^0=\sum_{k=1}^{n} C_k\boldsymbol{x}_k(t_0)=\boldsymbol{0}.$$

由于向量 $\boldsymbol{x}_1^0,\boldsymbol{x}_2^0,\cdots,\boldsymbol{x}_n^0$ 是线性无关的，因此 $C_1,C_2,\cdots,C_n$ 必全为零. 这表明方程组(3.9)的解 $\boldsymbol{x}_1(t),\boldsymbol{x}_2(t),\cdots,\boldsymbol{x}_n(t)$ 是线性无关的.

其次我们证明，方程组(3.9)的任一解 $\boldsymbol{x}(t)$ 都可表示为上述 n 个线性无关解的线性组合

$$\boldsymbol{x}(t)=\sum_{k=1}^{n} C_k\boldsymbol{x}_k(t),\quad \alpha\leqslant t\leqslant\beta. \tag{3.11}$$

其中 $C_1,C_2,\cdots,C_n$ 为常数. 一方面，由于向量组 $\boldsymbol{x}_1^0,\boldsymbol{x}_2^0,\cdots,\boldsymbol{x}_n^0$ 线性无关，它们构成了 n 维向量空间 $\mathbb{R}^n$(或 $\mathbb{C}^n$)的一组基，故存在常数 $C_1,C_2,\cdots,C_n$，使得

$$\boldsymbol{x}(t_0)=\sum_{k=1}^{n} C_k\boldsymbol{x}_k^0=\sum_{k=1}^{n} C_k\boldsymbol{x}_k(t_0). \tag{3.12}$$

另一方面，由本定理的第一部分知，

$$\sum_{k=1}^{n} C_k\boldsymbol{x}_k(t)$$

也是方程组(3.9)的满足初值条件 $\boldsymbol{x}(t_0)$ 的解. 因此由解的存在唯一性定理(即定理 3.1)知(3.11)式成立.　□

上述证明告诉我们，在固定 t_0 的情形下，n 维向量空间 $\mathbb{R}^n$(或 $\mathbb{C}^n$)上任意一个常向量 $\boldsymbol{x}^0$ 都唯一地对应于齐次方程组(3.9)的一个解 $\boldsymbol{x}(t)$. 映射 $\sigma:\boldsymbol{x}^0\mapsto\boldsymbol{x}(t)$ 事实上给出了由函数组成的空间 S 与线性空间 $\mathbb{R}^n$(或 $\mathbb{C}^n$)之间的同构关系.

齐次方程组(3.9)的 n 个线性无关的解合起来称为该方程组的一个**基本解组**. 显然基本解组不是唯一的. 若齐次方程组(3.9)有基本解组 $\{\boldsymbol{x}_k(t):\ k=1,2,\cdots,$

$n\}$,则齐次方程组(3.9)的通解必可表示为(3.11)式的形式.因此,求方程组(3.9)的通解的问题可归结为求它的 n 个线性无关的特解的问题.

接下来一个自然的问题就是:假设已知

$$\boldsymbol{x}_k(t)=\begin{pmatrix} x_{1k}(t) \\ x_{2k}(t) \\ \vdots \\ x_{nk}(t) \end{pmatrix}, \quad k=1,2,\cdots,n$$

是方程组(3.9)的 n 个解,我们怎样判定它们是否线性无关呢?为讨论这一问题,我们引入如下概念:

定义 3.1 由方程组(3.9)的 n 个解 $\boldsymbol{x}_1(t),\boldsymbol{x}_2(t),\cdots,\boldsymbol{x}_n(t)$ 构成的矩阵

$$\boldsymbol{X}(t)=\begin{pmatrix} x_{11}(t) & x_{12}(t) & \cdots & x_{1n}(t) \\ x_{21}(t) & x_{22}(t) & \cdots & x_{2n}(t) \\ \vdots & \vdots & & \vdots \\ x_{n1}(t) & x_{n2}(t) & \cdots & x_{nn}(t) \end{pmatrix}$$

称为方程组(3.9)的一个**解矩阵**.其行列式 $\det \boldsymbol{X}(t)$ 称为这个解组的 Wronski(朗斯基)**行列式**.

图 3.1 H. Wronski(1776—1853)

由线性代数知识易知:若定义在区间 $[\alpha,\beta]$ 上的 n 个向量函数 $\boldsymbol{x}_1(t),\boldsymbol{x}_2(t),\cdots,\boldsymbol{x}_n(t)$ 线性相关,则在区间 $[\alpha,\beta]$ 上其 Wronski 行列式 $\det \boldsymbol{X}(t)\equiv 0$.下面的定理给出了一个判定方程组(3.9)的某个解组是否线性无关的简捷的方法:

定理 3.3 方程组(3.9)的解组 $\{\boldsymbol{x}_k(t):k=1,2,\cdots,n\}$ 线性无关的充要条件是它们的 Wronski 行列式 $\det \boldsymbol{X}(t)$ 在某点 $t=t_0\in[\alpha,\beta]$ 处取值不为零.并且 $\det \boldsymbol{X}(t)$ 满足 Liouville **公式**

$$\det \boldsymbol{X}(t)=\det \boldsymbol{X}(t_0)\exp\left(\int_{t_0}^{t}\operatorname{tr}\boldsymbol{A}(\tau)\,\mathrm{d}\tau\right), \tag{3.13}$$

其中 $t,t_0\in[\alpha,\beta]$,$\operatorname{tr}\boldsymbol{A}(t)$ 是矩阵 $\boldsymbol{A}(t)$ 的迹,即

$$\operatorname{tr}\boldsymbol{A}(t)=\sum_{k=1}^{n}a_{kk}(t).$$

证明 根据行列式的定义以及函数和、积的求导公式,容易证明

$$
\frac{\mathrm{d}}{\mathrm{d}t}\det \boldsymbol{X}(t)=\frac{\mathrm{d}}{\mathrm{d}t}\begin{vmatrix} x_{11}(t) & x_{12}(t) & \cdots & x_{1n}(t) \\ x_{21}(t) & x_{22}(t) & \cdots & x_{2n}(t) \\ \vdots & \vdots & & \vdots \\ x_{n1}(t) & x_{n2}(t) & \cdots & x_{nn}(t) \end{vmatrix}
$$

$$
=\begin{vmatrix} \frac{\mathrm{d}}{\mathrm{d}t}x_{11}(t) & \cdots & \frac{\mathrm{d}}{\mathrm{d}t}x_{1n}(t) \\ x_{21}(t) & \cdots & x_{2n}(t) \\ \vdots & & \vdots \\ x_{n1}(t) & \cdots & x_{nn}(t) \end{vmatrix}+\begin{vmatrix} x_{11}(t) & \cdots & x_{1n}(t) \\ \frac{\mathrm{d}}{\mathrm{d}t}x_{21}(t) & \cdots & \frac{\mathrm{d}}{\mathrm{d}t}x_{2n}(t) \\ \vdots & & \vdots \\ x_{n1}(t) & \cdots & x_{nn}(t) \end{vmatrix}+\cdots+
$$

$$
\begin{vmatrix} x_{11}(t) & \cdots & x_{1n}(t) \\ x_{21}(t) & \cdots & x_{2n}(t) \\ \vdots & & \vdots \\ \frac{\mathrm{d}}{\mathrm{d}t}x_{n1}(t) & \cdots & \frac{\mathrm{d}}{\mathrm{d}t}x_{nn}(t) \end{vmatrix}. \tag{3.14}
$$

由于 $\boldsymbol{x}_k(t),k=1,2,\cdots,n$ 是方程组(3.9)的解,故

$$
\begin{vmatrix} \frac{\mathrm{d}}{\mathrm{d}t}x_{11}(t) & \frac{\mathrm{d}}{\mathrm{d}t}x_{12}(t) & \cdots & \frac{\mathrm{d}}{\mathrm{d}t}x_{1n}(t) \\ x_{21}(t) & x_{22}(t) & \cdots & x_{2n}(t) \\ \vdots & \vdots & & \vdots \\ x_{n1}(t) & x_{n2}(t) & \cdots & x_{nn}(t) \end{vmatrix}
$$

$$
=\begin{vmatrix} \sum_{k=1}^{n} a_{1k}x_{k1}(t) & \sum_{k=1}^{n} a_{1k}x_{k2}(t) & \cdots & \sum_{k=1}^{n} a_{1k}x_{kn}(t) \\ x_{21}(t) & x_{22}(t) & \cdots & x_{2n}(t) \\ \vdots & \vdots & & \vdots \\ x_{n1}(t) & x_{n2}(t) & \cdots & x_{nn}(t) \end{vmatrix}
$$

$$
= a_{11}(t) \begin{vmatrix} x_{11}(t) & x_{12}(t) & \cdots & x_{1n}(t) \\ x_{21}(t) & x_{22}(t) & \cdots & x_{2n}(t) \\ \vdots & \vdots & & \vdots \\ x_{n1}(t) & x_{n2}(t) & \cdots & x_{nn}(t) \end{vmatrix}
$$

$$
= a_{11}(t) \det \boldsymbol{X}(t).
$$

同理可得(3.14)式右端的第 k 个行列式的值等于 $a_{kk}(t)\det \boldsymbol{X}(t)$,其中 $k=1,2,\cdots,n$. 从而,

$$
\frac{\mathrm{d}}{\mathrm{d}t}\det \boldsymbol{X}(t) = \sum_{k=1}^{n} a_{kk}(t)\det \boldsymbol{X}(t) = \operatorname{tr} \boldsymbol{A}(t)\det \boldsymbol{X}(t).
$$

这是关于 $\det \boldsymbol{X}(t)$ 的一阶线性方程,其解为

$$
\det \boldsymbol{X}(t) = \det \boldsymbol{X}(t_0)\exp\left(\int_{t_0}^{t} \operatorname{tr} \boldsymbol{A}(\tau)\,\mathrm{d}\tau\right),
$$

因此 Liouville 公式成立. 按照这个公式,我们容易知道 $\det \boldsymbol{X}(t)$ 恒为 0(无零点)当且仅当 $\det \boldsymbol{X}(t)$ 在某点 t_0 等于 0(不等于 0). 定理证毕. □

定理 3.3 的第一部分还可以利用解的唯一性(定理 3.1)来给出证明. 我们将其作为习题留给读者. 由定理 3.3,只需在区间 $[\alpha,\beta]$ 上的任一点 t_0 处计算给定解组的 Wronski 行列式 $\det \boldsymbol{X}(t_0)$,就可根据 $\det \boldsymbol{X}(t_0)$ 是否为零来判断其是否线性无关.

值得注意的是,上述函数矩阵的行列式或恒为零或恒不为零的结果只适用于由齐次线性微分方程组给出的解矩阵. 一般的函数矩阵没有这样的性质,更不能用它来判断向量函数组是否线性无关. 例如,下列两个向量函数:

$$
\begin{pmatrix} t \\ 0 \end{pmatrix}, \quad \begin{pmatrix} t^2 \\ 0 \end{pmatrix}
$$

的 Wronski 行列式恒等于零,但它们却是线性无关的.

定义 3.2　当解组 $\{\boldsymbol{x}_k(t): k=1,2,\cdots,n\}$ 是一个基本解组时,我们称解矩阵

$$
\boldsymbol{X}(t) = \begin{pmatrix} x_{11}(t) & x_{12}(t) & \cdots & x_{1n}(t) \\ x_{21}(t) & x_{22}(t) & \cdots & x_{2n}(t) \\ \vdots & \vdots & & \vdots \\ x_{n1}(t) & x_{n2}(t) & \cdots & x_{nn}(t) \end{pmatrix}
$$

为方程组(3.9)的一个**基(本)解矩阵**. 特别地,若在某点 t_0 处 $\boldsymbol{X}(t_0)=\boldsymbol{I}$(即单位矩

阵),则称 $\boldsymbol{X}(t)$ 为**标准解矩阵**.

根据前面的定理,设 $\boldsymbol{X}(t)$ 为方程组(3.9)的一个基解矩阵,则方程组(3.9)的任一解 $\boldsymbol{x}(t)$ 都可以表示为

$$\boldsymbol{x}(t)=\boldsymbol{X}(t)\boldsymbol{c},$$

其中 $\boldsymbol{c}$ 是某常向量. 反之,对于任意常向量 $\boldsymbol{c}$,向量函数 $\boldsymbol{X}(t)\boldsymbol{c}$ 都是方程组(3.9)的解. 若考虑初值条件 $\boldsymbol{x}(t_0)=\boldsymbol{x}^0$,则可以确定常数 $\boldsymbol{c}=\boldsymbol{X}^{-1}(t_0)\boldsymbol{x}^0$. 因此,方程组(3.9)满足初值条件 $\boldsymbol{x}(t_0)=\boldsymbol{x}^0$ 的解为

$$\boldsymbol{x}(t)=\boldsymbol{X}(t,t_0)\boldsymbol{x}^0,$$

其中 $\boldsymbol{X}(t,t_0)=\boldsymbol{X}(t)\boldsymbol{X}^{-1}(t_0)$ 是一个标准解矩阵.

习题 3.2

1. 验证

$$\boldsymbol{X}(t)=\begin{pmatrix} \mathrm{e}^{2t} & t\mathrm{e}^{2t} \\ 0 & \mathrm{e}^{2t} \end{pmatrix}$$

是微分方程组

$$\frac{\mathrm{d}\boldsymbol{x}}{\mathrm{d}t}=\begin{pmatrix} 2 & 1 \\ 0 & 2 \end{pmatrix}\boldsymbol{x}$$

的基解矩阵.

2. 如果齐次方程组 $\frac{\mathrm{d}\boldsymbol{x}}{\mathrm{d}t}=\boldsymbol{A}_1(t)\boldsymbol{x}$ 与 $\frac{\mathrm{d}\boldsymbol{x}}{\mathrm{d}t}=\boldsymbol{A}_2(t)\boldsymbol{x}$ 有一个相同的基解矩阵,证明:$\boldsymbol{A}_1(t)\equiv\boldsymbol{A}_2(t)$.

3. 如果向量函数

$$\begin{pmatrix} \sin t \\ \cos t \end{pmatrix},\quad \begin{pmatrix} \cos t \\ -\sin t \end{pmatrix}$$

为齐次微分方程组

$$\frac{\mathrm{d}\boldsymbol{x}}{\mathrm{d}t}=\begin{pmatrix} a_{11}(t) & a_{12}(t) \\ a_{21}(t) & a_{22}(t) \end{pmatrix}\boldsymbol{x}$$

的基本解组,试求 $a_{ij}(t),i,j=1,2$.

4. 利用解的存在唯一性定理证明:方程组 $\frac{\mathrm{d}\boldsymbol{x}}{\mathrm{d}t}=\boldsymbol{A}(t)\boldsymbol{x}$ 的解组 $\{\boldsymbol{x}_k(t):k=1,2,\cdots,n\}$ 线性无关的充要条件是它们的 Wronski 行列式 $\det\boldsymbol{X}(t)$ 在某点 $t=t_0\in[\alpha,\beta]$ 处取值不为零.

5. 设 $\boldsymbol{X}(t)$ 是方程组 $\frac{\mathrm{d}\boldsymbol{x}}{\mathrm{d}t}=\boldsymbol{A}(t)\boldsymbol{x}$ 的解矩阵,证明 $\boldsymbol{X}(t)$ 满足矩阵微分方程

$$\frac{\mathrm{d}\boldsymbol{X}}{\mathrm{d}t}=\boldsymbol{A}(t)\boldsymbol{X},$$

并且若 $\boldsymbol{X}(t)$ 是方程组 $\frac{\mathrm{d}\boldsymbol{x}}{\mathrm{d}t}=\boldsymbol{A}(t)\boldsymbol{x}$ 的基解矩阵,证明对任意非奇异的常数矩阵 $\boldsymbol{C}$,矩阵 $\boldsymbol{X}(t)\boldsymbol{C}$ 也是 $\frac{\mathrm{d}\boldsymbol{x}}{\mathrm{d}t}=\boldsymbol{A}(t)\boldsymbol{x}$ 的基解矩阵. 反之,设 $\boldsymbol{X}_1(t)$ 和 $\boldsymbol{X}_2(t)$ 都是方程组 $\frac{\mathrm{d}\boldsymbol{x}}{\mathrm{d}t}=\boldsymbol{A}(t)\boldsymbol{x}$ 的基解矩阵,则必存在一个非奇异的常数矩阵 $\boldsymbol{C}$,使得 $\boldsymbol{X}_2(t)=\boldsymbol{X}_1(t)\boldsymbol{C}$.

6. 设 $\dot{\boldsymbol{x}}(t)=\boldsymbol{A}(t)\boldsymbol{x}(t)$,$\boldsymbol{A}$ 是 ω 周期连续的,且 $\boldsymbol{X}(t)$ 为基解矩阵. 证明:$\boldsymbol{X}(t+\omega)$ 也是基解矩阵,且存在可逆矩阵 $\boldsymbol{C}$,使得 $\boldsymbol{X}(t+\omega)=\boldsymbol{X}(t)\boldsymbol{C}$.

§ 3.3　非齐次线性方程组的通解

本节我们利用上节的结果进一步给出非齐次线性方程组

$$\frac{\mathrm{d}\boldsymbol{x}}{\mathrm{d}t}=\boldsymbol{A}(t)\boldsymbol{x}+\boldsymbol{f}(t) \tag{3.15}$$

的解的结构. 我们假设 $\boldsymbol{A}(t)$ 是区间 $[\alpha,\beta]$ 上的 n 阶连续方阵函数,$\boldsymbol{f}(t)$ 是区间 $[\alpha,\beta]$ 上的 n 维连续列向量函数. 当 $\boldsymbol{f}(t)\equiv\boldsymbol{0}$ 时,方程组(3.15)变为方程组(3.9). 我们称方程组(3.9)是方程组(3.15)相应的齐次线性方程组.

容易验证,方程组(3.15)的解与方程组(3.9)的解之间有如下关系:若 $\boldsymbol{x}_1^*(t)$ 和 $\boldsymbol{x}_2^*(t)$ 是方程组(3.15)的两个解,则 $\boldsymbol{x}_1^*(t)-\boldsymbol{x}_2^*(t)$ 是相应的齐次线性方程组(3.9)的解;反之,若 $\boldsymbol{x}^*(t)$ 和 $\boldsymbol{x}(t)$ 分别是方程组(3.15)和方程组(3.9)的解,则 $\boldsymbol{x}^*(t)+\boldsymbol{x}(t)$ 也是方程组(3.15)的解. 一般地,非齐次线性方程组的通解结构如下:

定理 3.4　*若 $\boldsymbol{x}^*(t)$ 是方程组(3.15)的某个解,则方程组(3.15)的任一解 $\boldsymbol{x}(t)$ 都可以表示为*

$$\boldsymbol{x}(t)=\boldsymbol{X}(t)\boldsymbol{c}+\boldsymbol{x}^*(t), \tag{3.16}$$

其中 $\boldsymbol{c}$ 是 n 维常数列向量,$\boldsymbol{X}(t)$ 是相应齐次方程组(3.9)的基解矩阵.

证明　由方程组(3.15)的解与方程组(3.9)的解之间的关系知,$\boldsymbol{x}(t)-\boldsymbol{x}^*(t)$ 是齐次方程组(3.9)的解. 由上一节知识,存在一个 n 维常数列向量 $\boldsymbol{c}$,使得 $\boldsymbol{x}(t)-\boldsymbol{x}^*(t)=\boldsymbol{X}(t)\boldsymbol{c}$,从而得到(3.16)式.　□

定理 3.4 表明,要找出方程组(3.15)的全部解,只需找出它的一个特解以及它相应的齐次线性方程组(3.9)的基解矩阵即可. 下面我们将运用本书最重要的方法之一,即**常数变易法**来证明:只要找到齐次方程组(3.9)的基解矩阵 $\boldsymbol{X}(t)$,就能确

定非齐次线性方程组(3.15)的一个特解,从而给出其通解. 这就是下面的定理:

定理 3.5 若矩阵函数 $\boldsymbol{X}(t)$, $\alpha\leqslant t\leqslant\beta$ 是齐次线性方程组(3.9)的基解矩阵,则非齐次线性方程组(3.15)的通解为

$$\boldsymbol{x}(t)=\boldsymbol{X}(t)\boldsymbol{c}+\boldsymbol{X}(t)\int_{t_0}^{t}\boldsymbol{X}^{-1}(\tau)\boldsymbol{f}(\tau)\mathrm{d}\tau,\tag{3.17}$$

其中 $\boldsymbol{c}$ 为 n 维常数列向量. 方程组(3.15)满足初值条件 $\boldsymbol{x}(t_0)=\boldsymbol{x}^0$ 的解为

$$\boldsymbol{x}(t)=\boldsymbol{X}(t,t_0)\boldsymbol{x}^0+\int_{t_0}^{t}\boldsymbol{X}(t,\tau)\boldsymbol{f}(\tau)\mathrm{d}\tau,\tag{3.18}$$

其中 $t,t_0\in[\alpha,\beta]$, $\boldsymbol{X}(t,t_0)=\boldsymbol{X}(t)\boldsymbol{X}^{-1}(t_0)$.

由于我们在证明中用到的方法叫做常数变易法,因此,我们把(3.17)式或(3.18)式称为**常数变易公式**.

证明 由上一节知识,齐次方程组(3.9)的通解为 $\boldsymbol{X}(t)\boldsymbol{c}$,其中 $\boldsymbol{c}$ 为任意 n 维常数列向量. 现在我们把常数向量 $\boldsymbol{c}$ 变易为 t 的待定列向量函数 $\boldsymbol{c}(t)$,以期寻找非齐次线性方程组(3.15)的形如

$$\boldsymbol{x}^*(t)=\boldsymbol{X}(t)\boldsymbol{c}(t)\tag{3.19}$$

的特解. 把(3.19)式代入非齐次线性方程组(3.15),得到

$$\frac{\mathrm{d}\boldsymbol{X}(t)}{\mathrm{d}t}\boldsymbol{c}(t)+\boldsymbol{X}(t)\frac{\mathrm{d}\boldsymbol{c}(t)}{\mathrm{d}t}=\boldsymbol{A}(t)\boldsymbol{X}(t)\boldsymbol{c}(t)+\boldsymbol{f}(t).$$

由于 $\boldsymbol{X}(t)$ 是齐次方程组(3.9)的解矩阵,所以有

$$\frac{\mathrm{d}\boldsymbol{X}(t)}{\mathrm{d}t}=\boldsymbol{A}(t)\boldsymbol{X}(t).$$

因此向量函数 $\boldsymbol{c}(t)$ 满足微分方程组

$$\boldsymbol{X}(t)\frac{\mathrm{d}\boldsymbol{c}(t)}{\mathrm{d}t}=\boldsymbol{f}(t).\tag{3.20}$$

因为 $\boldsymbol{X}(t)$ 是方程组(3.9)的基解矩阵,所以它的逆 $\boldsymbol{X}^{-1}(t)$ 存在. 从而由(3.20)式得

$$\frac{\mathrm{d}\boldsymbol{c}(t)}{\mathrm{d}t}=\boldsymbol{X}^{-1}(t)\boldsymbol{f}(t).$$

对上式两边积分得到

$$\boldsymbol{c}(t)=\boldsymbol{c}^0+\int_{t_0}^{t}\boldsymbol{X}^{-1}(\tau)\boldsymbol{f}(\tau)\mathrm{d}\tau.$$

其中 $\boldsymbol{c}^0$ 为常向量. 特别地,取 $\boldsymbol{c}^0=\boldsymbol{0}$,就得到方程组(3.15)的一个特解

$$x^*(t)=X(t)\int_{t_0}^{t}X^{-1}(\tau)f(\tau)\,\mathrm{d}\tau.$$

再由定理 3.4 即得(3.17)式并相应得到(3.18)式. 定理得证. □

尽管在上一节我们给出了验证齐次线性方程组(3.9)的一个解矩阵是否为基解矩阵的方法,然而,要计算一个齐次线性微分方程组的基解矩阵仍然不是一件容易的事. 对常系数矩阵 $A(t)\equiv A$ 的情形,我们将在第四章给出求基解矩阵的方法.

习题 3.3

1. 考虑方程组

$$\frac{\mathrm{d}x}{\mathrm{d}t}=A(t)x+f(t),\tag{3.21}$$

其中

$$A(t)=\begin{pmatrix}\cos^2 t & \frac{1}{2}\sin 2t-1\\ \frac{1}{2}\sin 2t+1 & \sin^2 t\end{pmatrix},\quad f(t)=\begin{pmatrix}\cos t\\ \sin t\end{pmatrix}.$$

(1) 试验证

$$\Phi(t)=\begin{pmatrix}\mathrm{e}^t\cos t & -\sin t\\ \mathrm{e}^t\sin t & \cos t\end{pmatrix}$$

是对应的齐次方程组

$$\frac{\mathrm{d}x}{\mathrm{d}t}=A(t)x$$

的基解矩阵.

(2) 试求方程组(3.21)的满足初值条件

$$x(0)=\begin{pmatrix}-1\\ 2\end{pmatrix}$$

的解.

2. 设 $A(t)$ 是区间 $[\alpha,\beta]$ 上的 n 阶连续方阵函数, $f(t)$ 是区间 $[\alpha,\beta]$ 上的不恒为零的 n 维连续列向量. 试证:非齐次线性方程组

$$\frac{\mathrm{d}x}{\mathrm{d}t}=A(t)x+f(t)$$

存在且至多存在 $n+1$ 个线性无关的解.

3. 设 n 阶方阵函数 $\boldsymbol{A}(t)$ 在 $[\alpha,\beta]$ 上连续, n 维向量函数 $\boldsymbol{f}(t,\boldsymbol{x})$ 在区域 $\{(t,x)\in\mathbb{R}^{n+1}:\alpha\leqslant t\leqslant\beta,\ \|\boldsymbol{x}\|<+\infty\}$ 上连续. 证明初值问题

$$\frac{\mathrm{d}\boldsymbol{x}}{\mathrm{d}t}=\boldsymbol{A}(t)\boldsymbol{x}+\boldsymbol{f}(t,\boldsymbol{x}),\quad \boldsymbol{x}(t_0)=\boldsymbol{x}_0$$

等价于求解积分方程

$$\boldsymbol{x}(t)=\boldsymbol{X}(t)\boldsymbol{X}^{-1}(t_0)\boldsymbol{x}_0+\int_{t_0}^{t}\boldsymbol{X}(t)\boldsymbol{X}^{-1}(\tau)\boldsymbol{f}(\tau,\boldsymbol{x}(\tau))\mathrm{d}\tau,$$

其中 $t,t_0\in[\alpha,\beta]$, $\boldsymbol{X}(t)$ 是相应齐次线性方程组的基解矩阵.

§ 3.4 高阶线性方程

n 阶线性微分方程的一般形式为

$$\frac{\mathrm{d}^n x}{\mathrm{d}t^n}+a_1(t)\frac{\mathrm{d}^{n-1}x}{\mathrm{d}t^{n-1}}+\cdots+a_n(t)x=f(t), \tag{3.22}$$

这里假设系数 $a_1(t),a_2(t),\cdots,a_n(t)$ 都在区间 $[\alpha,\beta]$ 上连续. 当 $f(t)\equiv 0$ 时方程 (3.22) 变为齐次线性微分方程

$$\frac{\mathrm{d}^n x}{\mathrm{d}t^n}+a_1(t)\frac{\mathrm{d}^{n-1}x}{\mathrm{d}t^{n-1}}+\cdots+a_n(t)x=0. \tag{3.23}$$

若令

$$x_1=x,\quad x_2=\frac{\mathrm{d}x}{\mathrm{d}t},\quad \cdots,\quad x_n=\frac{\mathrm{d}^{n-1}x}{\mathrm{d}t^{n-1}}, \tag{3.24}$$

则方程 (3.22) 可以转换成一阶线性微分方程组

$$\frac{\mathrm{d}\boldsymbol{x}}{\mathrm{d}t}=\boldsymbol{A}(t)\boldsymbol{x}+\boldsymbol{f}(t), \tag{3.25}$$

其中

$$\boldsymbol{A}(t)=\begin{pmatrix} 0 & 1 & 0 & \cdots & 0\\ 0 & 0 & 1 & \cdots & 0\\ \vdots & \vdots & \vdots & & \vdots\\ 0 & 0 & 0 & \cdots & 1\\ -a_n(t) & -a_{n-1}(t) & -a_{n-2}(t) & \cdots & -a_1(t)\end{pmatrix},$$

$$
\boldsymbol{f}(t)=\begin{pmatrix}0\\0\\\vdots\\0\\f(t)\end{pmatrix},\quad \boldsymbol{x}=\begin{pmatrix}x_1\\x_2\\\vdots\\x_{n-1}\\x_n\end{pmatrix}.
$$

当 $f(t)\equiv 0$ 时，方程组(3.25)变为齐次线性微分方程组

$$
\frac{\mathrm{d}\boldsymbol{x}}{\mathrm{d}t}=\boldsymbol{A}(t)\boldsymbol{x}. \tag{3.26}
$$

显然，由方程(3.22)的任一解 $x=\phi(t)$ 可得到方程组(3.25)的一个解

$$
\begin{pmatrix}\phi(t)\\\phi'(t)\\\vdots\\\phi^{(n-1)}(t)\end{pmatrix}. \tag{3.27}
$$

反之，方程组(3.25)的任一解的第一个分量就是方程(3.22)的解. 特别地，方程(3.22)满足初值条件

$$
x(t_0)=x_0,\quad x'(t_0)=x_0^1,\ \cdots,x^{(n-1)}(t_0)=x_0^{n-1}
$$

的解在区间 $[\alpha,\beta]$ 上存在并且唯一.

例 3.1 考虑方程

$$
\frac{\mathrm{d}^2x}{\mathrm{d}t^2}+x=f(t). \tag{3.28}
$$

它等价于方程组

$$
\frac{\mathrm{d}\boldsymbol{x}}{\mathrm{d}t}=\begin{pmatrix}0&1\\-1&0\end{pmatrix}\boldsymbol{x}+\begin{pmatrix}0\\f(t)\end{pmatrix}, \tag{3.29}
$$

这里 $\boldsymbol{x}=\left(x,\frac{\mathrm{d}x}{\mathrm{d}t}\right)^{\mathrm{T}}$. 可以验证

$$
\boldsymbol{X}(t)=\begin{pmatrix}\cos t&\sin t\\-\sin t&\cos t\end{pmatrix}
$$

为方程组(3.29)对应的齐次线性方程组的基解矩阵. 并且

$$X^{-1}(t)=\begin{pmatrix}\cos t & -\sin t\\ \sin t & \cos t\end{pmatrix}.$$

利用常数变易公式可得方程组(3.29)的通解为

$$\begin{aligned}x(t)=\begin{pmatrix}x(t)\\ x'(t)\end{pmatrix}&=X(t)\left(\begin{pmatrix}c_1\\ c_2\end{pmatrix}+\int_{t_0}^{t}X^{-1}(\tau)\begin{pmatrix}0\\ f(\tau)\end{pmatrix}\mathrm{d}\tau\right)\\ &=\begin{pmatrix}c_1\cos(t)+c_2\sin(t)+\int_{t_0}^{t}\sin(t-\tau)f(\tau)\mathrm{d}\tau\\ -c_1\sin(t)+c_2\cos(t)+\int_{t_0}^{t}\cos(t-\tau)f(\tau)\mathrm{d}\tau\end{pmatrix},\end{aligned}$$

因此方程(3.28)的通解为

$$x(t)=c_1\cos(t)+c_2\sin(t)+\int_{t_0}^{t}\sin(t-\tau)f(\tau)\mathrm{d}\tau,$$

其中 c_1,c_2 为任意常数.

由于 n 阶线性微分方程(3.22)利用上述转化方式可变换为与之等价的一阶线性微分方程组(3.25),因此我们可以把前几节的主要结果平行地推广到方程(3.22).与方程组(3.25)相对应的,假设函数 $x_1(t),x_2(t),\cdots,x_n(t)$ 是齐次线性微分方程(3.23)的 n 个解,我们称

$$W(t)=\begin{vmatrix}x_1(t) & x_2(t) & \cdots & x_n(t)\\ x_1'(t) & x_2'(t) & \cdots & x_n'(t)\\ \vdots & \vdots & & \vdots\\ x_1^{(n-1)}(t) & x_2^{(n-1)}(t) & \cdots & x_n^{(n-1)}(t)\end{vmatrix}\tag{3.30}$$

为解组 $\{x_k(t):k=1,2,\cdots,n\}$ 的 Wronski 行列式.齐次线性微分方程(3.23)的 n 个线性无关的解的全体称为该方程的一个基本解组.利用关系式(3.24),我们可以把关于方程组(3.26)的定理自然转述到高次方程(3.23)上.

定理 3.6　齐次线性微分方程(3.23)在区间 $[\alpha,\beta]$ 上存在 n 个线性无关的解 $x_1(t),x_2(t),\cdots,x_n(t)$.并且方程(3.23)的通解为

$$x(t)=\sum_{k=1}^{n}C_kx_k(t),\tag{3.31}$$

其中 $C_1,C_2,\cdots,C_n$ 是任意常数.

定理 3.7　n 阶齐次线性微分方程(3.23)的解组 $\{x_k(t):k=1,2,\cdots,n\}$ 线性无关的充要条件是它的 Wronski 行列式 $W(t)$ 在区间 $[\alpha,\beta]$ 上恒不为零,而这等价于

$W(t)$在区间$[\alpha,\beta]$的某点t_0处不为零，并且方程(3.23)的任一解组$\{x_k(t):k=1,2,\cdots,n\}$的 Wronski 行列式满足 Liouville 公式

$$W(t)=W(t_0)\exp\left(-\int_{t_0}^{t}a_1(\tau)\,\mathrm{d}\tau\right). \tag{3.32}$$

这里由于与方程(3.23)等价的方程组(3.26)中矩阵函数$\boldsymbol{A}(t)$的迹$\operatorname{tr}\boldsymbol{A}(t)=-a_1(t)$，因此由关于方程组的 Liouville 公式即可得到关于方程(3.23)的 Liouville 公式(3.32). 特别地，当$n=2$时，如果知道方程(3.23)的一个非零解，利用 Liouville 公式(3.32)，就可以求出方程(3.23)的通解.

例 3.2 设$x_1(t)$是二阶齐次线性方程

$$\frac{\mathrm{d}^2x}{\mathrm{d}t^2}+a_1(t)\frac{\mathrm{d}x}{\mathrm{d}t}+a_2(t)x=0 \tag{3.33}$$

的一个非零解，其中$a_1(t)$和$a_2(t)$是$[\alpha,\beta]$上的连续函数，则方程(3.33)的通解为

$$x(t)=x_1(t)\left(C_2+C_1\int\frac{1}{x_1^2(t)}\mathrm{e}^{-\int a_1(t)\mathrm{d}t}\mathrm{d}t\right). \tag{3.34}$$

证明 为简便起见，假设$x_1(t)$在区间$[\alpha,\beta]$上恒不为零. 设$x(t)$为方程(3.33)的任一解，则由 Liouville 公式(3.32)可得

$$W(t)=\begin{vmatrix}x_1(t) & x(t)\\ x_1'(t) & x'(t)\end{vmatrix}=C_1\mathrm{e}^{-\int a_1(t)\mathrm{d}t},$$

亦即

$$x'(t)x_1(t)-x(t)x_1'(t)=C_1\mathrm{e}^{-\int a_1(t)\mathrm{d}t}.$$

上式两端同乘积分因子$\dfrac{1}{x_1^2(t)}$，可得

$$\frac{\mathrm{d}}{\mathrm{d}t}\left(\frac{x(t)}{x_1(t)}\right)=\frac{C_1}{x_1^2(t)}\mathrm{e}^{-\int a_1(t)\mathrm{d}t}.$$

积分上式，就可得公式(3.34).

这个例子告诉我们一个利用 Liouville 公式降阶的方法. 一般地，如果事先能够知道齐次高阶方程(3.23)的一个非平凡解$x=\phi(t)$，即$\phi(t)\not\equiv 0$，我们还可以用变量替换$x=\phi(t)y$把方程化成关于函数$v=\dfrac{\mathrm{d}y}{\mathrm{d}t}$的低一阶的齐次线性微分方程. 事实上，对这个变量替换求导并代入方程(3.23)，可得到形如

$$\phi(t)\frac{\mathrm{d}^n y}{\mathrm{d}t^n}+b_1(t)\frac{\mathrm{d}^{n-1}y}{\mathrm{d}t^{n-1}}+\cdots+b_{n-1}(t)\frac{\mathrm{d}y}{\mathrm{d}t}+b_n(t)y=0$$

的方程，它一定有解 $y(t)\equiv 1$，因为 $x=\phi(t)$ 是方程(3.23)的解. 由此推出，$b_n(t)\equiv 0$，因此原方程可化为如下的 $n-1$ 阶线性微分方程：

$$\phi(t)\frac{\mathrm{d}^{n-1}v}{\mathrm{d}t^{n-1}}+b_1(t)\frac{\mathrm{d}^{n-2}v}{\mathrm{d}t^{n-2}}+\cdots+b_{n-1}(t)v=0.$$

根据非齐次线性方程组(3.25)与非齐次线性高阶微分方程(3.22)的关系，我们把非齐次线性微分方程组的常数变易公式应用到方程(3.22)上，容易得到下面的结果.

定理 3.8　设 $\{x_k(t):k=1,2,\cdots,n\}$ 是 n 阶齐次线性微分方程(3.23)在 $[\alpha,\beta]$ 上的一个基本解组，则非齐次线性微分方程(3.22)在 $[\alpha,\beta]$ 上的通解为

$$x(t)=\sum_{k=1}^{n}C_k x_k(t)+x^*(t),\tag{3.35}$$

其中 $C_1,C_2,\cdots,C_n$ 为任意常数，而

$$x^*(t)=\sum_{k=1}^{n}\int_{t_0}^{t}\frac{x_k(t)W_k(\tau)}{W(\tau)}f(\tau)\mathrm{d}\tau\tag{3.36}$$

是方程(3.22)的一个特解，$W(t)$ 是解组 $\{x_k(t):k=1,2,\cdots,n\}$ 的 Wronski 行列式，$W_k(t)$ 是 $W(t)$ 中第 n 行第 k 列元素的代数余子式.

习题 3.4

1. 证明：若 $x_s(t)$，$s=1,2,\cdots,m$ 分别是方程

$$\frac{\mathrm{d}^n x}{\mathrm{d}t^n}+a_1(t)\frac{\mathrm{d}^{n-1}x}{\mathrm{d}t^{n-1}}+\cdots+a_n(t)x=f_s(t),\quad s=1,2,\cdots,m$$

的解，则

$$x(t)=\sum_{s=1}^{m}C_s x_s(t)$$

是方程

$$\frac{\mathrm{d}^n x}{\mathrm{d}t^n}+a_1(t)\frac{\mathrm{d}^{n-1}x}{\mathrm{d}t^{n-1}}+\cdots+a_n(t)x=\sum_{s=1}^{m}C_s f_s(t)$$

的解，其中 $C_1,C_2,\cdots,C_m$ 为常数.

2. 设 $x(t)$ 是线性微分方程

$$\frac{\mathrm{d}^2x}{\mathrm{d}t^2}+a_1(t)\frac{\mathrm{d}x}{\mathrm{d}t}+a_2(t)x=0$$

的非零解. 试证：当 $x(t_0)=0$ 时，$x'(t_0)\neq 0$.

3. 验证 $x=\frac{1}{t}\sin t$ 是方程

$$\frac{\mathrm{d}^2x}{\mathrm{d}t^2}+\frac{2}{t}\frac{\mathrm{d}x}{\mathrm{d}t}+x=0$$

的解，并求该方程的通解.

4. 不用 Liouville 公式而直接用变量代换 $x=x_1(t)y$ 来对方程

$$\frac{\mathrm{d}^2x}{\mathrm{d}t^2}+a_1(t)\frac{\mathrm{d}x}{\mathrm{d}t}+a_2(t)x=0$$

降阶并证明其通解表达式.

5. 设 $x_1(t)$，$x_2(t)$ 是二阶线性微分方程

$$\frac{\mathrm{d}^2x}{\mathrm{d}t^2}+a_1(t)\frac{\mathrm{d}x}{\mathrm{d}t}+a_2(t)x=f(t)$$

对应的齐次方程的两个线性无关的特解，其中 $a_1(t)$ 和 $a_2(t)$ 是区间 $[\alpha,\beta]$ 上的连续函数. 证明所给方程在区间 $[\alpha,\beta]$ 上的通解为

$$x(t)=c_1x_1(t)+c_2x_2(t)+\int_{t_0}^{t}\frac{x_1(\tau)x_2(t)-x_1(t)x_2(\tau)}{x_1(\tau)x_2'(\tau)-x_1'(\tau)x_2(\tau)}f(\tau)\mathrm{d}\tau,$$

其中 c_1，c_2 为任意常数.

6. 求方程

$$\frac{\mathrm{d}^2x}{\mathrm{d}t^2}+4x=t\sin 2t$$

的通解. 已知其对应的齐次线性方程有基本解组 $\cos 2t$，$\sin 2t$.

§ 3.5　复值解和级数解法

根据上面的讨论可知，求线性微分方程或线性微分方程组的通解的问题实质上是求相应的齐次线性方程或齐次线性方程组的基本解组. 这即使对常系数的齐次线性方程或齐次线性方程组都不是一件容易的事. 我们将在第四章用 Euler 待定指数函数法来解决这个问题. Euler 待定指数函数法将导出方程或方程组相应的特征多项式，而特征多项式的根必然涉及复数. 因此，即使只研究实数域上的线性微分方程或线性微分方程组，我们仍有必要在更宽的复数范围内来讨论. 在下一章我们将看到，有时从复值解提取需要的实值解比直接寻求实值解更容易. 我们将指出，前面关于线性方程或线性方程组实值解的所有定理都可以推广到实自变量的

复值解情形.

我们首先需要了解复值函数的概念. 同复数一样,在区间$[\alpha,\beta]$上定义的一个复值函数$z(t)$也包含实部$x(t)$和虚部$y(t)$,即

$$z(t)=x(t)+\mathrm{i}y(t),$$

其中$x(t)$和$y(t)$是在$[\alpha,\beta]$上定义的实函数,i 是虚数单位($\mathrm{i}^2=-1$). 这个定义意味着一个实自变量的复值函数$z(t)$等价于两个实函数$x(t)$和$y(t)$的有序组合. 若实函数$x(t)$和$y(t)$都在$[\alpha,\beta]$上连续,则称复值函数$z(t)$在$[\alpha,\beta]$上连续;若实函数$x(t)$和$y(t)$都在$[\alpha,\beta]$上可微,则称复值函数$z(t)$在$[\alpha,\beta]$上可微,且其导数为

$$\frac{\mathrm{d}z}{\mathrm{d}t}=\frac{\mathrm{d}x}{\mathrm{d}t}+\mathrm{i}\frac{\mathrm{d}y}{\mathrm{d}t}.$$

由定义容易看出

$$\frac{\mathrm{d}}{\mathrm{d}t}(z_1(t)+z_2(t))=\frac{\mathrm{d}z_1}{\mathrm{d}t}+\frac{\mathrm{d}z_2}{\mathrm{d}t},$$

$$\frac{\mathrm{d}}{\mathrm{d}t}(Cz(t))=C\frac{\mathrm{d}z}{\mathrm{d}t},$$

$$\frac{\mathrm{d}}{\mathrm{d}t}(z_1(t)z_2(t))=\frac{\mathrm{d}z_1}{\mathrm{d}t}z_2(t)+z_1(t)\frac{\mathrm{d}z_2}{\mathrm{d}t},$$

$$\frac{\mathrm{d}}{\mathrm{d}t}\left(\frac{z_1(t)}{z_2(t)}\right)=\frac{\dfrac{\mathrm{d}z_1}{\mathrm{d}t}z_2(t)-z_1(t)\dfrac{\mathrm{d}z_2}{\mathrm{d}t}}{z_2^2(t)}\quad(z_2(t)\neq 0),$$

其中 C 是任意复值常数.

复数的指数形式是很重要的一种表达形式. 在第四章的讨论中,复值函数 $\mathrm{e}^{\lambda t}$ 将起重要的作用,其中 λ 是复常数. 首先对任意复数 $\lambda=a+\mathrm{i}b$(其中 a,b 为实数),定义

$$\mathrm{e}^{\lambda}=\mathrm{e}^{a+\mathrm{i}b}=\mathrm{e}^{a}(\cos b+\mathrm{i}\sin b),\tag{3.37}$$

这里 e^a 取通常的实数值. 对任意复数 λ_1,λ_2,容易验证

$$\mathrm{e}^{\lambda_1}\mathrm{e}^{\lambda_2}=\mathrm{e}^{\lambda_1+\lambda_2}.\tag{3.38}$$

现在,我们来考虑所谓的复指数函数 $\mathrm{e}^{\lambda t}$,其中 $\lambda=a+\mathrm{i}b$,t 为实变量. 由定义(3.37)可得

$$\mathrm{e}^{\lambda t}=\mathrm{e}^{at}\cos(bt)+\mathrm{i}\mathrm{e}^{at}\sin(bt).$$

根据对复值函数的导数的定义,我们可以验证

$$\frac{\mathrm{d}}{\mathrm{d}t}(\mathrm{e}^{\lambda t})=\lambda\mathrm{e}^{\lambda t}. \tag{3.39}$$

同理可定义 n 阶复值方阵函数

$$\boldsymbol{A}(t)=\boldsymbol{A}_R(t)+\mathrm{i}\boldsymbol{A}_I(t),$$

其中 $\boldsymbol{A}_R(t)$ 和 $\boldsymbol{A}_I(t)$ 是在 $\alpha\leqslant t\leqslant\beta$ 上有定义的 n 阶实方阵函数. 类似地还可定义 n 维复值列向量函数. 进而,若实矩阵函数 $\boldsymbol{A}_R(t)$ 和 $\boldsymbol{A}_I(t)$ 都在$[\alpha,\beta]$上连续,则称复值矩阵函数 $\boldsymbol{A}(t)$ 在$[\alpha,\beta]$上连续. 若实矩阵函数 $\boldsymbol{A}_R(t)$ 和 $\boldsymbol{A}_I(t)$ 都在$[\alpha,\beta]$上可微,则称复值矩阵函数 $\boldsymbol{A}(t)$ 在$[\alpha,\beta]$上可微,且定义其导数为

$$\frac{\mathrm{d}\boldsymbol{A}(t)}{\mathrm{d}t}=\frac{\mathrm{d}\boldsymbol{A}_R(t)}{\mathrm{d}t}+\mathrm{i}\frac{\mathrm{d}\boldsymbol{A}_I(t)}{\mathrm{d}t}.$$

若实矩阵函数 $\boldsymbol{A}_R(t)$ 和 $\boldsymbol{A}_I(t)$ 都在$[\alpha,\beta]$上可积,则称复值矩阵函数 $\boldsymbol{A}(t)$ 在$[\alpha,\beta]$上可积,且定义

$$\int_\alpha^\beta\boldsymbol{A}(t)\mathrm{d}t=\int_\alpha^\beta\boldsymbol{A}_R(t)\mathrm{d}t+\mathrm{i}\int_\alpha^\beta\boldsymbol{A}_I(t)\mathrm{d}t.$$

读者可以自己证明这样的事实:复值向量函数 $\boldsymbol{z}(t)=\boldsymbol{x}(t)+\mathrm{i}\boldsymbol{y}(t)$ 与其共轭函数 $\bar{\boldsymbol{z}}(t)=\boldsymbol{x}(t)-\mathrm{i}\boldsymbol{y}(t)$ 在$[\alpha,\beta]$上线性无关的充要条件是实向量函数 $\boldsymbol{x}(t)$, $\boldsymbol{y}(t)$ 在$[\alpha,\beta]$上线性无关.

关于复值线性方程组

$$\frac{\mathrm{d}\boldsymbol{z}}{\mathrm{d}t}=\boldsymbol{A}(t)\boldsymbol{z}+\boldsymbol{f}(t), \tag{3.40}$$

我们容易证明以下结果:

定理 3.9 设 $\boldsymbol{A}(t)=\boldsymbol{A}_R(t)+\mathrm{i}\boldsymbol{A}_I(t)$ 是$[\alpha,\beta]$上的 n 阶复值连续方阵, $\boldsymbol{f}(t)=\boldsymbol{f}_R+\mathrm{i}\boldsymbol{f}_I(t)$ 是$[\alpha,\beta]$上的 n 维复值连续列向量. 若 $\boldsymbol{z}(t)=\boldsymbol{x}(t)+\mathrm{i}\boldsymbol{y}(t)$ 是线性方程组(3.40)的复值解,则实连续函数 $\boldsymbol{x}=\boldsymbol{x}(t)$, $\boldsymbol{y}=\boldsymbol{y}(t)$ 是实方程组

$$\frac{\mathrm{d}}{\mathrm{d}t}\begin{pmatrix}\boldsymbol{x}\\ \boldsymbol{y}\end{pmatrix}=\begin{pmatrix}\boldsymbol{A}_R(t) & -\boldsymbol{A}_I(t)\\ \boldsymbol{A}_I(t) & \boldsymbol{A}_R(t)\end{pmatrix}\begin{pmatrix}\boldsymbol{x}\\ \boldsymbol{y}\end{pmatrix}+\begin{pmatrix}\boldsymbol{f}_R(t)\\ \boldsymbol{f}_I(t)\end{pmatrix}$$

的解. 反之亦然.

根据定理 3.9,前面关于线性方程组实值解的所有定理都可以推广到实自变量的复值解情形. 另外,在定理 3.9 中取 $\boldsymbol{A}_I(t)\equiv\boldsymbol{0}$, $\boldsymbol{f}_R(t)\equiv\boldsymbol{0}$, $\boldsymbol{f}_I(t)\equiv\boldsymbol{0}$ 即可证得如下结论.

定理 3.10 复值向量函数 $\boldsymbol{z}(t)=\boldsymbol{x}(t)+\mathrm{i}\boldsymbol{y}(t)$ 是实系数齐次线性微分方程组

$$\frac{dz}{dt}=A(t)z \tag{3.41}$$

(即矩阵 $\boldsymbol{A}(t)$ 是实值的)的解的充要条件是该函数的实部 $\boldsymbol{x}(t)$ 和虚部 $\boldsymbol{y}(t)$ 都是方程组(3.41)的解.

对于齐次线性微分方程

$$\frac{d^n z}{dt^n}+a_1(t)\frac{d^{n-1}z}{dt^{n-1}}+\cdots+a_n(t)z=0$$

的复值解 $z(t)=x(t)+iy(t)$,根据它与齐次线性微分方程组之间的关系,可得到与定理 3.9 和定理 3.10 类似的结论.

尽管在第四章我们将给出求解常系数线性微分方程的有效方法,然而对不是常系数的情形我们仍需要研究,至少是近似求解的办法. 尽管在 § 3.1 给出的逐次逼近法可以用来计算近似解,然而计算对应积分方程中被积函数的原函数时往往十分困难或极为烦琐. 另一个求解的途径是寻求幂级数形式的解,即所谓的幂级数解法. 为了简明地展现该方法,我们下面将只限于讨论二阶齐次线性微分方程

$$\frac{d^2x}{dt^2}+a(t)\frac{dx}{dt}+b(t)x=0. \tag{3.42}$$

方程的幂级数解法所涉及的问题不仅包括形式幂级数的递归计算,还包括级数的收敛性.

实变量 t 的函数 $x(t)$ 被称为在点 $t=t_0$ 处解析,如果存在实数 ρ,使得当 $|t-t_0|<\rho$ 时,$x(t)$ 可以展开成 $t-t_0$ 的收敛的幂级数

$$x(t)=\sum_{j=0}^{\infty}c_j(t-t_0)^j,$$

其中 c_j, $j=0,1,2,\cdots$ 为常数.

为了保证收敛性,我们需要下列结果.

定理 3.11(Cauchy 定理) 若函数 $f(t,x)$ 在矩形区域

$$R=\{(t,x)\in\mathbb{R}^2:|t-t_0|<\alpha,|x-x_0|<\beta\}$$

上可以展开成 $t-t_0$ 和 $x-x_0$ 的一个收敛幂级数

$$f(t,x)=\sum_{k,l=0}^{\infty}\gamma_{kl}(t-t_0)^k(x-x_0)^l, \tag{3.43}$$

则初值问题

$$\frac{dx}{dt}=f(t,x),\quad x(t_0)=x_0 \tag{3.44}$$

在 t_0 附近存在唯一的解析解.

证明 考虑初值问题(3.44)的形式幂级数解

$$x(t)=x_0+\sum_{j=1}^{\infty}c_j(t-t_0)^j, \tag{3.45}$$

其中 $c_j, j=1,2,\cdots$ 为待定常数. 直接计算得到

$$c_1=\gamma_{00},\quad c_2=\frac{1}{2!}(\gamma_{10}+\gamma_{01}\gamma_{00}).$$

一般地有

$$c_n=\frac{1}{n!}x^{(n)}(t_0)=P_n(\gamma_{00},\gamma_{01},\gamma_{10},\cdots,\gamma_{n-1,0}),\quad n=1,2,\cdots,$$

这里 P_n 是一个正系数的多项式函数. 显然这组常数是唯一确定的. 下面只需要证明级数(3.45)的收敛性.

由于级数(3.43)收敛,对任意取定的正数 $\alpha_1<\alpha$, $\beta_1<\beta$,级数

$$\sum_{k,l=0}^{\infty}|\gamma_{kl}|\alpha_1^k\beta_1^l$$

是收敛的. 因此,这个正项级数的通项是有界的,即存在常数 $M>0$,使得

$$|\gamma_{kl}\alpha_1^k\beta_1^l|\leqslant M,\quad k,l=0,1,\cdots. \tag{3.46}$$

因此考虑在矩形区域

$$R_1=\{(t,x)\in\mathbb{R}^2: |t-t_0|<\alpha_1, |x-x_0|<\beta_1\}$$

上的级数

$$F(t,x)=\sum_{k,l=0}^{\infty}\frac{M}{\alpha_1^k\beta_1^l}(t-t_0)^k(x-x_0)^l, \tag{3.47}$$

我们称级数(3.47)为级数(3.43)的优级数. 易见它是收敛的并且

$$F(t,x)=\frac{M}{\left(1-\dfrac{t-t_0}{\alpha_1}\right)\left(1-\dfrac{x-x_0}{\beta_1}\right)}. \tag{3.48}$$

利用表达式(3.48),初值问题

$$\frac{\mathrm{d}x}{\mathrm{d}t}=F(t,x),\quad x(t_0)=x_0$$

可以用分离变量法求解. 可以看出所得的解

$$x(t)=x_0+\beta_1-\beta_1\sqrt{1+\frac{2\alpha_1 M}{\beta_1}\ln\left(1-\frac{t-t_0}{\alpha_1}\right)} \tag{3.49}$$

在 t_0 附近解析. 同理可以讨论初值问题

$$\frac{\mathrm{d}x}{\mathrm{d}t}=F(t,x),\quad x(t_0)=x_0$$

在 t_0 附近的形式级数解

$$x(t)=x_0+\sum_{j=1}^{\infty}\tilde{c}_j(t-t_0)^j, \tag{3.50}$$

其中 $\tilde{c}_n=P_n(\Gamma_{00},\Gamma_{01},\Gamma_{10},\cdots,\Gamma_{n-1,0})$ 且 $\Gamma_{kl}\overset{\text{def}}{=\!=}\dfrac{M}{\alpha_1^k\beta_1^l}$. 显然 $\tilde{c}_n\geqslant 0$. 利用不等式(3.46)和 P_n 是正系数的多项式函数的事实,我们得到 $|c_n|\leqslant\tilde{c}_n$. 因此级数(3.50)是级数(3.45)的优级数. 在讨论(3.49)式时我们既然已经知道级数(3.50)是收敛的,因此断定级数(3.45)也是收敛的. 从而完成了定理的证明. □

同理可以证明定理 3.11 对 $x\in\mathbb{R}^n$ 也是成立的,利用这个定理可以直接得到以下结论:

定理 3.12　若方程(3.42)的系数 $a(t)$,$b(t)$ 在区间 $|t-t_0|<\rho$ 内都可以展开成 $t-t_0$ 的收敛幂级数,则方程(3.42)在区间 $|t-t_0|<\rho$ 上存在收敛的幂级数解

$$x(t)=\sum_{j=0}^{\infty}c_j(t-t_0)^j, \tag{3.51}$$

其中 c_0,c_1 为任意常数(它们可由方程(3.42)在点 t_0 的初值条件来决定),而 c_2,c_3,…可以从 c_0,c_1 出发由递推公式依次确定.

事实上,收敛性由定理 3.11 保证. 为了计算方程(3.42)的这个解 $x(t)$,先把系数 $a(t)$,$b(t)$ 在 $|t-t_0|<\rho$ 上展开成 $t-t_0$ 的幂级数

$$a(t)=\sum_{j=0}^{\infty}a_j(t-t_0)^j,\quad b(t)=\sum_{j=0}^{\infty}b_j(t-t_0)^j, \tag{3.52}$$

并且假设解 $x(t)$ 可以展开成幂级数(3.51). 然后把它们代入方程(3.42)并比较 $t-t_0$ 的同次幂的系数,就可递推地确定系数 c_j, $j=0,1,\cdots$,从而求出解 $x(t)$. 这个递推过程可在下面的例子中展示出.

例 3.3　在 $t=0$ 附近求解 Legendre(勒让德)方程

$$(1-t^2)\frac{\mathrm{d}^2x}{\mathrm{d}t^2}-2t\frac{\mathrm{d}x}{\mathrm{d}t}+L(L+1)x=0.$$

解　把(3.51)式代入方程得到

$$(1-t^2)\sum_{j=2}^{\infty}j(j-1)c_jt^{j-2}-2t\sum_{j=1}^{\infty}jc_jt^{j-1}+L(L+1)\sum_{j=0}^{\infty}c_jt^j=0.$$

合并同类项得

$$\sum_{j=0}^{\infty}((j+2)(j+1)c_{j+2}+(L+j+1)(L-j)c_j)t^j=0.$$

比较系数得到

$$(j+2)(j+1)c_{j+2}+(L+j+1)(L-j)c_j=0,\quad j=0,1,\cdots.$$

因此可得递推公式

$$c_{2j}=(-1)^j\frac{(L-2j+2)\cdots(L-2)L(L+1)(L+3)\cdots(L+2j-1)}{(2j)!}c_0,$$

$$c_{2j+1}=(-1)^j\frac{(L-2j+1)\cdots(L-3)(L-1)(L+2)(L+4)\cdots(L+2j)}{(2j+1)!}c_1,$$

其中$j=1,2,\cdots$. 由此而得到的解是依赖于任意常数 c_0,c_1 的. 如果分别取 $c_0=1,c_1=0$ 和 $c_0=0,c_1=1$ 我们可以各确定一个解 $x_1(t)$ 和 $x_2(t)$. 读者可以证明 $x_1(t)$ 和 $x_2(t)$ 构成 Legendre 方程的基本解组. 从而我们求出了 Legendre 方程的通解.

如果系数 $a(t),b(t)$ 在 $t=t_0$ 处不是解析的,比如,分母出现 $t-t_0$ 的方幂,我们可以尝试求

$$x(t)=(t-t_0)^{\nu}\sum_{j=0}^{\infty}c_j(t-t_0)^j$$

的形式级数解,其中 ν 和 c_j 均为待定常数.

例 3.4 在 $t=0$ 附近用幂级数法求解 Bessel(贝塞尔)方程

$$t^2\frac{\mathrm{d}^2x}{\mathrm{d}t^2}+t\frac{\mathrm{d}x}{\mathrm{d}t}+(t^2-n^2)x=0,$$

其中常数 $n\geqslant 0$.

解 若把 Bessel 方程写成方程(3.42)的形式,则系数

$$a(t)=\frac{1}{t},\quad b(t)=1-\frac{n^2}{t^2},$$

它们在 $t=0$ 处都不解析. 考虑如下形式的幂级数解:

$$x(t)=t^{\nu}\sum_{j=0}^{\infty}c_jt^j. \tag{3.53}$$

将它代入 Bessel 方程并合并同类项得

$$\sum_{j=0}^{\infty}((\nu+j)^2-n^2)c_jt^{\nu+j}+\sum_{j=0}^{\infty}c_jt^{\nu+j+2}=0.$$

令各项系数等于零得

$$\nu^2-n^2=0, \tag{3.54}$$

$$c_1((\nu+1)^2-n^2)=0, \tag{3.55}$$

$$\cdots$$

$$c_j((\nu+j)^2-n^2)+c_{j-2}=0. \tag{3.56}$$

从(3.54)式知,$\nu=n$ 或 $\nu=-n$.

若 $\nu=n$,则从递推公式(3.55)和(3.56)可得 $c_{2j+1}=0, j=0,1,\cdots$,且

$$c_{2j}=\frac{(-1)^j}{2^{2j}(n+1)(n+2)\cdots(n+j)j!}c_0,$$

由此可确定一个含任意常数 c_0 的解 $x_1(t)$. 当取

$$c_0=\frac{1}{2^n\Gamma(n+1)}$$

时函数 $x_1(t)$ 称为 n 阶 Bessel 函数,这里函数 $\Gamma(s)$ 定义为当 $s>0$ 时

$$\Gamma(s)=\int_0^{+\infty}x^{s-1}\mathrm{e}^{-x}\mathrm{d}x,$$

当 $s<0$ 且为非整数时由递推公式

$$\Gamma(s)=\frac{1}{s}\Gamma(s+1)$$

定义.

若 $\nu=-n$,在 $2n$ 不是整数的情况下,我们类似得出另一个含任意常数 c_0 的解 $x_2(t)$. 当取

$$c_0=\frac{1}{2^{-n}\Gamma(-n+1)}$$

时,函数 $x_2(t)$ 称为 $-n$ 阶 Bessel 函数.

习题 3.5

1. 求 Airy(艾里)方程

$$\frac{\mathrm{d}^2x}{\mathrm{d}t^2}-tx=0,\quad -\infty<t<+\infty$$

在 $t=0$ 处展开的幂级数解.

2. 用幂级数法求方程

$$(t^2-2t)\frac{\mathrm{d}^2x}{\mathrm{d}t^2}+5(t-1)\frac{\mathrm{d}x}{\mathrm{d}t}+3x=0$$

满足初值条件 $x(1)=10, x'(1)=3$ 的解.

3. 求解 Hermite(埃尔米特)方程

$$\frac{d^2x}{dt^2}-2t\frac{dx}{dt}+\lambda x=0, \quad -\infty<t<+\infty,$$

其中 λ 为常数. 证明当 $\lambda=2n$ 时,该方程有次数为 n 的多项式解.

4. 设复值向量函数 $\boldsymbol{z}(t)=\boldsymbol{x}(t)+\mathrm{i}\boldsymbol{y}(t)$ 是线性微分方程组

$$\frac{d\boldsymbol{z}}{dt}=\boldsymbol{A}(t)\boldsymbol{z}+\boldsymbol{f}_R(t)+\mathrm{i}\boldsymbol{f}_I(t)$$

的复值解,其中 $\boldsymbol{A}(t)$, $\boldsymbol{f}_R(t)$ 和 $\boldsymbol{f}_I(t)$ 都是实的. 试证: $\boldsymbol{z}(t)$ 的实部 $\boldsymbol{x}(t)$ 和虚部 $\boldsymbol{y}(t)$ 分别是方程组

$$\frac{d\boldsymbol{z}}{dt}=\boldsymbol{A}(t)\boldsymbol{z}+\boldsymbol{f}_R(t)$$

和

$$\frac{d\boldsymbol{z}}{dt}=\boldsymbol{A}(t)\boldsymbol{z}+\boldsymbol{f}_I(t)$$

的解.

5. 设复值向量函数 $\boldsymbol{z}(t)=\boldsymbol{x}(t)+\mathrm{i}\boldsymbol{y}(t)$ 是线性微分方程组

$$\frac{d\boldsymbol{z}}{dt}=\boldsymbol{A}(t)\boldsymbol{z}+\boldsymbol{f}(t)$$

的解,其中 $\boldsymbol{A}$ 和 $\boldsymbol{f}$ 都是实的. 试证 $\boldsymbol{x}(t)$ 也是该方程组的解,而 $\boldsymbol{y}(t)$ 是对应的齐次线性微分方程组

$$\frac{d\boldsymbol{z}}{dt}=\boldsymbol{A}(t)\boldsymbol{z}$$

的解.

第四章

常系数线性方程

它一旦被发现,所有这类曾使我绞尽脑汁的问题,似乎都变成儿童的游戏了.

——Gottfried Wilhelm Leibniz(戈特弗里德·威廉·莱布尼茨)

考虑一般的 n 阶线性微分方程

$$\frac{\mathrm{d}^n x}{\mathrm{d}t^n}+a_1\frac{\mathrm{d}^{n-1}x}{\mathrm{d}t^{n-1}}+\cdots+a_{n-1}\frac{\mathrm{d}x}{\mathrm{d}t}+a_n x=f(t), \tag{4.1}$$

其中系数 $a_1,a_2,\cdots,a_n$ 都是常数. 如果引入微分算子 $\mathrm{D}=\frac{\mathrm{d}}{\mathrm{d}t}$的记号,那么

$$\mathrm{D}^n=\frac{\mathrm{d}^n}{\mathrm{d}t^n},$$

从而方程(4.1)可以简化为算子形式

$$\mathrm{P}(\mathrm{D})x=f(t), \tag{4.2}$$

其中

$$P(\mathrm{D})\overset{\mathrm{def}}{=\!=}\mathrm{D}^n+a_1\mathrm{D}^{n-1}+\cdots+a_{n-1}\mathrm{D}+a_n$$

是关于 D 的一个 n 次多项式. 算子 D 可以看作连续函数空间 $C^0(J)$ 上函数到函数的映射,这里 J 是函数的定义域. 算子 D 的定义域为连续可微函数空间 $C^1(J)$,这是 $C^0(J)$ 的一个子空间. 可以看出,$C^0(J)$ 和 $C^1(J)$ 都是线性空间,而 D 是上面的一个线性算子. 有关这些空间和算子的深入结果将在泛函分析课程中学习.

在第三章我们知道,方程(4.1)的通解是由其一个确定的特解和相应的齐次方程的通解两部分构成的. 因此我们要求齐次方程

$$\frac{\mathrm{d}^n x}{\mathrm{d}t^n}+a_1\frac{\mathrm{d}^{n-1}x}{\mathrm{d}t^{n-1}}+\cdots+a_{n-1}\frac{\mathrm{d}x}{\mathrm{d}t}+a_n x=0 \tag{4.3}$$

的通解.一旦这个齐次方程的通解被确定,非齐次方程(4.1)的特解原则上可以用常数变易法得到.

§4.1 齐次问题

在第三章我们看到,高阶线性方程(4.1)可以通过一个简单的变换化为与其等价的线性方程组.因此我们完全可以只考虑一般的齐次线性方程组的求解问题,然后把齐次线性方程(4.3)作为其特例.但是由于将齐次线性方程(4.3)化为与其等价的齐次线性方程组后,其系数矩阵具有特别简单的形式,因而其求解过程也要简单得多.

关于齐次方程(4.3)的通解,我们采用经典的**Euler 待定指数函数法**,也就是寻求形如

$$x(t)=\mathrm{e}^{\lambda t} \tag{4.4}$$

的解,其中 λ 为待定指数.将(4.4)式代入方程(4.3)得到

$$P(\mathrm{D})\mathrm{e}^{\lambda t}=P(\lambda)\mathrm{e}^{\lambda t}=0, \tag{4.5}$$

从而化成多项式方程

$$P(\lambda)=\lambda^{n}+a_{1}\lambda^{n-1}+\cdots+a_{n-1}\lambda+a_{n}=0 \tag{4.6}$$

的求根问题,该多项式称为**特征多项式**,方程(4.6)称为**特征方程**,它的根称为**特征根**,相应于(4.4)形式的解称为**特征解**.我们的想法是,求出所有的特征解并设法用它们来表示齐次方程(4.3)的所有解.

定理 4.1 设方程(4.6)有 n 个互异的根 $\lambda_1,\lambda_2,\cdots,\lambda_n$,则齐次方程(4.3)有基本解组 $\mathrm{e}^{\lambda_1 t},\mathrm{e}^{\lambda_2 t},\cdots,\mathrm{e}^{\lambda_n t}$.

证明 显然函数 $\mathrm{e}^{\lambda_1 t},\mathrm{e}^{\lambda_2 t},\cdots,\mathrm{e}^{\lambda_n t}$ 都是方程(4.3)的解.我们只要验证它们是线性无关的.按第三章的知识,我们计算它们的 Wronski 行列式

$$\begin{vmatrix} 1 & 1 & \cdots & 1 \\ \lambda_1 & \lambda_2 & \cdots & \lambda_n \\ \lambda_1^2 & \lambda_2^2 & \cdots & \lambda_n^2 \\ \vdots & \vdots & & \vdots \\ \lambda_1^{n-1} & \lambda_2^{n-1} & \cdots & \lambda_n^{n-1} \end{vmatrix} \mathrm{e}^{(\lambda_1+\lambda_2+\cdots+\lambda_n)t}=\prod_{1\leqslant j<k\leqslant n}(\lambda_k-\lambda_j)\mathrm{e}^{-a_1 t}\neq 0,$$

其中我们用到 Vandermonde(范德蒙德)行列式的计算、多项式根与系数的关系以及 $\lambda_1,\lambda_2,\cdots,\lambda_n$ 互异的事实.因而我们得到了 n 个线性无关的解,它们构成了齐次

方程(4.3)的解空间的一组基. □

定理 4.2 设方程(4.6)只有 r 个互异的根 $\lambda_1,\lambda_2,\cdots,\lambda_r$,它们分别有重数 n_1, $n_2,\cdots,n_r$(自然有 $n_1+n_2+\cdots+n_r=n$),则

$$e^{\lambda_1 t},\ te^{\lambda_1 t},\ \cdots,\ t^{n_1-1}e^{\lambda_1 t},\ \cdots,\ e^{\lambda_r t},\ te^{\lambda_r t},\ \cdots,\ t^{n_r-1}e^{\lambda_r t}$$

构成齐次方程(4.3)的基本解组.

证明 我们分两步来证明本定理.

第一步 证明对任意的 $i(1\leqslant i\leqslant r)$,

$$e^{\lambda_i t},\ te^{\lambda_i t},\ \cdots,\ t^{n_i-1}e^{\lambda_i t}$$

为线性无关的解.

为此,我们首先证明

$$P(\mathrm{D})(t^l e^{\lambda t})=e^{\lambda t}(P(\lambda)t^l+lP'(\lambda)t^{l-1}+\cdots+P^{(l)}(\lambda)),\tag{4.7}$$

其中 $l=1,2,\cdots,n_i-1$. 事实上,对(4.5)式关于复变量 λ 求 l 次导数,即对 $P(\mathrm{D})e^{\lambda t}=P(\lambda)e^{\lambda t}$ 的 λ 求导,即可归纳地得到(4.7)式. 另外,即使单纯从实函数的角度我们也能证明(4.7)式,具体地说,我们利用乘积函数求导的 Leibniz 公式

$$(uv)^{(m)}=\sum_{k=0}^{m}\mathrm{C}_m^k u^{(k)}v^{(m-k)}.$$

这个公式形式上类似于 Newton 二项式定理,因此得到

$$\mathrm{D}^m(e^{\lambda t}t^l)=e^{\lambda t}\sum_{k=0}^{m}\mathrm{C}_m^k\lambda^k\mathrm{D}^{m-k}t^l=e^{\lambda t}(\mathrm{D}+\lambda)^m t^l.$$

根据 Taylor 展开式得到

$$\begin{aligned}P(\mathrm{D})(e^{\lambda t}t^l)&=e^{\lambda t}P(\mathrm{D}+\lambda)t^l\\&=e^{\lambda t}\left(P(\lambda)t^l+P'(\lambda)\mathrm{D}t^l+\cdots+P^{(l)}(\lambda)\frac{\mathrm{D}^l t^l}{l!}\right),\end{aligned}$$

从而(4.7)式得证.

既然 λ_i 为特征方程(4.6)的 n_i 重根,必有

$$P(\lambda)=(\lambda-\lambda_i)^{n_i}Q(\lambda).$$

故 $P(\lambda_i)=P'(\lambda_i)=\cdots=P^{(n_i-1)}(\lambda_i)=0$. 因此,由(4.7)式可见,齐次方程(4.3)除有特征解 $e^{\lambda_i t}$ 外,还有解 $te^{\lambda_i t},t^2e^{\lambda_i t},\cdots,t^{n_i-1}e^{\lambda_i t}$. 显然,这 n_i 个解还是线性无关的,因为如果有常数 $C_0,C_1,\cdots,C_{n_i-1}$ 满足

$$\sum_{k=0}^{n_i-1}C_k t^k e^{\lambda_i t}\equiv 0,$$

则

$$\sum_{k=0}^{n_i-1} C_k t^k \equiv 0.$$

从而 $C_0 = C_1 = \cdots = C_{n_{i-1}} = 0$.

第二步 证明将 i 分别取 $i=1,2,\cdots,r$ 后按第一步所得的各组函数合并在一起构成齐次方程(4.3)的解空间的一组基. 因为它们刚好是 n 个函数,故只需要证明它们是线性无关的.

如果它们线性相关,必有如下的恒等式:

$$e^{\lambda_1 t}\phi_1(t)+e^{\lambda_2 t}\phi_2(t)+\cdots+e^{\lambda_r t}\phi_r(t)\equiv 0, \tag{4.8}$$

其中 $\phi_i, i=1,2,\cdots,r$ 都是多项式而且不全恒为 0. 不妨设这 r 个多项式都不恒为 0. 令 ϕ_i 的次数 $\deg \phi_i = m_i, i=1,2,\cdots,r$. 如下方法可将(4.8)式化成只含一个不恒为 0 的多项式情形:

用 $e^{\lambda_1 t}$ 除(4.8)式得

$$\phi_1(t)+e^{(\lambda_2-\lambda_1)t}\phi_2(t)+\cdots+e^{(\lambda_r-\lambda_1)t}\phi_r(t)\equiv 0. \tag{4.9}$$

(4.9)式两边再对 t 求导得

$$\begin{aligned}\phi_1'(t)+e^{(\lambda_2-\lambda_1)t}[\phi_2'(t)+(\lambda_2-\lambda_1)\phi_2(t)]+\cdots+\\ e^{(\lambda_r-\lambda_1)t}[\phi_r'(t)+(\lambda_r-\lambda_1)\phi_r(t)]\equiv 0.\end{aligned} \tag{4.10}$$

显然除了第一项次数降为 m_1-1 外,其余各项的系数多项式

$$\phi_i'(t)+(\lambda_i-\lambda_1)\phi_i(t)$$

的次数仍然是 $m_i(i=2,3,\cdots,r)$. 由于 $\lambda_1,\lambda_2,\cdots,\lambda_r$ 互异,$\lambda_2-\lambda_1\neq 0$,因此可以利用指数函数求导的性质继续对第一项降次. 这样连续地对(4.9)式共求 m_1+1 次导可以得到

$$e^{(\lambda_2-\lambda_1)t}\psi_2(t)+e^{(\lambda_3-\lambda_1)t}\psi_3(t)+\cdots+e^{(\lambda_r-\lambda_1)t}\psi_r(t)\equiv 0, \tag{4.11}$$

其中 $\psi_2(t),\psi_3(t),\cdots,\psi_r(t)$ 都是次数分别为 $m_2,m_3,\cdots,m_r$ 的不恒为 0 的多项式而且原来的第一项已经被消去.

令

$$s_2=\lambda_2-\lambda_1,\ s_3=\lambda_3-\lambda_1,\ \cdots,\ s_r=\lambda_r-\lambda_1.$$

由于它们也互异,将同样的方法用于(4.11)式可以再消去第二项. 如此重复下去,最后可化成仅有一项的情况,即

$$e^{\mu t}\pi(t)\equiv 0, \tag{4.12}$$

其中 μ 为常数而 $\pi(t)$ 为不恒为 0 的多项式. 这是个矛盾,因为 $e^{\mu t}\neq 0$,故 $e^{\mu t}\pi(t)\not\equiv 0$,

这与(4.12)式矛盾. □

上述结论都是在复数域中讨论的. 如果方程是实系数的,我们可以由下面的推论获得实数解的相应结果.

推论　若实系数齐次线性方程(4.3)有 r 个互异的实特征根 $\lambda_1,\lambda_2,\cdots,\lambda_r$ 及 l 对互异的复特征根 $\alpha_1\pm\mathrm{i}\beta_1,\alpha_2\pm\mathrm{i}\beta_2,\cdots,\alpha_l\pm\mathrm{i}\beta_l$,重数分别为 $n_1,n_2,\cdots,n_r$ 和 $m_1,m_2,\cdots,m_l$,并且满足

$$\sum_{k=1}^{r} n_k+2\sum_{k=1}^{l} m_k=n,$$

则方程(4.3)有如下实解并组成基本解组:

$$\mathrm{e}^{\lambda_k t},\quad t\mathrm{e}^{\lambda_k t},\quad \cdots,\quad t^{n_k-1}\mathrm{e}^{\lambda_k t}\quad (k=1,2,\cdots,r),$$

$$\mathrm{e}^{\alpha_j t}\cos\beta_j t,\quad t\mathrm{e}^{\alpha_j t}\cos\beta_j t,\quad \cdots,\quad t^{m_j-1}\mathrm{e}^{\alpha_j t}\cos\beta_j t\quad (j=1,2,\cdots,l),$$

$$\mathrm{e}^{\alpha_j t}\sin\beta_j t,\quad t\mathrm{e}^{\alpha_j t}\sin\beta_j t,\quad \cdots,\quad t^{m_j-1}\mathrm{e}^{\alpha_j t}\sin\beta_j t\quad (j=1,2,\cdots,l).$$

证明　在第三章最后我们知道,一个实系数齐次线性方程如果具有复值解 $x(t)=u(t)+\mathrm{i}v(t)$,那么 $u(t)$ 和 $v(t)$ 都是这个齐次线性方程的解. 因此可以肯定上述 n 个实函数都是方程的解. 由于定理4.2中的 n 个线性无关的解都可以表示为本推论中的 n 个实函数的常系数线性组合,因此,这 n 个实函数也必定是线性无关的. □

例 4.1　求方程

$$\frac{\mathrm{d}^3x}{\mathrm{d}t^3}-\frac{\mathrm{d}^2x}{\mathrm{d}t^2}+\frac{\mathrm{d}x}{\mathrm{d}t}-x=0$$

的实通解.

解　该方程的特征多项式为

$$\lambda^3-\lambda^2+\lambda-1=(\lambda-1)(\lambda^2+1),$$

因此特征根为 $1,\pm\mathrm{i}$. 按上述推论,得到实基本解组 $\mathrm{e}^t,\cos t,\sin t$. 这样就获得实通解

$$x(t)=C_1\mathrm{e}^t+C_2\cos t+C_3\sin t,$$

其中 C_1,C_2,C_3 为任意实常数.

习题 4.1

1. 求下列齐次线性方程的实通解:

(1) $\dfrac{\mathrm{d}^2x}{\mathrm{d}t^2}+4x=0$;

(2) $\frac{d^3x}{dt^3}-\frac{d^2x}{dt^2}+2\frac{dx}{dt}-2x=0$;

(3) $\frac{d^4x}{dt^4}+4x=0$;

(4) $\frac{d^4x}{dt^4}-2\frac{d^3x}{dt^3}+2\frac{dx}{dt}-x=0$;

(5) $\frac{d^2x}{dt^2}+4\frac{dx}{dt}+4x=0$;

(6) $\frac{d^2x}{dt^2}+2\frac{dx}{dt}+4x=0$;

(7) $\frac{d^3x}{dt^3}+4\frac{dx}{dt}=0$;

(8) $\frac{d^4x}{dt^4}+8\frac{d^2x}{dt^2}+16x=0$.

2. 设 a,b,c 为正数. 试证当 $t\to+\infty$ 时,方程

$$a\frac{d^2x}{dt^2}+b\frac{dx}{dt}+cx=0$$

的每一个解都趋于零.

*3. 分析振动方程

$$\frac{d^2x}{dt^2}+2\delta\frac{dx}{dt}+\omega^2x=0$$

的特征根并给出通解. 这里 $\delta\geqslant 0,\omega>0$.

§4.2　非齐次问题

在已经获得齐次问题的通解的情况下,求解非齐次问题的实质就是寻找一个特解. 尽管第三章指出,这样的特解可以通过常数变易公式获得,但是对具体问题来说这样的计算可能是相当复杂的. 针对几类特殊而常见的函数类型,我们有更加简便的方法,即算子解法.

考虑非齐次线性方程(4.1). 按照算子形式写法,可以表述为(4.2)式. 如果把 $P(\mathrm{D})$ 的逆算子形式地记为 $\frac{1}{P(\mathrm{D})}$,那么我们需要求

$$x(t)=\frac{1}{P(\mathrm{D})}f(t).\tag{4.13}$$

这里我们需要简要地说明一下怎样来理解和计算逆算子 $\frac{1}{P(\mathrm{D})}$. 注意到一个简单的

情形是$\frac{1}{\mathrm{D}}$,它对一个可积函数$f(t)$的作用结果$\frac{1}{\mathrm{D}}f(t)$是不定积分$\int f(t)\,\mathrm{d}t$. 这是一个不唯一的结果,它们之间相差一个常数. 然而,我们现在只需要求任何一个特解,因此我们不顾及这个差异,每次计算都选择方便简单的一个答案. 在这种方法中的大部分等号都是在这种意义下成立的.

算子$\frac{1}{P(\mathrm{D})}$具有下列基本性质:

性质 1 $\frac{1}{\mathrm{D}^n}f(t)=\int\cdots\int f(\tau)(\mathrm{d}\tau)^n$,即 n 次累次积分.

性质 2 $\frac{1}{P(\mathrm{D})}$的作用是线性的,即

$$\frac{1}{P(\mathrm{D})}(\alpha f_1(t)+\beta f_2(t))=\alpha\frac{1}{P(\mathrm{D})}f_1(t)+\beta\frac{1}{P(\mathrm{D})}f_2(t).$$

性质 3 若 $P(\mathrm{D})=P_1(\mathrm{D})P_2(\mathrm{D})$,则

$$\frac{1}{P(\mathrm{D})}=\frac{1}{P_1(\mathrm{D})}\cdot\frac{1}{P_2(\mathrm{D})}=\frac{1}{P_2(\mathrm{D})}\cdot\frac{1}{P_1(\mathrm{D})}.$$

这些性质不难用 $P(\mathrm{D})$的性质来验证. 进一步,我们给出以下重要的计算公式. 为了方便记忆,我们形象地给每个公式起了一个名字.

定理 4.3 (i) **解析展开法或解析相除法**:对 k 次多项式 $f_k(t)$,若$\frac{1}{P(x)}$在 $x=0$ 处解析且可以展开成

$$\frac{1}{P(x)}=Q_k(x)+H_k(x),$$

其中 $Q_k(x)$是 k 次多项式,而 $H_k(x)$为 $k+1$ 次以上的所有高次项,则

$$\frac{1}{P(\mathrm{D})}f_k(t)=Q_k(\mathrm{D})f_k(t).$$

(ii) **代换法**:如果 $P(\lambda)\neq 0$,那么$\frac{1}{P(\mathrm{D})}\mathrm{e}^{\lambda t}=\frac{1}{P(\lambda)}\mathrm{e}^{\lambda t}$.

(iii) **二项式法**:$\frac{1}{P(\mathrm{D})}\mathrm{e}^{\lambda t}v(t)=\mathrm{e}^{\lambda t}\frac{1}{P(\mathrm{D}+\lambda)}v(t)$.

证明 对(i),只要注意到 $\mathrm{D}^{k+i}f_k(t)\equiv 0$, $\forall\, i\geqslant 1$. 更简单地看,将 $P(\mathrm{D})$按升幂排列后作除法 $1/P(\mathrm{D})$,设在第 $k+1$ 步时得到商 $Q_k(\mathrm{D})$和余式 $R_k(\mathrm{D})$,它们必然是 k 次多项式和形如

$$R_k(\mathrm{D})=c_{k+1}\mathrm{D}^{k+1}+c_{k+2}\mathrm{D}^{k+2}+\cdots+c_{k+n}\mathrm{D}^{k+n}$$

的多项式. 按除法关系我们有 $1=P(\mathrm{D})Q_k(\mathrm{D})+R_k(\mathrm{D})$. 从而

$$f_k(t)=P(\mathrm{D})Q_k(\mathrm{D})f_k(t)+R_k(\mathrm{D})f_k(t)=P(\mathrm{D})Q_k(\mathrm{D})f_k(t).$$

这样也得到同样形式的结果.

对(ii),从上节的重要公式(4.5),即 $P(\mathrm{D})\mathrm{e}^{\lambda t}=P(\lambda)\mathrm{e}^{\lambda t}$,可直接得知.

对(iii)的"二项式法"名称来自上节定理 4.2 证明中使用的二项式定理. 事实上,

$$\begin{aligned}\mathrm{D}^m(\mathrm{e}^{\lambda t}v(t))&=\sum_{k=0}^{m}\mathrm{C}_m^k\mathrm{D}^k\mathrm{e}^{\lambda t}\cdot\mathrm{D}^{m-k}v(t)\\&=\sum_{k=0}^{m}\mathrm{C}_m^k\lambda^k\mathrm{e}^{\lambda t}\cdot\mathrm{D}^{m-k}v(t)\\&=\mathrm{e}^{\lambda t}(\mathrm{D}+\lambda)^m v(t),\end{aligned}$$

从而,

$$P(\mathrm{D})(\mathrm{e}^{\lambda t}v(t))=\mathrm{e}^{\lambda t}P(\mathrm{D}+\lambda)v(t).$$

利用该结果,我们得到

$$P(\mathrm{D})\left(\mathrm{e}^{\lambda t}\frac{1}{P(\mathrm{D}+\lambda)}v(t)\right)=\mathrm{e}^{\lambda t}P(\mathrm{D}+\lambda)\left(\frac{1}{P(\mathrm{D}+\lambda)}v(t)\right)=\mathrm{e}^{\lambda t}v(t).$$

求逆便得到结论. □

注 4.1 解析展开法的一个最直接和最常用的实例是

$$\frac{1}{1-\mathrm{D}}f_k(t)=(1+\mathrm{D}+\mathrm{D}^2+\cdots+\mathrm{D}^k)f_k(t).$$

注 4.2 从代换法可以获得下列结果:

$$\frac{1}{P(\mathrm{D}^2)}\begin{pmatrix}\cos at\\ \sin at\end{pmatrix}=\frac{1}{P(-a^2)}\begin{pmatrix}\cos at\\ \sin at\end{pmatrix},$$

其中 $P(-a^2)\neq 0$. 事实上,对上述三角函数我们考虑辅助函数 $\mathrm{e}^{\mathrm{i}at}$. 用代换法得到

$$\frac{1}{P(\mathrm{D}^2)}\mathrm{e}^{\mathrm{i}at}=\frac{1}{P((\mathrm{i}a)^2)}\mathrm{e}^{\mathrm{i}at}=\frac{1}{P(-a^2)}\mathrm{e}^{\mathrm{i}at}.$$

分别取其实部和虚部就获得我们需要的结果.

注 4.3 在 $P(\lambda)=0$ 的情形下我们不能使用代换法,但可以使用二项式法. 事实上,

$$\frac{1}{P(\mathrm{D})}\mathrm{e}^{\lambda t}=\mathrm{e}^{\lambda t}\frac{1}{P(\mathrm{D}+\lambda)}\cdot 1.$$

对于非齐次线性方程(4.1),当其非齐次项 $f(t)$ 为某几类特殊函数时,除了可用算子解法求其特解外.还有比较系数法和 Laplace(拉普拉斯)变换法等简便的方法.限于篇幅,这里不再一一介绍,有兴趣的读者可查阅相关的参考文献.下面通过具体例子来看看怎样使用算子解法求非齐次线性方程的一个特解.

例 4.2 $(\mathrm{D}-\lambda)^r Q(\mathrm{D})x=\mathrm{e}^{\lambda t}$,其中 $Q(\lambda)\neq 0$.

解 由于 $\frac{1}{(\mathrm{D}-\lambda)^r}$ 对函数 $\mathrm{e}^{\lambda t}$ 不满足代换法的条件,因此先用代换法计算 $\frac{1}{Q(\mathrm{D})}\mathrm{e}^{\lambda t}$,再对所得结果用二项式法,得

$$\begin{aligned}x(t)&=\frac{1}{(\mathrm{D}-\lambda)^r Q(\mathrm{D})}\mathrm{e}^{\lambda t}=\frac{1}{Q(\lambda)}\frac{1}{(\mathrm{D}-\lambda)^r}\mathrm{e}^{\lambda t}\\&=\frac{\mathrm{e}^{\lambda t}}{Q(\lambda)}\cdot\frac{1}{((\mathrm{D}+\lambda)-\lambda)^r}\cdot 1\\&=\frac{\mathrm{e}^{\lambda t}}{Q(\lambda)}\int\cdots\int 1(\mathrm{d}t)^r\\&=\frac{\mathrm{e}^{\lambda t}}{Q(\lambda)}\frac{t^r}{r!}.\end{aligned}$$

例 4.3 $(\mathrm{D}^3-2\mathrm{D}^2+\mathrm{D}-2)x=t^3\sin t$.

解 既然出现三角函数,首先用辅助函数 $t^3\mathrm{e}^{\mathrm{i}t}$ 化成指数函数问题.考虑辅助方程

$$(\mathrm{D}^3-2\mathrm{D}^2+\mathrm{D}-2)z=t^3\mathrm{e}^{\mathrm{i}t}.$$

显然 $P(\mathrm{D})=\mathrm{D}^3-2\mathrm{D}^2+\mathrm{D}-2=(\mathrm{D}^2+1)(\mathrm{D}-2)$ 使得 $P(\mathrm{i})=0$,而且还有多项式因子 t^3,故不能用代换法解决,而要用二项式法和解析展开法.因此

$$\begin{aligned}z(t)&=\frac{1}{\mathrm{D}^3-2\mathrm{D}^2+\mathrm{D}-2}t^3\mathrm{e}^{\mathrm{i}t}\\&=\mathrm{e}^{\mathrm{i}t}\frac{1}{(\mathrm{D}+\mathrm{i})^3-2(\mathrm{D}+\mathrm{i})^2+(\mathrm{D}+\mathrm{i})-2}t^3\\&=\mathrm{e}^{\mathrm{i}t}\frac{1}{\mathrm{D}^3-(2-3\mathrm{i})\mathrm{D}^2-(2+4\mathrm{i})\mathrm{D}}t^3\\&=-\frac{\mathrm{e}^{\mathrm{i}t}}{2+4\mathrm{i}}\frac{1}{\mathrm{D}}\frac{1}{1-\frac{4+7\mathrm{i}}{10}\mathrm{D}-\frac{1-2\mathrm{i}}{10}\mathrm{D}^2}t^3\end{aligned}$$

$$=-\frac{e^{it}}{2+4i}\frac{1}{D}\left(1+\frac{4+7i}{10}D+\frac{1-2i}{10}D^2+\right.$$

$$\left.\left(\frac{4+7i}{10}D+\frac{1-2i}{10}D^2\right)^2+\left(\frac{4+7i}{10}D\right)^3\right)t^3$$

$$=-\frac{e^{it}}{2+4i}\frac{1}{D}\left(1+\frac{4+7i}{10}D+\frac{-23+36i}{100}D^2-\frac{164+27i}{1\,000}D^3\right)t^3$$

$$=-\frac{e^{it}}{2+4i}\left(\frac{1}{D}+\frac{4+7i}{10}+\frac{-23+36i}{100}D-\frac{164+27i}{1\,000}D^2\right)t^3$$

$$=-\frac{e^{it}}{10}(1-2i)\left(\frac{t^4}{4}+\frac{4+7i}{10}t^3+\frac{-69+108i}{100}t^2-\frac{984+162i}{1\,000}t\right)$$

$$=-\frac{1}{10}(\cos t+i\sin t)\left(\left(\frac{t^4}{4}+\frac{18}{10}t^3+\frac{147}{100}t^2-\frac{1\,308}{1\,000}t\right)-\right.$$

$$\left.i\left(\frac{t^4}{2}+\frac{t^3}{10}-\frac{246}{100}t^2-\frac{1\,806}{1\,000}t\right)\right).$$

取虚部得到

$$x(t)=-\frac{1}{10}\left(\left(\frac{t^4}{4}+\frac{18}{10}t^3+\frac{147}{100}t^2-\frac{1\,308}{1\,000}t\right)\sin t-\right.$$

$$\left.\left(\frac{t^4}{2}+\frac{t^3}{10}-\frac{246}{100}t^2-\frac{1\,806}{1\,000}t\right)\cos t\right).$$

例 4.4 $(D+1)x=e^{e^t}$.

解 基本思想是配项并利用二项式法使$\frac{1}{D+1}$变成$\frac{1}{D}$的直接积分.

$$x(t)=\frac{1}{D+1}e^{e^t}=\frac{1}{D+1}e^{-t}\cdot e^{e^t}e^t$$

$$=e^{-t}\frac{1}{(D-1)+1}e^{e^t}e^t=e^{-t}\int e^{e^t}e^t\,dt=e^{-t}e^{e^t}.$$

习题 4.2

1. 求下列非齐次线性方程的实通解：

(1) $\frac{d^2x}{dt^2}+\frac{dx}{dt}=1+t^2$;

(2) $\dfrac{d^2x}{dt^2}+4x=\cos 2t+\cos 4t$;

(3) $\dfrac{d^2x}{dt^2}+4x=t\sin 2t$;

(4) $\dfrac{d^3x}{dt^3}-4\dfrac{d^2x}{dt^2}+3\dfrac{dx}{dt}=t^2$;

(5) $\dfrac{d^2x}{dt^2}-3\dfrac{dx}{dt}+2x=\sin e^{-t}$;

(6) $\dfrac{d^3x}{dt^3}-5\dfrac{d^2x}{dt^2}+8\dfrac{dx}{dt}-4x=e^{3t}$;

(7) $\dfrac{d^2x}{dt^2}-2x=4t^2e^{t^2}$;

(8) $\dfrac{d^2x}{dt^2}-2\dfrac{dx}{dt}+x=te^t$.

2. 证明 Cauchy-Euler 方程

$$a_2t^2\frac{d^2x}{dt^2}+a_1t\frac{dx}{dt}+a_0x=f(t)$$

在适当的自变量代换下,能化为常系数线性方程,其中 a_0,a_1,a_2 均为常数,$a_2\neq 0$, $f(t)$ 在某给定区间连续.

§4.3 常系数线性方程组

由第三章的理论,对于线性方程组,只要得到了其相应的齐次线性方程组的基本解组,我们就可以用常数变易公式给出它的通解. 因此本节我们主要给出常系数齐次线性方程组的基本解组的求解方法.

将常系数齐次线性方程组表述为矩阵形式

$$\frac{d}{dt}\begin{pmatrix}x_1\\ \vdots\\ x_n\end{pmatrix}=\begin{pmatrix}a_{11}&\cdots&a_{1n}\\ \vdots&&\vdots\\ a_{n1}&\cdots&a_{nn}\end{pmatrix}\begin{pmatrix}x_1\\ \vdots\\ x_n\end{pmatrix},\tag{4.14}$$

由于需要考虑特征值,因此我们在复数域讨论方程组(4.14). 简记列向量 $\boldsymbol{x}=(x_1,x_2,\cdots,x_n)^{\mathrm{T}}$ 和 n 阶方阵 $\boldsymbol{A}=(a_{ij})$. 同样用 Euler 指数函数法,设方程组(4.14)有如下形式的特解:

$$\boldsymbol{x}=\boldsymbol{c}e^{\lambda t},\tag{4.15}$$

其中 $\lambda\in\mathbb{C}$ 和非零向量 $\boldsymbol{c}=(c_1,c_2,\cdots,c_n)^{\mathrm{T}}\in\mathbb{C}^n$ 都是待定的. 将(4.15)式代入方程组(4.14)得

$$(\lambda\boldsymbol{I}-\boldsymbol{A})\boldsymbol{c}=\boldsymbol{0},\tag{4.16}$$

从而化成了线性代数中求矩阵 $\boldsymbol{A}$ 的特征值 λ 和相应的特征向量 $\boldsymbol{c}$ 的问题. 方程组(4.14)有非零解当且仅当系数行列式 $\det(\lambda\boldsymbol{I}-\boldsymbol{A})=0$. 我们称 $\det(\lambda\boldsymbol{I}-\boldsymbol{A})=0$ 为**特征方程**.

定理 4.4　若矩阵 $\boldsymbol{A}$ 有 n 个彼此互异的特征值 $\lambda_1,\lambda_2,\cdots,\lambda_n$，则方程组(4.14)有基本解组 $\boldsymbol{c}^{(1)}\mathrm{e}^{\lambda_1 t},\boldsymbol{c}^{(2)}\mathrm{e}^{\lambda_2 t},\cdots,\boldsymbol{c}^{(n)}\mathrm{e}^{\lambda_n t}$，其中 $\boldsymbol{c}^{(1)},\boldsymbol{c}^{(2)},\cdots,\boldsymbol{c}^{(n)}$ 是分别相应于 $\lambda_1,\lambda_2,\cdots,\lambda_n$ 的特征向量.

定理的证明是根据十分基本的线性代数知识，在定理的条件下矩阵 $\boldsymbol{A}$ 可对角化，对应的特征向量 $\boldsymbol{c}^{(1)},\boldsymbol{c}^{(2)},\cdots,\boldsymbol{c}^{(n)}$ 是线性无关的并构成 $\mathbb{C}^n$ 的一组基. 读者自己可以参照过去的讨论给出当 $\boldsymbol{A}$ 是实矩阵时方程组(4.14)的实基本解组的结论和表达形式.

较困难的问题是上述 $\boldsymbol{A}$ 不可对角化的情形. 在一般情况下 $\boldsymbol{A}$ 的特征方程可以有重根，故 $\boldsymbol{A}$ 只能在 $\mathbb{C}$ 上化成 Jordan(若尔当)标准形. 我们将引入矩阵指数函数的方法.

一、 矩阵指数函数

引理 4.1　n 阶方阵的全体 $\mathscr{M}(n)$ 是一个 n^2 维线性空间. 它关于模

$$\|\boldsymbol{A}\|=\sum_{i,j=1}^{n}|a_{ij}|,\quad \boldsymbol{A}=(a_{ij})\in\mathscr{M}(n)$$

是完备的，即其任何 Cauchy 列都收敛，而且对任意的 $\boldsymbol{A},\boldsymbol{B}\in\mathscr{M}(n)$，有

(i) $\|\boldsymbol{AB}\|\leqslant\|\boldsymbol{A}\|\,\|\boldsymbol{B}\|$. 特别地，对 $k\geqslant 1$，有 $\|\boldsymbol{A}^k\|\leqslant\|\boldsymbol{A}\|^k$.

(ii) 幂级数

$$\boldsymbol{I}+\boldsymbol{A}+\frac{1}{2!}\boldsymbol{A}^2+\cdots+\frac{1}{k!}\boldsymbol{A}^k+\cdots$$

绝对收敛，其中 $\boldsymbol{I}$ 是单位矩阵.

证明　完备性是欧氏空间上数学分析的基本结果. (i) 容易得到验证. 关于(ii)，注意到 $M=\|\boldsymbol{A}\|<+\infty$. 对级数

$$\sum_{k=0}^{\infty}\frac{M^k}{k!}$$

用比值判别法可以得到其收敛性.　□

据此我们可以引入记号

$$\mathrm{e}^{\boldsymbol{A}}=\sum_{k=0}^{\infty}\frac{\boldsymbol{A}^k}{k!},$$

并称之为**矩阵 $\boldsymbol{A}$ 的指数函数**. 显然它是一般指数函数的推广，并且 $\mathrm{e}^{\boldsymbol{A}}\in\mathscr{M}(n)$. 对

任意的 $\boldsymbol{A},\boldsymbol{B}\in\mathscr{M}(n)$,容易证明以下基本性质:

(1) 若 $\boldsymbol{AB}=\boldsymbol{BA}$,则 $\mathrm{e}^{\boldsymbol{A}+\boldsymbol{B}}=\mathrm{e}^{\boldsymbol{A}}\mathrm{e}^{\boldsymbol{B}}=\mathrm{e}^{\boldsymbol{B}}\mathrm{e}^{\boldsymbol{A}}$.

(2) $(\mathrm{e}^{\boldsymbol{A}})^{-1}=\mathrm{e}^{-\boldsymbol{A}}$.

(3) 若 $\boldsymbol{P}\in\mathscr{M}(n)$是可逆的,则 $\mathrm{e}^{\boldsymbol{PAP}^{-1}}=\boldsymbol{P}\mathrm{e}^{\boldsymbol{A}}\boldsymbol{P}^{-1}$.

利用矩阵指数函数,我们可以简便地表述线性微分方程组的基本结果.

定理 4.5 (i) 齐次线性方程组(4.14)有基本解矩阵 $\boldsymbol{X}(t)=\mathrm{e}^{t\boldsymbol{A}}$. 我们称之为方程组(4.14)的**标准解矩阵**,因为它满足 $\boldsymbol{X}(0)=\boldsymbol{I}$. (ii) 非齐次线性方程组 $\dot{\boldsymbol{x}}=\boldsymbol{Ax}+\boldsymbol{f}(t)$(其中 $\boldsymbol{f}(t)$ 是 n 维向量值函数)的通解为

$$\boldsymbol{x}(t)=\mathrm{e}^{t\boldsymbol{A}}\boldsymbol{c}+\int_{t_0}^{t}\mathrm{e}^{(t-s)\boldsymbol{A}}\boldsymbol{f}(s)\,\mathrm{d}s,$$

其中 $\boldsymbol{c}$ 为任意常向量.

证明 首先证明对任意有限区间上的 t, $\mathrm{e}^{t\boldsymbol{A}}$ 是解矩阵. 事实上,同引理 4.1 由比值判别法知道级数

$$\sum_{k=0}^{\infty}\frac{(t\boldsymbol{A})^k}{k!}$$

和它的形式逐项求导的级数都一致收敛. 故可逐项求导得到

$$\frac{\mathrm{d}}{\mathrm{d}t}\mathrm{e}^{t\boldsymbol{A}}=\boldsymbol{A}+t\boldsymbol{A}^2+\frac{t^2}{2}\boldsymbol{A}^3+\cdots=\boldsymbol{A}\mathrm{e}^{t\boldsymbol{A}}.$$

进而,由 Wronski 行列式 $\det\boldsymbol{X}(0)=\det\boldsymbol{I}=1\neq0$ 知 $\boldsymbol{X}(t)$ 的非奇异性. 因此 $\mathrm{e}^{t\boldsymbol{A}}$ 是一个基本解矩阵.

结论(ii)是第三章结果的明显推论. □

二、 标准解矩阵的初等表达

由定义可知标准解矩阵 $\mathrm{e}^{t\boldsymbol{A}}$ 是一个无穷和形式. 我们将致力于它的初等表达,也就是寻求它的一个初等函数的有限和的等价表达式.

由线性代数知识,任意一个$\mathbb{C}$上的方阵必相似于一个 Jordan 型矩阵. 因此存在一个可逆矩阵 $\boldsymbol{P}$,使之化成对角块矩阵,即

$$\boldsymbol{P}^{-1}\boldsymbol{AP}=\boldsymbol{J}=\mathrm{diag}(\boldsymbol{J}_1,\boldsymbol{J}_2,\cdots,\boldsymbol{J}_s)_{n\times n},$$

其中 $\boldsymbol{J}_i$ 为 n_i 阶 Jordan 块,即

$$\boldsymbol{J}_i=\begin{pmatrix}\lambda_i & 1 & & \\ & \lambda_i & \ddots & \\ & & \ddots & 1\\ & & & \lambda_i\end{pmatrix}_{n_i\times n_i}\qquad(i=1,2,\cdots,s),$$

且 $\lambda_1,\lambda_2,\cdots,\lambda_s$ 为 $\boldsymbol{A}$ 的特征值，$n_1+n_2+\cdots+n_s=n$. 方程组(4.14)在相似变换下变成了 $\dot{\boldsymbol{y}}=\boldsymbol{J}\boldsymbol{y}$.

由定理 4.5 和矩阵指数函数性质，方程组(4.14)有基本解矩阵 $\mathrm{e}^{t\boldsymbol{A}}=\mathrm{e}^{t\boldsymbol{P}\boldsymbol{J}\boldsymbol{P}^{-1}}=\boldsymbol{P}\mathrm{e}^{t\boldsymbol{J}}\boldsymbol{P}^{-1}$. 因而 $\mathrm{e}^{t\boldsymbol{A}}\boldsymbol{P}=\boldsymbol{P}\mathrm{e}^{t\boldsymbol{J}}$. 由于可逆矩阵 $\boldsymbol{P}$ 把一组基变成另一组基，因此 $\mathrm{e}^{t\boldsymbol{A}}\boldsymbol{P}$ 也是方程组(4.14)的一个基本解矩阵. 因此，我们将等价地考虑并计算方程组(4.14)的基本解矩阵 $\boldsymbol{P}\mathrm{e}^{t\boldsymbol{J}}$. 如果求出了 $\boldsymbol{J}$ 和 $\boldsymbol{P}$，用 $\boldsymbol{P}\mathrm{e}^{t\boldsymbol{J}}$ 的 n 个列向量就构成一个基本解组. 而事实上，我们只需要直接求出 $\boldsymbol{P}\mathrm{e}^{t\boldsymbol{J}}$ 的每个列向量的表达式.

为研究 $\boldsymbol{P}\mathrm{e}^{t\boldsymbol{J}}$ 的结构，考虑

$$\boldsymbol{J}_i=\lambda_i\boldsymbol{I}+\boldsymbol{Z}, \tag{4.17}$$

其中 $\lambda_i\boldsymbol{I}$ 为对角矩阵而 $\boldsymbol{Z}$ 为幂零矩阵，即

$$\lambda_i\boldsymbol{I}=\begin{pmatrix}\lambda_i & & & \\ & \lambda_i & & \\ & & \ddots & \\ & & & \lambda_i\end{pmatrix},\quad \boldsymbol{Z}=\begin{pmatrix}0 & 1 & & \\ & 0 & \ddots & \\ & & \ddots & 1\\ & & & 0\end{pmatrix}.$$

易见

$$\boldsymbol{Z}^2=\begin{pmatrix}0 & 0 & 1 & & \\ & & & \ddots & \\ & & \ddots & & 1\\ & & & & 0\\ & & & & 0\end{pmatrix},\ \cdots,\ \boldsymbol{Z}^k=\boldsymbol{O},\ \forall k\geqslant n_i.$$

这决定了我们可以获得“有限和”的表达式，因为

$$\mathrm{e}^{t\boldsymbol{Z}}=\boldsymbol{I}+t\begin{pmatrix}0 & 1 & & \\ & & \ddots & \\ & & \ddots & 1\\ & & & 0\end{pmatrix}+\frac{t^2}{2!}\begin{pmatrix}0 & 0 & 1 & & \\ & & & \ddots & \\ & & \ddots & & 1\\ & & & & 0\\ & & & & 0\end{pmatrix}+\cdots+$$

$$\frac{t^{n_i-1}}{(n_i-1)!}\begin{pmatrix}0 & \cdots & 0 & 1\\ & 0 & \cdots & 0\\ & & \ddots & \vdots\\ & & & 0\end{pmatrix}.$$

显然,

$$e^{\lambda_i tI}=I+\begin{pmatrix}\lambda_i t & & \\ & \ddots & \\ & & \lambda_i t\end{pmatrix}+\frac{1}{2!}\begin{pmatrix}\lambda_i^2 t^2 & & \\ & \ddots & \\ & & \lambda_i^2 t^2\end{pmatrix}+\cdots$$

$$=\begin{pmatrix}e^{\lambda_i t} & & \\ & \ddots & \\ & & e^{\lambda_i t}\end{pmatrix}=e^{\lambda_i t}I,$$

故

$$e^{tJi}=e^{\lambda_i tI}\cdot e^{tZ}=e^{\lambda_i t}\begin{pmatrix}1 & t & \frac{t^2}{2!} & \cdots & \frac{t^{n_i-1}}{(n_i-1)!}\\ & 1 & t & \cdots & \frac{t^{n_i-2}}{(n_i-2)!}\\ & & 1 & \ddots & \vdots\\ & & & \ddots & t\\ & & & & 1\end{pmatrix}_{n_i\times n_i}\tag{4.18}$$

进而考虑 Jordan 型矩阵 $J=\mathrm{diag}(J_1,J_2,\cdots,J_s)$. 我们要计算的基本解矩阵可以表述为

$$\begin{aligned}Pe^{tJ}&=(P_1,P_2,\cdots,P_s)\,\mathrm{diag}(e^{tJ_1},e^{tJ_2},\cdots,e^{tJ_s})\\&=(P_1e^{tJ_1},P_2e^{tJ_2},\cdots,P_se^{tJ_s}),\end{aligned}\tag{4.19}$$

其中 $P_i=(p_1,p_2,\cdots,p_{n_i})$ 为 P 的 $n\times n_i$ 子阵,由 n_i 个列向量构成. 考虑(4.19)式中 s 组列向量中的任意一组

$$P_ie^{tJ_i}=e^{\lambda_i t}\left(p_1,tp_1+p_2,\cdots,\frac{t^{n_i-1}}{(n_i-1)!}p_1+\cdots+p_{n_i}\right).$$

这表明 $P_ie^{tJ_i}$ 的每个列向量形如

$$x(t)=e^{\lambda_i t}\left(c_0+\frac{t}{1!}c_1+\cdots+\frac{t^{n_i-1}}{(n_i-1)!}c_{n_i-1}\right),\tag{4.20}$$

其中 $c_0,c_1,\cdots,c_{n_i-1}$ 待定. 这就是我们要寻求的基本解组的“有限和”表述.

三、重特征根情形结论

假设矩阵 $\boldsymbol{A}$ 有互异的特征值 $\lambda_1,\lambda_2,\cdots,\lambda_s$，其重数分别为 $n_1,n_2,\cdots,n_s$ 且 $n_1+n_2+\cdots+n_s=n$. 在 $\boldsymbol{A}$ 的 Jordan 标准形中，特征值 λ_i 对应的 Jordan 块可能不止一个. 但由上面的推导可以看到，在 $\boldsymbol{P}\mathrm{e}^{tJ}$ 中与 λ_i 对应的列向量都具有(4.20)式的形式，且这里(4.20)式中的 n_i 对应于 λ_i 的重数. 在下面我们还将用到如下的线性代数知识：

引理 4.2　设 $\boldsymbol{A}$ 有互异的特征值 $\lambda_1,\lambda_2,\cdots,\lambda_s$，重数分别为 $n_1,n_2,\cdots,n_s$ 且 $n_1+n_2+\cdots+n_s=n$. 则 $\mathbb{C}^n=V_1\oplus V_2\oplus\cdots\oplus V_s$，其中

$$V_i=\{\boldsymbol{c}\in\mathbb{C}^n:(\boldsymbol{A}-\lambda_i\boldsymbol{I})^{n_i}\boldsymbol{c}=\boldsymbol{0}\}$$

为 n_i 维线性子空间，它在 $\boldsymbol{A}$ 的作用下不变.

引理 4.3（待定系数 $\boldsymbol{c}_i$ 的确定）　设 λ_i 为 $\boldsymbol{A}$ 的 n_i 重特征值，则(4.20)式表述的函数 $\boldsymbol{x}(t)$ 是齐次线性方程组(4.14)的非零解，当且仅当 $\boldsymbol{c}_0,\boldsymbol{c}_1,\cdots,\boldsymbol{c}_{n_i-1}$ 满足

$$\begin{cases}(\boldsymbol{A}-\lambda_i\boldsymbol{I})^{n_i}\boldsymbol{c}_0=\boldsymbol{0}, \qquad \boldsymbol{c}_0\neq\boldsymbol{0},\\ \boldsymbol{c}_1=(\boldsymbol{A}-\lambda_i\boldsymbol{I})\boldsymbol{c}_0,\\ \boldsymbol{c}_2=(\boldsymbol{A}-\lambda_i\boldsymbol{I})\boldsymbol{c}_1,\\ \cdots\cdots\cdots\cdots\\ \boldsymbol{c}_{n_i-1}=(\boldsymbol{A}-\lambda_i\boldsymbol{I})\boldsymbol{c}_{n_i-2}.\end{cases} \tag{4.21}$$

证明　将待定式(4.20)代入方程组(4.14)，并消去等式两边的公因子 $\mathrm{e}^{\lambda_i t}$ 得

$$(\boldsymbol{A}-\lambda_i\boldsymbol{I})\left(\boldsymbol{c}_0+\frac{t}{1!}\boldsymbol{c}_1+\frac{t^2}{2!}\boldsymbol{c}_2+\cdots\right)=\boldsymbol{c}_1+\frac{t}{1!}\boldsymbol{c}_2+\frac{t^2}{2!}\boldsymbol{c}_3+\cdots.$$

比较 t 同次幂的系数得到

$$(\boldsymbol{A}-\lambda_i\boldsymbol{I})\boldsymbol{c}_0=\boldsymbol{c}_1,\ \cdots,\ (\boldsymbol{A}-\lambda_i\boldsymbol{I})\boldsymbol{c}_{n_i-2}=\boldsymbol{c}_{n_i-1},\ (\boldsymbol{A}-\lambda_i\boldsymbol{I})\boldsymbol{c}_{n_i-1}=\boldsymbol{0}.$$

从而 $(\boldsymbol{A}-\lambda_i\boldsymbol{I})^k\boldsymbol{c}_0=\boldsymbol{c}_k$ 且 $(\boldsymbol{A}-\lambda_i\boldsymbol{I})^{n_i}\boldsymbol{c}_0=\boldsymbol{0}$. 这就得到(4.21)式. 显然 $\boldsymbol{c}_0$ 必为(4.21)式第一个方程的非零解，否则可以递推出 $\boldsymbol{c}_1=\boldsymbol{c}_2=\cdots=\boldsymbol{c}_{n_i-1}=\boldsymbol{0}$. 从而只获得平凡解 $\boldsymbol{x}(t)\equiv\boldsymbol{0}$. □

据此我们得到本节最重要的定理.

定理 4.6　假设 n 阶方阵 $\boldsymbol{A}$ 有互不相同的特征值 $\lambda_1,\lambda_2,\cdots,\lambda_s$，重数为 $n_1,n_2,\cdots,n_s$ 且 $n_1+n_2+\cdots+n_s=n$. 则齐次线性方程组(4.14)有基本解组

$$
\begin{aligned}
&\mathrm{e}^{\lambda_1 t}\boldsymbol{P}_1^{(1)}(t),\mathrm{e}^{\lambda_1 t}\boldsymbol{P}_2^{(1)}(t),\cdots,\mathrm{e}^{\lambda_1 t}\boldsymbol{P}_{n_1}^{(1)}(t),\\
&\mathrm{e}^{\lambda_2 t}\boldsymbol{P}_1^{(2)}(t),\mathrm{e}^{\lambda_2 t}\boldsymbol{P}_2^{(2)}(t),\cdots,\mathrm{e}^{\lambda_2 t}\boldsymbol{P}_{n_2}^{(2)}(t),\\
&\cdots\\
&\mathrm{e}^{\lambda_s t}\boldsymbol{P}_1^{(s)}(t),\mathrm{e}^{\lambda_s t}\boldsymbol{P}_2^{(s)}(t),\cdots,\mathrm{e}^{\lambda_s t}\boldsymbol{P}_{n_s}^{(s)}(t),
\end{aligned}
\tag{4.22}
$$

这里

$$
\boldsymbol{P}_j^{(i)}(t)=\boldsymbol{c}_{j0}^{(i)}+\frac{t}{1!}\boldsymbol{c}_{j1}^{(i)}+\cdots+\frac{t^{n_i-1}}{(n_i-1)!}\boldsymbol{c}_{j(n_i-1)}^{(i)}\quad(j=1,2,\cdots,n_i)
\tag{4.23}
$$

是相应于 λ_i 的某个向量多项式，共有 n_i 个，其中

(i) 零次项向量 $\boldsymbol{c}_{10}^{(i)},\boldsymbol{c}_{20}^{(i)}\cdots,\boldsymbol{c}_{n_i0}^{(i)}$ 为(4.21)第一个方程的 n_i 个线性无关解，亦即引理 4.2 中不变子空间 V_i 的一组基，

(ii) 向量多项式(4.23)中的系数向量 $\boldsymbol{c}_{j1}^{(i)},\boldsymbol{c}_{j2}^{(i)},\cdots,\boldsymbol{c}_{j(n_i-1)}^{(i)}$ 由零次项向量 $\boldsymbol{c}_{j0}^{(i)}$ 和引理 4.3 的递推公式(4.21)确定.

该定理表明，在引理 4.2 的分解中 V_i 有 n_i 个基向量，每个基向量确定一个向量多项式 $\boldsymbol{P}_j^{(i)}(t)$. 另外，当 $\boldsymbol{A}$ 是实矩阵时，我们可取实部和虚部来给出实的基本解组.

证明　由引理 4.3 知，(4.22)式中 n 个函数都是齐次线性方程组(4.14)的解. 下面验证这 n 个解线性无关. 令这 n 个解组成的基本解矩阵为 $\boldsymbol{X}(t)$. 易见

$$
\boldsymbol{X}(0)=(\boldsymbol{c}_{10}^{(1)},\cdots,\boldsymbol{c}_{n_10}^{(1)};\boldsymbol{c}_{10}^{(2)},\cdots,\boldsymbol{c}_{n_20}^{(2)};\cdots;\boldsymbol{c}_{10}^{(s)},\cdots,\boldsymbol{c}_{n_s0}^{(s)})
\tag{4.24}
$$

完全由“零次项向量”构成. 由引理 4.2，子空间

$$
V_i=\{\boldsymbol{c}\in\mathbb{C}^n:(\boldsymbol{A}-\lambda_i\boldsymbol{I})^{n_i}\boldsymbol{c}=\boldsymbol{0}\}
$$

为 n_i 维，故从(4.21)第一式的线性方程组必恰能解出 n_i 个线性无关的向量 $\boldsymbol{c}_{10}^{(i)},\cdots,\boldsymbol{c}_{n_i0}^{(i)}$. 因此，(4.24)式的列向量组成 $\mathbb{C}^n$ 的一组基，即 Wronski 行列式 $\det\boldsymbol{X}(0)\neq 0$. 从而定理得证.　□

例 4.5　求解方程组

$$
\frac{\mathrm{d}\boldsymbol{x}}{\mathrm{d}t}=\begin{pmatrix}0&1&-1\\1&1&0\\1&0&1\end{pmatrix}\boldsymbol{x}.
$$

解　从 $\det(\lambda\boldsymbol{I}-\boldsymbol{A})=\lambda(\lambda-1)^2$ 得到单根 $\lambda_1=0$ 和二重根 $\lambda_2=1$. 对 $\lambda_1=0$，为求 $(\boldsymbol{A}-\lambda_1\boldsymbol{I})\boldsymbol{c}=\boldsymbol{0}$ 的非平凡解，我们对 $\boldsymbol{A}-\lambda_1\boldsymbol{I}$ 作初等行变换

$$(A-\lambda_1 I)=\begin{pmatrix}0&1&-1\\1&1&0\\1&0&1\end{pmatrix}\to\begin{pmatrix}1&2&-1\\0&-1&1\\0&0&0\end{pmatrix},$$

从而通过确定基础解系得到 $c_1=(-1,1,1)^{\mathrm{T}}$.

再对 $\lambda_2=1$ 求 $(A-\lambda_2 I)^2 c=\mathbf{0}$ 的非平凡解,由于

$$(A-\lambda_2 I)^2=\begin{pmatrix}-1&1&-1\\1&0&0\\1&0&0\end{pmatrix}^2=\begin{pmatrix}1&-1&1\\-1&1&-1\\-1&1&-1\end{pmatrix}\to\begin{pmatrix}1&-1&1\\0&0&0\\0&0&0\end{pmatrix},$$

容易得到两个线性无关的解 $c_{20}=(1,1,0)^{\mathrm{T}}$ 和 $c_{30}=(-1,0,1)^{\mathrm{T}}$. 代入(4.21)式递推得

$$c_{21}=(A-\lambda_2 I)c_{20}=(0,1,1)^{\mathrm{T}},$$

$$c_{31}=(A-\lambda_2 I)c_{30}=(0,-1,-1)^{\mathrm{T}}.$$

最后得到基本解矩阵

$$X(t)=\left(c_1 \mathrm{e}^{\lambda_1 t},\mathrm{e}^{\lambda_2 t}\left(c_{20}+\frac{t}{1!}c_{21}\right),\mathrm{e}^{\lambda_2 t}\left(c_{30}+\frac{t}{1!}c_{31}\right)\right)$$

$$=\begin{pmatrix}-1&\mathrm{e}^t&-\mathrm{e}^t\\1&(1+t)\mathrm{e}^t&-t\mathrm{e}^t\\1&t\mathrm{e}^t&(1-t)\mathrm{e}^t\end{pmatrix}.$$

因此通解为

$$x(t)=C_1\begin{pmatrix}-1\\1\\1\end{pmatrix}+C_2\begin{pmatrix}1\\1+t\\t\end{pmatrix}\mathrm{e}^t+C_3\begin{pmatrix}-1\\-t\\1-t\end{pmatrix}\mathrm{e}^t,$$

其中 C_1,C_2,C_3 为任意常数.

习题 4.3

*1. 由高阶线性微分方程组成的方程组可以表述为算子形式

$$\begin{pmatrix} a_{11}(\mathrm{D}) & \cdots & a_{1n}(\mathrm{D}) \\ \vdots & & \vdots \\ a_{n1}(\mathrm{D}) & \cdots & a_{nn}(\mathrm{D}) \end{pmatrix} \begin{pmatrix} x_1 \\ \vdots \\ x_n \end{pmatrix} = \begin{pmatrix} f_1(t) \\ \vdots \\ f_n(t) \end{pmatrix},$$

其中矩阵系数都是算子多项式. 用 Cramér(克拉默)法则解出

$$x_i(t) = \frac{\det \boldsymbol{\Delta}_i}{\det \boldsymbol{\Delta}}, \quad i=1,2,\cdots,n,$$

其中

$$\boldsymbol{\Delta} = \begin{pmatrix} a_{11}(\mathrm{D}) & \cdots & a_{1n}(\mathrm{D}) \\ \vdots & & \vdots \\ a_{n1}(\mathrm{D}) & \cdots & a_{nn}(\mathrm{D}) \end{pmatrix},$$

$$\boldsymbol{\Delta}_i = \begin{pmatrix} a_{11}(\mathrm{D}) & \cdots & a_{1(i-1)}(\mathrm{D}) & f_1(t) & a_{1(i+1)}(\mathrm{D}) & \cdots & a_{1n}(\mathrm{D}) \\ \vdots & & \vdots & \vdots & \vdots & & \vdots \\ a_{n1}(\mathrm{D}) & \cdots & a_{n(i-1)}(\mathrm{D}) & f_n(t) & a_{n(i+1)}(\mathrm{D}) & \cdots & a_{nn}(\mathrm{D}) \end{pmatrix}.$$

显然 Δ_i 是一个可以计算的已知函数 $\Delta_i(t)$,而 Δ 仍为算子多项式. 从而问题简化为对每个 $i=1,2,\cdots,n$ 求解算子形式的单个的高阶线性微分方程 $\Delta x_i=\Delta_i$. 试用这种思想求解方程组

$$\begin{cases} \dot{x}_1-\dot{x}_2+x_1=-t, \\ \ddot{x}_1-\dot{x}_2+3x_1-x_2=\mathrm{e}^{2t}. \end{cases}$$

2. 试用矩阵指数函数思想理解并证明定理 4.4.

3. 求解下列方程组:

(1) $\dfrac{\mathrm{d}x}{\mathrm{d}t}=-3x+48y-28z,\ \dfrac{\mathrm{d}y}{\mathrm{d}t}=-4x+40y-22z,\dfrac{\mathrm{d}z}{\mathrm{d}t}=-6x+57y-31z;$

(2) $\dfrac{\mathrm{d}x}{\mathrm{d}t}=y,\ \dfrac{\mathrm{d}y}{\mathrm{d}t}=-x;$

(3) $\dfrac{\mathrm{d}x}{\mathrm{d}t}=-5x-10y-20z,\ \dfrac{\mathrm{d}y}{\mathrm{d}t}=5x+5y+10z,\dfrac{\mathrm{d}z}{\mathrm{d}t}=2x+4y+9z;$

(4) $\dfrac{\mathrm{d}x}{\mathrm{d}t}=3x-y,\dfrac{\mathrm{d}y}{\mathrm{d}t}=-4x-y,\dfrac{\mathrm{d}z}{\mathrm{d}t}=4x-8y-2z;$

(5) $\dfrac{\mathrm{d}x}{\mathrm{d}t}=9x-5y,\quad \dfrac{\mathrm{d}y}{\mathrm{d}t}=-y+5z,\dfrac{\mathrm{d}z}{\mathrm{d}t}=-y+5z;$

(6) $\dfrac{\mathrm{d}x}{\mathrm{d}t}=3x-2y,\quad \dfrac{\mathrm{d}y}{\mathrm{d}t}=-2x+3y,\dfrac{\mathrm{d}z}{\mathrm{d}t}=5z;$

(7) $\dfrac{\mathrm{d}x}{\mathrm{d}t}=2x+y+3z,\quad \dfrac{\mathrm{d}y}{\mathrm{d}t}=2y-z,\dfrac{\mathrm{d}z}{\mathrm{d}t}=2z.$

*4. 给定齐次方程组 $\dot{\boldsymbol{x}}=\boldsymbol{A}\boldsymbol{x}$,其中 $\boldsymbol{A}$ 为常数值矩阵. 证明:

(1) 若 $\boldsymbol{A}$ 的所有特征值实部都小于 0,则所有解当 $t\to+\infty$ 时趋于 $\mathbf{0}$;

(2) 若 $\boldsymbol{A}$ 的所有特征值实部都小于等于 0 且零实部的特征值都是单根,则一切解 $\forall t\geqslant 0$ 都有界;

(3) 若 $\boldsymbol{A}$ 有一个特征值实部大于 0,则有解当 $t\to+\infty$ 时趋于无穷.

§ 4.4　应用:机械振动

我们现在回过头来讨论在本书第一章例 1.3 中遇到的弹性振动问题. 我们已经得到运动方程

$$m\ddot{x}+a\dot{x}+bx=0\qquad(a\geqslant 0,b>0).\tag{4.25}$$

我们分成下面四种情况讨论方程(4.25)的解.

1) 无阻尼自由振动

这时 $a=0$,方程为

$$\ddot{x}+\omega^2x=0,\tag{4.26}$$

其中 $\omega^2=\dfrac{b}{m}$. 它描述了物体的自由振动.

从 $\lambda^2+\omega^2=0$ 解得一对共轭虚根 $\lambda_{1,2}=\pm\omega\mathrm{i}$. 故通解为

$$x(t)=C_1\cos\omega t+C_2\sin\omega t.$$

若初值条件为 $x(0)=x_0,\dot{x}(0)=x'_0$,代入通解则可确定常数 C_1 和 C_2,从而得到

$$x(t)=x_0\cos\omega t+\frac{x'_0}{\omega}\sin\omega t=A\cos(\omega t+\varphi),\tag{4.27}$$

其中

$$A=\sqrt{x_0^2+\frac{x'^2_0}{\omega^2}},\qquad\varphi=\arctan\left(\frac{-x'_0}{x_0\omega}\right).$$

对(4.27)式的物理解释是,物体的自由振荡是具有确定的周期 $T=\dfrac{2\pi}{\omega}$(称为固有周期)、确定的振幅 A(称为固有振幅)和确定的初相位 φ(称为固有初相位)的周期振动,称为简谐振动,见图 4.1.

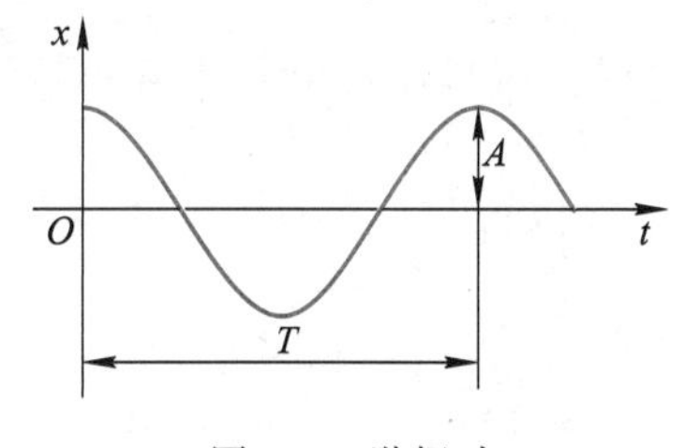

图 4.1　谐振动

2) 有阻尼自由振动

这时 $a>0$,方程为

$$\ddot{x}+2\delta\dot{x}+\omega^2x=0,\tag{4.28}$$

其中 $2\delta=\dfrac{a}{m},\omega^2=\dfrac{b}{m}$. 从 $\lambda^2+2\delta\lambda+\omega^2=0$ 求得特征根

$$\lambda_{1,2}=-\delta\pm\sqrt{\delta^2-\omega^2},$$

易见实部 $\Re\lambda_{1,2}<0$. 讨论判别式 $\Delta=\delta^2-\omega^2$ 得知：

（1）当 $\delta>\omega$ 时，有两个实根 $-\lambda_1,-\lambda_2$；

（2）当 $\delta=\omega$ 时，有一个实重根 $-\lambda$；

（3）当 $\delta<\omega$ 时，有一对共轭复根 $-\alpha\pm\mathrm{i}\beta$.

故在三种情况下分别得到解的表达式：

（1）$x(t)=C_1\mathrm{e}^{-\lambda_1 t}+C_2\mathrm{e}^{-\lambda_2 t}$；

（2）$x(t)=C_1\mathrm{e}^{-\lambda t}+C_2t\mathrm{e}^{-\lambda t}$；

（3）$x(t)=C_1\mathrm{e}^{-\alpha t}\cos\beta t+C_2\mathrm{e}^{-\alpha t}\sin\beta t$.

显然在三种情形下运动都渐弱，最终趋于平衡位置 0. 情形（3）称为阻尼谐振，它在初值条件 $x(0)=x_0,\dot{x}(0)=x'_0$ 下通过确定常数 C_1,C_2 的值而得到

$$x(t)=\mathrm{e}^{-\alpha t}\left(x_0\cos\beta t+\frac{x'_0+\alpha x_0}{\beta}\sin\beta t\right)$$

$$=A\mathrm{e}^{-\alpha t}\cos(\beta t+\psi),$$

其中

$$A=\sqrt{x_0^2+\frac{(\alpha x_0+x'_0)^2}{\beta^2}},\qquad \psi=-\arctan\left(\frac{x'_0+\alpha x_0}{\beta x_0}\right).$$

这表明尽管振幅越来越小，但周期 $T=\dfrac{2\pi}{\beta}$ 保持恒定，见图 4.2. 这个周期称为假定周期. 此外，在情形（1）和（2）下不呈现振动特性，称为有限运动，见图 4.3 或图 4.4. 从阻尼谐振到有限运动的转换有一个临界参数值 $\delta=\omega$，称为阻尼临界值，在此恰好抑制振动.

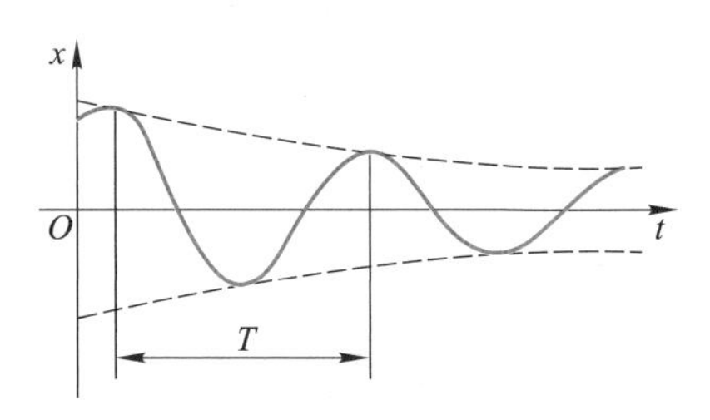

图 4.2　阻尼谐振

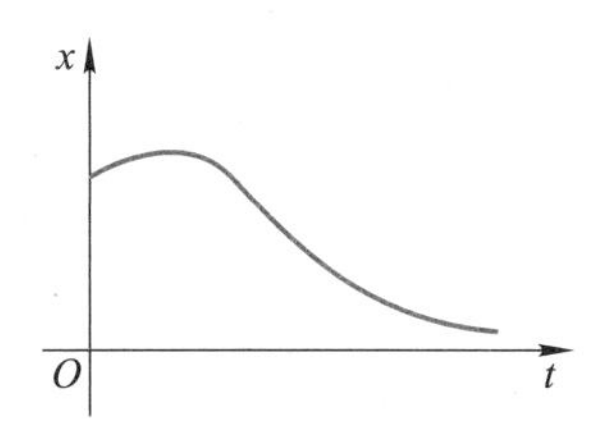

图 4.3　有限运动

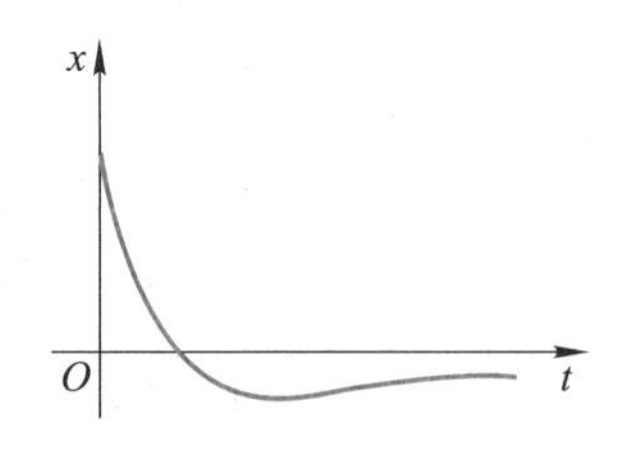

图 4.4　有限运动

3) 无阻尼强迫振动

在外力强迫下的无阻尼振动,其方程为

$$\ddot{x}+\omega^2 x=\frac{F_0}{m}\cos pt, \tag{4.29}$$

其中 $F_0\cos pt$ 为周期外力.

如果强迫频率不同于固有频率,即 $p\neq\omega$,我们用算子解法求特解得

$$\begin{aligned}x(t)&=\frac{1}{\mathrm{D}^2+\omega^2}\cdot\frac{F_0}{m}\cos pt\\&=\frac{F_0}{m}\cdot\frac{1}{-p^2+\omega^2}\cos pt\\&=\frac{F_0/b}{1-(p/\omega)^2}\cos pt.\end{aligned}$$

故通解为

$$x(t)=C_1\cos\omega t+C_2\sin\omega t+\frac{F_0/b}{1-(p/\omega)^2}\cos pt. \tag{4.30}$$

因此它是固有振动与强迫振动的合成,通常不是简谐振动. 然而,当两个频率非常接近时,即 $p\approx\omega$ 的情形,一种被称为拍振的现象则凸显出来. 这时频率可看作固定而振幅时大时小. 为看清楚这一现象,取初值条件 $x(0)=0,\dot{x}(0)=0$. 通过确定(4.30)式中的常数 C_1,C_2,得到

$$\begin{aligned}x(t)&=\frac{F_0/b}{1-(p/\omega)^2}(\cos pt-\cos\omega t)\\&=\frac{2F_0/b}{1-(p/\omega)^2}\sin\left(\frac{\omega-p}{2}t\right)\sin\left(\frac{\omega+p}{2}t\right).\end{aligned}$$

这样可以看作一个具有“交变振幅”的简谐振动,振幅的变化周期为 $\tau=\dfrac{2\pi}{\omega-p}$,交变振幅的频率 $\dfrac{\omega-p}{2}$ 极小,与谐振频率 $\dfrac{\omega+p}{2}$ 形成鲜明对比,见图 4.5. 我们将 $\omega-p$ 称为拍频.

如果强迫频率与固有频率相等,即 $p=\omega$,则将发生共振现象. 在这种条件下用算子解法求得特解

$$x(t)=\frac{1}{\mathrm{D}^2+\omega^2}\left(\frac{F_0}{m}\cos\omega t\right)=\frac{F_0}{2m\omega}t\sin\omega t.$$

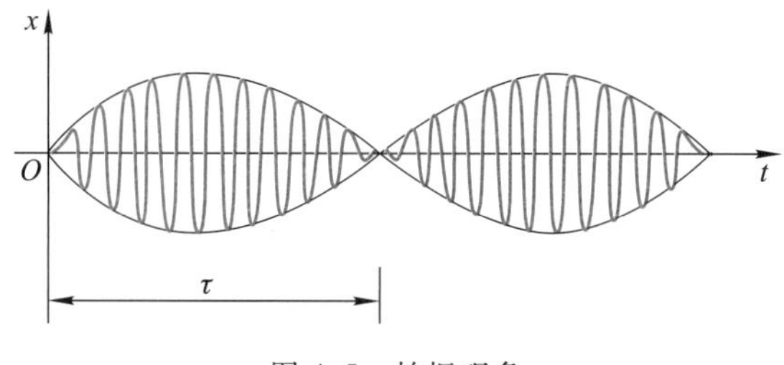

图 4.5　拍振现象

它表明在振动中振幅逐渐加大而最终趋于无穷.

4）有阻尼强迫振动

在外力强迫下的有阻尼振动,其方程为

$$\ddot{x}+2\delta\dot{x}+\omega^2x=\frac{F_0}{m}\cos pt, \tag{4.31}$$

其中 $F_0\cos pt$ 为周期外力而 $\delta>0$. 考虑辅助方程

$$\ddot{z}+2\delta\dot{z}+\omega^2z=\frac{F_0}{m}\mathrm{e}^{\mathrm{i}pt}.$$

用算子解法求特解得到

$$\begin{aligned}x(t)&=\Re z(t)=\Re\left(\frac{1}{\mathrm{D}^2+2\delta\mathrm{D}+\omega^2}\left(\frac{F_0}{m}\mathrm{e}^{\mathrm{i}pt}\right)\right)\\&=\Re\left(\frac{F_0}{m}\cdot\frac{1}{(\mathrm{i}p)^2+2\delta(\mathrm{i}p)+\omega^2}\mathrm{e}^{\mathrm{i}pt}\right)\\&=A\cos(pt+\varphi),\end{aligned}$$

其中

$$A=\frac{F_0/m}{\sqrt{(\omega^2-p^2)^2+4\delta^2p^2}},\qquad \varphi=\arctan\left(\frac{2\delta p}{p^2-\omega^2}\right).$$

这表明频率被强迫频率 p 锁定,即系统的固有频率 ω 完全被 p 掩盖,系统按频率 p 来振动.

进而,将振幅看作 p 的函数并配成完全平方,我们得到

$$A(p)=\frac{F_0/m}{\sqrt{(p^2-(\omega^2-2\delta^2))^2+(4\delta^2\omega^2-4\delta^4)}}.$$

显然,当 $p=\hat{p}\xlongequal{\text{def}}\sqrt{\omega^2-2\delta^2}$ 时振幅 A 达到最大值,因此我们也认为发生了共振现象. $\hat{p}$ 称为共振频率. 特别在无阻尼时, $\hat{p}=\omega$.

习题 4.4

1. 1 kg 的重物悬挂在一弹簧上,使它伸长了$\frac{49}{320}$ m 后处于平衡位置. 今自平衡位置将重物拉下$\frac{1}{4}$ m 后放手,使其自由振动. 现不计空气阻力,求其振动规律. ($g=9.8\ \mathrm{m/s^2}$.)

2. 考虑一个由电感 L 和电容 C 串联组成的简单闭合电路. 试证电容器上的电位差 $v(t)$ 是关于时刻 t 的周期函数.

3. 考虑一个由电感 L,电容 C 和电源 E 串联组成的简单闭合电路,其中 $E=E_0\sin\omega t$. 试证当 $\omega=\frac{1}{\sqrt{LC}}$时,将发生共振现象,且当 $t\to+\infty$ 时,电位差 $v(t)$ 变得无界.

第五章

一般理论

在多数情况下，显然利用已知函数(例如求积分得到的函数)去积分这些方程根本不可能. 因此，如果局限于那些可以通过有限或无限积分处理的情况，那么可研究的领域将非常有限，而且应用中出现的大量问题也将无法解决.

——Henri Poincaré(亨利·庞加莱，1854—1912)

第三章线性微分方程理论的基石是解的存在唯一性定理. 对于一般的非线性问题，我们自然也希望有这样的结果. 尤其是第二章最后，我们指出将更注重对微分方程的解的属性的研究. 因此，首先一个自然的问题就是定解问题，特别地，一个初值问题的解是否存在? 如果存在是否唯一? 这是一个重要而基本的问题. 由于能够用有限初等的形式求解的初值问题只是极少数，因而微分方程的近似解法有着重要的意义. 而解的存在唯一性是微分方程的近似解法的前提，因为如果解根本不存在，去求其近似值是没有意义的，如果解存在但不唯一，我们也无法确定要逼近的是哪一个解，问题本身也就不明确. 我们在第二章学习奇解的时候已经碰到了大量的解存在但不唯一的例子. 这些例子表明只有在一定的条件下，初值问题的解才是唯一的. 本章将介绍的 Picard 存在唯一性定理指出，在较一般的情况下初值问题的解存在而且唯一. 这就圆满地回答了这一基本问题. 另一方面，在本章将介绍的 Peano(佩亚诺)存在定理指出，在更宽的条件下尽管我们无法保证初值问题的解唯一，但我们能够保证解是存在的. 延拓定理更进一步指出了初值问题的解的存在范围. 这三个重要定理是我们研究微分方程的解的重要基础.

在实际应用中，一个初值问题的初始值往往是由实验测定的；同时，微分方程本身也带有许多控制参数，它们确定了一个系统在各种不同条件下的运行规律. 它们也往往是由实验测定的，从而带有误差. 因此一个重要的问题就是当初始值或控制参数发生微小改变后，解的性态如何随之改变? 在本章关于解对初值和参数的连续依赖性及可微性的讨论中我们展开了对这个问题的研究. 在这些进一步的研究中我们需要微分不等式和比较定理等重要工具. 我们将看到,对解的存在性和唯一性的研究不仅检验了数学模型的合理性,而且提供了近似求解的方法.

§ 5.1 Picard 存在唯一性定理

我们主要研究一阶规范形式的微分方程组

$$\frac{\mathrm{d}x_i}{\mathrm{d}t}=f_i(t,x_1,x_2,\cdots,x_n)\quad(i=1,2,\cdots,n),\tag{5.1}$$

其中 f_i 是 $t,x_1,x_2,\cdots,x_n$ 的已知函数. 这并不失一般性,因为在第一章我们已指出任何高阶规范形式的微分方程或微分方程组均可化为形如(5.1)的一阶规范形式的微分方程组. 令

$$\boldsymbol{x}=\begin{pmatrix}x_1\\x_2\\\vdots\\x_n\end{pmatrix},\ \boldsymbol{f}(t,\boldsymbol{x})=\begin{pmatrix}f_1(t,x_1,x_2,\cdots,x_n)\\f_2(t,x_1,x_2,\cdots,x_n)\\\vdots\\f_n(t,x_1,x_2,\cdots,x_n)\end{pmatrix},$$

则微分方程组(5.1)可写成如下形式:

$$\frac{\mathrm{d}\boldsymbol{x}}{\mathrm{d}t}=\boldsymbol{f}(t,\boldsymbol{x}),\tag{5.2}$$

当 $n=1$ 时,这就是一个一阶微分方程. 本章中我们往往只对 $n=1$ 的情况叙述和证明有关定理. 对一般情况,定理的陈述和证明完全是类似的.

在本节我们考虑微分方程

$$\frac{\mathrm{d}x}{\mathrm{d}t}=f(t,x)\tag{5.3}$$

及相应的初值问题:

$$\frac{\mathrm{d}x}{\mathrm{d}t}=f(t,x),\quad x(t_0)=x_0,\tag{5.4}$$

其中 $f(t,x)$ 在矩形区域

$$R=\{(t,x)\in\mathbb{R}^2:|t-t_0|\leqslant a,\ |x-x_0|\leqslant b\}$$

上连续. 称 $f(t,x)$ 在 R 上关于 x 满足 **Lipschitz(利普希茨)条件**,如果存在常数 L,

使得对任意的$(t,x_1)\in R$及$(t,x_2)\in R$,不等式

$$|f(t,x_1)-f(t,x_2)|\leqslant L|x_1-x_2|$$

都成立,L称为**Lipschitz 常数**. 我们有如下的 Picard 存在唯一性定理:

定理 5.1　若$f(t,x)$在R上连续且关于x满足 Lipschitz 条件,Lipschitz 常数为L,则初值问题(5.4)在区间$I=[t_0-h,t_0+h]$上的解存在且唯一. 其中

$$h=\min\left\{a,\frac{b}{M}\right\},\quad M=\max\{|f(t,x)|:(t,x)\in R\}.$$

证明　我们用 Picard 逐次逼近法证明这个定理,为了简单起见,只就区间$[t_0,t_0+h]$来讨论,区间$[t_0-h,t_0]$的讨论完全类似. 证明共分五步完成.

第一步　同第三章的存在唯一性定理证明一样,初值问题(5.4)等价于如下的积分方程:

$$x(t)=x_0+\int_{t_0}^{t}f(\tau,x(\tau))\mathrm{d}\tau. \tag{5.5}$$

第二步　构造 Picard 迭代序列$\{\varphi_n(t)\}$,其中$\varphi_0(t)\equiv x_0$,且

$$\varphi_n(t)=x_0+\int_{t_0}^{t}f(\tau,\varphi_{n-1}(\tau))\mathrm{d}\tau,\quad n=1,2,\cdots, \tag{5.6}$$

图 5.1　Picard 逐次逼近法是法国数学家 É. Picard(1856—1941)构造的

这里$t\in[t_0,t_0+h]$. 我们用数学归纳法证明对所有的n,函数$\varphi_n(t)$在区间$[t_0,t_0+h]$上有定义、连续且满足不等式

$$|\varphi_n(t)-x_0|\leqslant b.$$

事实上,当$n=0$时上述结论显然成立. 假设当$n=k$时这一命题成立. 那么当$n=k+1$时,由于$|\varphi_k(\tau)-x_0|\leqslant b$,故$f(\tau,\varphi_k(\tau))$在区间$[t_0,t_0+h]$上有定义且连续. 从而$\varphi_{k+1}(t)$按(5.6)式定义方式在区间$[t_0,t_0+h]$上有意义且连续. 并且

$$|\varphi_{k+1}(t)-x_0|\leqslant\int_{t_0}^{t}|f(\tau,\varphi_k(\tau))|\mathrm{d}\tau\leqslant M(t-t_0)\leqslant Mh\leqslant b.$$

故当$n=k+1$时,命题也成立.

第三步　函数序列$\{\varphi_n(t)\}$在区间$[t_0,t_0+h]$上一致收敛.

为证明这一点,只需证明级数

$$\varphi_0(t)+\sum_{k=1}^{\infty}(\varphi_k(t)-\varphi_{k-1}(t)),\quad t\in[t_0,t_0+h]$$

在区间$[t_0,t_0+h]$上一致收敛,因为它的前n项之和为$\varphi_n(t)$. 类似第三章的存在唯

一性定理,用数学归纳法容易证明在区间$[t_0,t_0+h]$上成立不等式

$$|\varphi_k(t)-\varphi_{k-1}(t)|\leqslant\frac{ML^{k-1}}{k!}(t-t_0)^k.$$

由此,当$t\in[t_0,t_0+h]$时有

$$|\varphi_k(t)-\varphi_{k-1}(t)|\leqslant\frac{ML^{k-1}}{k!}h^k.$$

用比值判别法容易知道,数值级数

$$\sum_{k=1}^{\infty}\frac{ML^{k-1}}{k!}h^k$$

收敛,因此所论函数项级数在区间$[t_0,t_0+h]$上一致收敛.从而函数序列$\{\varphi_n(t)\}$在区间$[t_0,t_0+h]$上一致收敛.

设

$$\lim_{n\to\infty}\varphi_n(t)=\varphi(t),$$

则$\varphi(t)$在区间$[t_0,t_0+h]$上有定义,连续且满足不等式

$$|\varphi(t)-x_0|\leqslant b.$$

第四步　证明$x(t)=\varphi(t)$是积分方程(5.5)的解.由 Lipschitz 条件得

$$|f(t,\varphi_n(t))-f(t,\varphi_{n-1}(t))|\leqslant L|\varphi_n(t)-\varphi_{n-1}(t)|,$$

再由连续函数序列$\{\varphi_n(t)\}$在区间$[t_0,t_0+h]$上一致收敛于连续函数$\varphi(t)$的事实,知连续函数序列$\{f(t,\varphi_n(t))\}$在区间$[t_0,t_0+h]$上一致收敛于连续函数$f(t,\varphi(t))$.由此得

$$\begin{aligned}\lim_{n\to\infty}\varphi_n(t)&=x_0+\lim_{n\to\infty}\int_{t_0}^{t}f(\tau,\varphi_{n-1}(\tau))\,\mathrm{d}\tau\\&=x_0+\int_{t_0}^{t}\lim_{n\to\infty}f(\tau,\varphi_{n-1}(\tau))\,\mathrm{d}\tau,\end{aligned}$$

即

$$\varphi(t)=x_0+\int_{t_0}^{t}f(\tau,\varphi(\tau))\,\mathrm{d}\tau.$$

因此$x(t)=\varphi(t)$是积分方程(5.5)的连续解,从而也是初值问题(5.4)在区间$[t_0,t_0+h]$上的连续解.

第五步　最后我们采用与第三章的存在唯一性定理证明不同的方法,证明初值问题(5.4)在区间$[t_0,t_0+h]$上的解唯一.设$\varphi(t)$和$\psi(t)$均为初值问题(5.4)在

区间$[t_0,t_0+h]$上的解，则$\varphi(t)$和$\psi(t)$在区间$[t_0,t_0+h]$上分别满足积分方程

$$\varphi(t)=x_0+\int_{t_0}^{t}f(\tau,\varphi(\tau))\mathrm{d}\tau,$$

$$\psi(t)=x_0+\int_{t_0}^{t}f(\tau,\psi(\tau))\mathrm{d}\tau.$$

两式相减并由 Lipschitz 条件得

$$\begin{aligned}|\varphi(t)-\psi(t)|&\leqslant\int_{t_0}^{t}|f(\tau,\varphi(\tau))-f(\tau,\psi(\tau))|\mathrm{d}\tau,\\&\leqslant L\int_{t_0}^{t}|\varphi(\tau)-\psi(\tau)|\mathrm{d}\tau.\end{aligned}\tag{5.7}$$

令$v(t)$表示不等式(5.7)右端的积分，即

$$v(t)=\int_{t_0}^{t}|\varphi(\tau)-\psi(\tau)|\mathrm{d}\tau,$$

则$v(t)$在$[t_0,t_0+h]$上连续可微，$v(t)\geqslant 0$，并满足不等式$v'(t)\leqslant Lv(t)$或等价地，

$$\frac{\mathrm{d}}{\mathrm{d}t}(\mathrm{e}^{-L(t-t_0)}v(t))\leqslant 0.$$

故函数$\mathrm{e}^{-L(t-t_0)}v(t)$在$[t_0,t_0+h]$上单调下降，因此，$\forall t\in[t_0,t_0+h]$，

$$0\leqslant \mathrm{e}^{-L(t-t_0)}v(t)\leqslant v(t_0)=0,$$

从而在$[t_0,t_0+h]$上，$v(t)\equiv 0$，即$\varphi(t)\equiv\psi(t)$.

综合第一至第五步，我们就完成了对 Picard 存在唯一性定理的证明. □

Picard 存在唯一性定理中的h有明显的几何意义，我们以$h=\dfrac{b}{M}$为例来说明这一点. 参看图 5.2，定理 5.1 表明初值问题(5.4)的解$x=\varphi(t)$在区间$[t_0-h,t_0+h]$上存在. 由于积分曲线$x=\varphi(t)$的切线斜率介于直线A_1B_2的斜率M和直线A_2B_1的斜率$-M$之间，因此易知，当$t\in[t_0-h,t_0+h]$时积分曲线$x=\varphi(t)$包含在由三角形A_1PB_1和三角形A_2PB_2形成的区域内，从而也包含在矩形区域R内. 在定理证明过程中构造的 Picard 迭代序列$\{\varphi_n(t)\}$在区间$[t_0,t_0+h]$上有定义，并且我们实际上证明了所有的$\varphi_n(t)$都包含在三角形区域A_2PB_2内，从而其极限，即初值问题(5.4)的解$x=\varphi(t)$也包含在三角形区域A_2PB_2内.

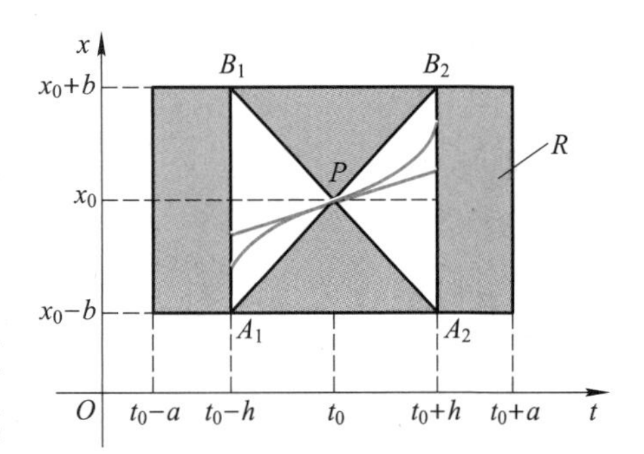

图 5.2 Picard 存在唯一性定理中 h 的几何意义

注 5.1　在实际应用中，Lipschitz 条件往往难以检验. 这时我们常常用$\dfrac{\partial f}{\partial x}$在 R 上存在且连续来代替. 因为若$\dfrac{\partial f}{\partial x}$在 R 上存在且连续，则必有界，不妨设

$$L=\max\left\{\left|\frac{\partial f}{\partial x}\right|:(t,x)\in R\right\},$$

由 Lagrange（拉格朗日）中值定理，对任意的$(t,x_1)\in R$及$(t,x_2)\in R$，均存在介于 x_1 及 x_2 之间的数 ξ，使得

$$|f(t,x_1)-f(t,x_2)|=\left|\frac{\partial f(t,\xi)}{\partial x}(x_1-x_2)\right|\leqslant L|x_1-x_2|.$$

因此$f(t,x)$关于 x 满足 Lipschitz 条件.

注 5.2　不难看出对一阶线性方程

$$\frac{\mathrm{d}x}{\mathrm{d}t}=a(t)x+f(t),\tag{5.8}$$

只要 $a(t)$ 和 $f(t)$ 在某区间$[\alpha,\beta]$上连续，Picard 存在唯一性定理的条件就能满足. 并且这时由初值条件 $x(t_0)=x_0$ 确定的解在整个区间$[\alpha,\beta]$上都有定义. 这是因为方程(5.8)右端的函数对 x 没有任何限制，证明中构造的 Picard 迭代序列在整个区间$[\alpha,\beta]$上都有定义且一致收敛.

注 5.3　Picard 定理不但肯定了解的存在唯一性，而且定理证明过程中构造的 Picard 迭代序列实际上给出了一种求初值问题(5.4)的近似解的方法，因而有一定实用价值. 设 $x=\varphi(t)$ 是初值问题(5.4)在区间$[t_0-h,t_0+h]$上的连续解，易证第 n 次近似解 $\varphi_n(t)$ 和真正解 $\varphi(t)$ 在区间$[t_0-h,t_0+h]$上有误差估计

$$|\varphi_n(t)-\varphi(t)|\leqslant\frac{ML^n}{(n+1)!}h^{n+1}.\tag{5.9}$$

我们将这一误差估计的证明留给读者作为习题. 在进行近似计算时，可根据误差要求由这一误差估计确定 n 的值，从而得到所需的逼近函数 $\varphi_n(t)$.

例 5.1　考虑定义在矩形区域

$$R=\{(t,x)\in\mathbb{R}^2:|t|\leqslant 1,|x|\leqslant 1\}$$

上的初值问题

$$\frac{\mathrm{d}x}{\mathrm{d}t}=x+1,\quad x(0)=0.$$

其右端函数 $f(t,x)=x+1$ 在区域 R 上关于 x 满足 Lipschitz 条件，Lipschitz 常数

$L=1$,其最大值 $M=2$, $h=\min\left\{1,\frac{1}{2}\right\}=\frac{1}{2}$,由 Picard 存在唯一性定理,它在区间 $\left[-\frac{1}{2},\frac{1}{2}\right]$ 上的解存在且唯一. 容易构造出它的 Picard 迭代序列如下:

$$\varphi_0(t)=0,$$

$$\varphi_1(t)=0+\int_0^t(\varphi_0(\tau)+1)\mathrm{d}\tau=t,$$

$$\varphi_2(t)=0+\int_0^t(\varphi_1(\tau)+1)\mathrm{d}\tau=t+\frac{t^2}{2!},$$

$$\varphi_3(t)=0+\int_0^t(\varphi_2(\tau)+1)\mathrm{d}\tau=t+\frac{t^2}{2!}+\frac{t^3}{3!}.$$

可归纳地求出

$$\varphi_n(t)=t+\frac{t^2}{2!}+\frac{t^3}{3!}+\cdots+\frac{t^n}{n!}.$$

显然函数序列 $\{\varphi_n(t)\}$ 在区间 $\left[-\frac{1}{2},\frac{1}{2}\right]$ 上一致收敛于函数 $\varphi(t)=\mathrm{e}^t-1$. 它与由分离变量法求出的所给初值问题的解完全一样. 由(5.9)式我们得逼近函数 $\varphi_n(t)$ 的误差估计:

$$|\varphi_n(t)-\varphi(t)|\leqslant\frac{1}{2^n(n+1)!}.$$

习题 5.1

1. 设 $x=\varphi(t)$ 是初值问题

$$\frac{\mathrm{d}x}{\mathrm{d}t}=f(t,x),\quad x(t_0)=x_0$$

在区间 $[t_0-h,t_0+h]$ 上的连续解,其中 $f(t,x)$ 在矩形区域

$$R=\{(t,x)\in\mathbb{R}^2:|t-t_0|\leqslant a,\ |x-x_0|\leqslant b\}$$

上连续,在 R 上关于 x 满足 Lipschitz 条件,Lipschitz 常数为 L, $h=\min\left\{a,\frac{b}{M}\right\}$, $M=\max\{|f(t,x)|:(t,x)\in R\}$. 设 $\varphi_n(t)$ 是 Picard 迭代序列中第 n 次迭代得到的函数,证明有如下的误差估计:

$$|\varphi_n(t)-\varphi(t)|\leqslant\frac{ML^n}{(n+1)!}h^{n+1}.$$

2. 令 $\boldsymbol{A}$ 为 n 阶方阵. 证明初值问题

$$\frac{\mathrm{d}\boldsymbol{x}}{\mathrm{d}t}=\boldsymbol{A}\boldsymbol{x},\quad \boldsymbol{x}(0)=\boldsymbol{x}_0$$

的 Picard 迭代序列收敛于 $\boldsymbol{x}(t)=\exp(\boldsymbol{A}t)\boldsymbol{x}_0$.

3. 求方程 $\frac{\mathrm{d}x}{\mathrm{d}t}=x^2$ 过点 $(0,1)$ 的第三次近似解.

4. 利用 Picard 存在唯一性定理求定义在矩形区域 $R=\{(t,x)\in\mathbb{R}^2:|t|\leqslant 1,\ |x|\leqslant 1\}$ 上的方程

$$\frac{\mathrm{d}x}{\mathrm{d}t}=x^2-t$$

过点 $(0,0)$ 的解的存在区间,并求第三次近似解,给出第三次近似解在解的存在区间上的误差估计.

5. 利用 Picard 存在唯一性定理求定义在矩形区域 $R=\{(t,x)\in\mathbb{R}^2:|t|\leqslant 1,\ |x|\leqslant 1\}$ 上的方程

$$\frac{\mathrm{d}x}{\mathrm{d}t}=x^2+t$$

过点 $(0,0)$ 的解的存在区间,并求在此区间上与真正的解的误差不超过 0.05 的近似解.

6. 试求初值问题

$$\frac{\mathrm{d}x}{\mathrm{d}t}=x+t+1,\quad x(0)=0$$

的 Picard 迭代序列,并通过求迭代序列的极限求出初值问题的解.

7. 试求初值问题

$$\frac{\mathrm{d}x}{\mathrm{d}t}=P(t)x+Q(t),\quad x(t_0)=x_0$$

的 Picard 迭代序列,并通过求迭代序列的极限求出初值问题的解,这里 $P(t)$,$Q(t)$ 均为连续函数.

8. 用逐次逼近法证明,当 $|\lambda|$ 足够小时,积分方程

$$\varphi(t)=f(t)+\lambda\int_a^b K(t,\tau)\varphi(\tau)\,\mathrm{d}\tau$$

在区间 $[a,b]$ 上的解存在唯一. 这里 $f(t)$ 为区间 $[a,b]$ 上的连续函数,$K(t,\tau)$ 为矩形 $[a,b]\times[a,b]$ 上的连续函数.

§ 5.2　Peano 存在性定理

在本节我们仍然考虑初值问题(5.4),不同的是这里仅要求 $f(t,x)$ 在矩形区域

$$R=\{(t,x)\in\mathbb{R}^2:|t-t_0|\leqslant a,\ |x-x_0|\leqslant b\}$$

上连续而不一定满足 Lipschitz 条件. 我们将证明这时初值问题(5.4)的解仍然存在,只是不一定唯一. 这就是 Peano 存在性定理.

定理 5.2（Peano 存在性定理）　若 $f(t,x)$ 在矩形区域 R 上连续，则初值问题(5.4)在区间 $I=[t_0-h,t_0+h]$ 上至少有一个解. 其中

$$h=\min\left\{a,\frac{b}{M}\right\},\quad M=\max\{|f(t,x)|:(t,x)\in R\}.$$

图 5.3　G. Peano(1858—1932)

这个定理不仅结果本身重要，而且其证明的思想和方法也十分重要. 这就是我们要介绍的 Euler 折线法和 Ascoli-Arzelà(阿斯科利-阿尔泽拉)引理. Euler 折线法描绘了积分曲线的几何思想，成为近似计算的开端.

证明　第一步　构造 Euler 折线.

我们仅仅在矩形区域 R 上寻找解，因此从等价积分方程(5.5)可以得到

$$|x(t)-x_0|\leqslant M|t-t_0|. \tag{5.10}$$

因此，为了保证解函数图像不越出矩形 R，必须 $M|t-t_0|\leqslant b$. 故要求 $h=\min\left\{a,\frac{b}{M}\right\}$.

任取正整数 n 和点列 $\{t_k\}$，其中 t_0 就是初值条件所给，

$$t_k=t_0+\frac{kh}{n},\quad k=\pm1,\pm2,\cdots,\pm n,$$

从而将区间 $I=[t_0-h,t_0+h]$ 分成 $2n$ 等份.

如图 5.4 所示，从初始点 $P_0(t_0,x_0)$ 出发按方向

$$\frac{\mathrm{d}x}{\mathrm{d}t}=f(t_0,x_0)$$

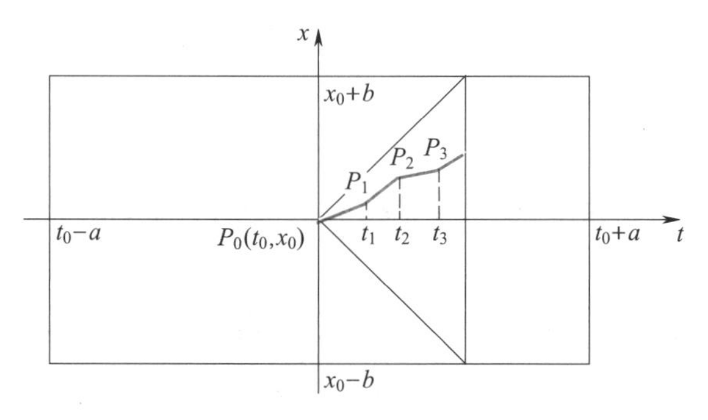

图 5.4　Euler 折线的构造

延长直线段到第一个分点 $t=t_1$ 处，这个直线段可以表述为

$$x=x_0+f(t_0,x_0)(t-t_0),\quad t\in[t_0,t_1].$$

从新的端点 $P_1(t_1,x_1)$ 开始，其中 $x_1=x_0+f(t_0,x_0)(t_1-t_0)$，再按新的方向

$$\frac{\mathrm{d}x}{\mathrm{d}t}=f(t_1,x_1)$$

作直线段

$$x=x_1+f(t_1,x_1)(t-t_1),\quad t\in[t_1,t_2],$$

如此下去，我们将得到端点 $P_2(t_2,x_2),\cdots,P_n(t_n,x_n)$，其中 $t_n=t_0+h$，而

$$x_n=x_{n-1}+f(t_{n-1},x_{n-1})(t_n-t_{n-1}).$$

同理向左也可以作出类似折线. 这样我们得到折线表达式

$$\varphi_n(t)=\begin{cases}x_0+\sum\limits_{k=0}^{s-1}f(t_k,x_k)(t_{k+1}-t_k)+\\ \qquad f(t_s,x_s)(t-t_s),\quad t\in[t_s,t_{s+1}),\\ x_0+\sum\limits_{k=-s+1}^{0}f(t_k,x_k)(t_{k-1}-t_k)+\\ \qquad f(t_{-s},x_{-s})(t-t_{-s}),\quad t\in(t_{-s-1},t_{-s}],\end{cases}\tag{5.11}$$

其中 $s=0,1,\cdots,n-1$. 注意到当 $s=0$ 时，上面 $\varphi_n(t)$ 在区间 $[t_s,t_{s+1})$ 上的表达式中的求和为由 $k=0$ 到 $k=-1$，这时求和结果应理解为 0. 当 $t\in(t_{-1},t_0]$ 时情况类似.

第二步 证明序列 $\{\varphi_n(t)\}$ 的收敛性. 这里我们需要 Ascoli-Arzelà 引理.

函数列 $\{f_k(t)\}$ 称为在有界闭区间 $[\alpha,\beta]$ 上**一致有界**的，是指存在常数 $M_0>0$，使得对任意正整数 k 都有 $|f_k(t)|\leqslant M_0,\ \forall t\in[\alpha,\beta]$. 函数列 $\{f_k(t)\}$ 称为在有界闭区间 $[\alpha,\beta]$ 上**等度连续**的，是指对任给的 $\varepsilon>0$，存在仅与 ε 有关的常数 $\delta(\varepsilon)>0$，使得对任意正整数 k，只要当 $t,s\in[\alpha,\beta]$ 且 $|t-s|<\delta(\varepsilon)$ 时，就有 $|f_k(t)-f_k(s)|<\varepsilon$. 由定义可知，一致有界的函数族中每一个函数都是有界函数；等度连续的函数族中每一个函数都是一致连续的. 但反之却不一定对.

引理 5.1（Ascoli-Arzelà 引理） 定义在有界闭区间 $[\alpha,\beta]$ 上的一致有界且等度连续的无穷函数族 $\mathscr{F}=\{f(t)\}$ 必存在一个在 $[\alpha,\beta]$ 上一致收敛的子序列.

该引理证明见本节最后的附录.

对任意 n，折线段 $\varphi_n(t)$ 显然停留在矩形区域 R 内，因此序列 $\{\varphi_n(t)\}$ 是一致有界的. 进而，折线段 $\varphi_n(t)$ 夹在过点 (t_0,x_0)，斜率分别为 M 及 $-M$ 的两直线所限定的角域内，即

$$|\varphi_n(t)-\varphi_n(s)|\leqslant M|t-s|,$$

因此等度连续. 由 Ascoli-Arzelà 引理,序列 $\{\varphi_n(t)\}$ 中有子序列 $\{\varphi_{n_k}(t)\}$ 一致收敛. 设

$$\lim_{k\to\infty}\varphi_{n_k}(t)=\varphi(t),\quad t\in I. \tag{5.12}$$

第三步　证明函数 $\varphi_n(t)$ 满足

$$\varphi_n(t)=x_0+\int_{t_0}^{t}f(\tau,\varphi_n(\tau))\,\mathrm{d}\tau+\sigma_n(t), \tag{5.13}$$

其中 $\lim\limits_{n\to\infty}\sigma_n(t)=0, t\in I$. 为了简单起见,我们只在区间 $[t_0,t_0+h]$ 上证明这一结论,在区间 $[t_0-h,t_0]$ 上的证明完全类似.

观察(5.11)式中的每一项,易见对 $k=0,1,\cdots,s-1$ 及 $t\in[t_s,t_{s+1}]$,有

$$f(t_k,x_k)(t_{k+1}-t_k)=\int_{t_k}^{t_{k+1}}f(t_k,x_k)\,\mathrm{d}\tau=\int_{t_k}^{t_{k+1}}f(\tau,\varphi_n(\tau))\,\mathrm{d}\tau+d_n(k),$$

$$f(t_s,x_s)(t-t_s)=\int_{t_s}^{t}f(t_s,x_s)\,\mathrm{d}\tau=\int_{t_s}^{t}f(\tau,\varphi_n(\tau))\,\mathrm{d}\tau+d_n^*(t),$$

其中

$$d_n(k)=\int_{t_k}^{t_{k+1}}(f(t_k,x_k)-f(\tau,\varphi_n(\tau)))\,\mathrm{d}\tau, \tag{5.14}$$

$$d_n^*(t)=\int_{t_s}^{t}(f(t_s,x_s)-f(\tau,\varphi_n(\tau)))\,\mathrm{d}\tau. \tag{5.15}$$

这样在(5.11)式中利用积分逐段可加的性质,得到

$$\varphi_n(t)=x_0+\int_{t_0}^{t}f(\tau,\varphi_n(\tau))\,\mathrm{d}\tau+\sigma_n(t),\quad t\in[t_0,t_0+h],$$

其中

$$\sigma_n(t)=\sum_{k=0}^{s-1}d_n(k)+d_n^*(t),\quad t\in[t_0,t_0+h]. \tag{5.16}$$

注意到 $\lim\limits_{n\to\infty}d_n(k)=0, \lim\limits_{n\to\infty}d_n^*(t)=0$. 事实上,对任给的 $\varepsilon>0$,由 f 的连续性,存在 $\delta>0$,使得当 $|\tau-t_k|<\delta$, $|\varphi_n(\tau)-x_k|<\delta$ 时有

$$|f(t_k,x_k)-f(\tau,\varphi_n(\tau))|<\frac{\varepsilon}{h}.$$

当 n 充分大时,显然可以使得 $|t_{k+1}-t_k|=h/n<\delta$,并且由(5.10)式的同样道理可以使得

$$|\varphi_n(\tau)-x_k|\leqslant M|\tau-t_k|\leqslant\frac{Mh}{n}<\delta.$$

因此由(5.14)式知, $|d_n(k)|<\varepsilon/n$. 同理从(5.15)式知,当 n 充分大时, $|d_n^*(t)|<$

ε/n. 由(5.16)式，当 n 充分大时，

$$|\sigma_n(t)|<\frac{s}{n}\varepsilon+\frac{\varepsilon}{n}\leqslant\varepsilon.$$

因此 $\lim\limits_{n\to\infty}\sigma_n(t)=0$.

第四步　由第二、三步结果，在(5.13)式中取子序列极限得

$$\varphi(t)=x_0+\int_{t_0}^{t}f(\tau,\varphi(\tau))\mathrm{d}\tau,\quad t\in I,$$

即 $\varphi(t)$ 满足初值问题(5.4)的等价积分方程. 从而证明了定理.　□

从几何的角度考虑，Euler 折线法给出了一种逼近积分曲线的方法. 定义在区间 $[\alpha,\beta]$ 上的函数 $x=\varphi(t)$ 称为初值问题(5.4)在这个区间上的 ε **逼近解**，如果它满足条件：

(1) $\varphi(t)$ 在区间 $[\alpha,\beta]$ 上连续，并且除了 $[\alpha,\beta]$ 上有限个点外，$\varphi(t)$ 处处连续可微，而在这有限个点处 $\varphi(t)$ 的左右导数都存在；

(2) 当 $t\in[\alpha,\beta]$ 时，$(t,\varphi(t))$ 落在矩形区域 R 内；

(3) 当 $t\in[\alpha,\beta]$ 时，

$$\left|\frac{\mathrm{d}\varphi(t)}{\mathrm{d}t}-f(t,\varphi(t))\right|\leqslant\varepsilon,$$

这里当 $\varphi(t)$ 的微商不存在且 $t\neq\beta$ 时，$\frac{\mathrm{d}\varphi(t)}{\mathrm{d}t}$ 是指 $\varphi(t)$ 的右导数，$t=\beta$ 时，$\frac{\mathrm{d}\varphi(t)}{\mathrm{d}t}$ 是指 $\varphi(t)$ 的左导数.

我们在定理证明中事实上给出了这样的结论：若 $f(t,x)$ 在矩形区域

$$R=\{(t,x)\in\mathbb{R}^2:|t-t_0|\leqslant a,|x-x_0|\leqslant b\}$$

上连续，则对任意 $\varepsilon>0$，初值问题(5.4)在区间 $I=[t_0-h,t_0+h]$ 上存在 ε 逼近解 $x=\varphi(t)$，且当 $t,s\in[t_0,t_0+h]$ 时有

$$|\varphi(t)-\varphi(s)|\leqslant M|t-s|,$$

其中 $h=\min\left\{a,\frac{b}{M}\right\}$,　$M=\max\{|f(t,x)|:(t,x)\in R\}$.

附录：引理 5.1 的证明.

由于 $\mathscr{F}=\{f(t)\}$ 在 $[\alpha,\beta]$ 上一致有界，故存在 $M_0>0$，使得 $\forall f(t)\in\mathscr{F}$，都有当 $t\in[\alpha,\beta]$ 时，$|f(t)|\leqslant M_0$. 所以 $\mathscr{F}$ 中的函数的图像都在矩形区域

$$R_0=\{(t,x)\in\mathbb{R}^2:\alpha\leqslant t\leqslant\beta,-M_0\leqslant x\leqslant M_0\}$$

内.

取 $s_1=\dfrac{M_0}{2}$,由 $\mathscr{F}$ 在 $[\alpha,\beta]$ 上的等度连续性,存在 $\delta_1=\delta_1(s_1)>0$,使得 $\forall f(t)\in\mathscr{F}$,只要 $t,\bar{t}\in[\alpha,\beta]$ 且 $|t-\bar{t}|<\delta_1$,就有 $|f(t)-f(\bar{t})|\leqslant s_1$. 用平行于坐标轴的直线将矩形区域 R_0 分成有限多个高为 s_1,宽小于或等于 δ_1 的小矩形(如图 5.5). 设以相邻两垂线为边界的竖直长条为 $A_1,A_2,\cdots,A_m$,则 $\mathscr{F}$ 中每个函数的图像在每个这样的竖直长条上最多经过两个相邻的小矩形. 在 $A_1,A_2,\cdots,A_m$ 中各取两个相邻的小矩形就构成了一个"高"为 $2s_1$ 的多边形. 显然这样的多边形只有有限个,而 $\mathscr{F}$ 中每个函数的图像都包含在某个这样的多边形中. 由于 $\mathscr{F}$ 是无穷函数族,故必存在多边形 S_1,它包含 $\mathscr{F}$ 中无穷多个函数的图像. 记 $\mathscr{F}$ 的这个无穷子集为 $\mathscr{F}_1=\{f^{(1)}(t)\}$.

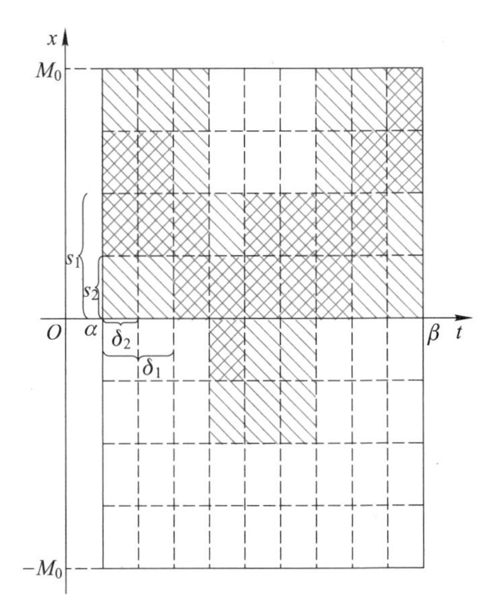

图 5.5　多边形 $S_1,S_2,\cdots,S_k,\cdots$ 的构造

再取 $s_2=\dfrac{M_0}{2^2}$,由 $\mathscr{F}$ 在 $[\alpha,\beta]$ 上的等度连续性,存在 $\delta_2=\delta_2(s_2)>0$,使得 $\forall f(t)\in\mathscr{F}$,只要 $t,\bar{t}\in[\alpha,\beta]$ 且 $|t-\bar{t}|<\delta_2$,就有 $|f(t)-f(\bar{t})|\leqslant s_2$. 用平行于坐标轴的直线将矩形区域 R_0 分成有限多个"高"为 s_2,宽小于或等于 δ_2 的小矩形. 类似地,至少存在一个包含在 S_1 内、"高"为 $2s_2$ 的多边形 S_2,它包含 $\mathscr{F}_1$ 中无穷多个函数的图像. 记 $\mathscr{F}_1$ 的这个无穷子集为 $\mathscr{F}_2=\{f^{(2)}(t)\}$.

一般地,假如已作出了"高"为 $2s_k=\dfrac{M_0}{2^{k-1}}$ 的多边形 S_k 及图像含在 S_k 内的无穷函数族 $\mathscr{F}_k=\{f^{(k)}(t)\}$,对 $s_{k+1}=\dfrac{M_0}{2^{k+1}}$,我们可类似构造出一个包含在 S_k 内"高"为 $2s_{k+1}$ 的多边形 S_{k+1},它包含 $\mathscr{F}_k$ 中无穷多个函数的图像,见图 5.5. 记 $\mathscr{F}_k$ 的这个无穷子集为 $\mathscr{F}_{k+1}=\{f^{(k+1)}(t)\}$.

这样我们就得到了一个函数族序列 $\mathscr{F}_1,\mathscr{F}_2,\cdots,\mathscr{F}_k,\cdots$,满足性质:

(1) $\mathscr{F}\supset\mathscr{F}_1\supset\cdots\supset\mathscr{F}_k\supset\cdots$;

(2) 对 $\mathscr{F}_k$ 中任意两个函数 $f_1^{(k)}(t)$ 和 $f_2^{(k)}(t)$,都有

$$|f_1^{(k)}(t)-f_2^{(k)}(t)|\leqslant 2s_k=\frac{M_0}{2^{k-1}},t\in[\alpha,\beta].$$

在 $\mathscr{F}_1$ 中任取一个函数 $f_1(t)$,在 $\mathscr{F}_2$ 中任取一个不同于函数 $f_1(t)$ 的函数

$f_2(t),\cdots$,在 $\mathscr{F}_k$ 中任取一个不同于函数 $f_1(t),f_2(t),\cdots,f_{k-1}(t)$ 的函数 $f_k(t)$,如此继续下去.因为 $\mathscr{F}_1,\mathscr{F}_2,\cdots,\mathscr{F}_k,\cdots$ 均为无穷集合,故这一过程可一直进行下去.由此我们得到 $\mathscr{F}$ 的一个子序列 $\{f_n(t)\}(n=1,2,\cdots)$ 满足:对任意的正整数 k 和 l,

$$|f_k(t)-f_{k+l}(t)|\leqslant\frac{M_0}{2^{k-1}},t\in[\alpha,\beta].$$

由 Cauchy 收敛准则,$\{f_n(t)\}$ 在 $[\alpha,\beta]$ 上一致收敛.引理证毕. □

习题 5.2

1. 考虑初值问题

$$\frac{\mathrm{d}x}{\mathrm{d}t}=x,\quad x(0)=1,$$

将区间 $[-1,1]$ 分为 8 等份并构造出相应的 Euler 折线 $\varphi(t)$,将初值问题对应的积分曲线和 Euler 折线 $\varphi(t)$ 画在一张图上进行比较.计算 $\varphi(t)$ 在区间的等分点处的值以及和精确解的误差,精确到小数点后第五位.

2. 证明:若把 Euler 折线作如下的修正:

$$\varphi(t)=\begin{cases}x_0, & t=t_0,\\ x_0+f(t_0,x_0)(t-t_0), & t_0<t\leqslant t_1,\\ \varphi(t_{k-1})+\dfrac{f(t_{k-2},\varphi(t_{k-2}))+f(t_{k-1},\varphi(t_{k-1}))}{2}(t-t_{k-1}), & t_{k-1}<t\leqslant t_k(k=2,3,\cdots,n),\end{cases}$$

则 $\forall\varepsilon>0$,都存在 n,使得按这一方式构造的函数 $\varphi(t)$ 是初值问题

$$\frac{\mathrm{d}x}{\mathrm{d}t}=f(t,x),\quad x(t_0)=x_0$$

在区间 $[t_0,t_0+h]$ 上的 ε 逼近解,其中 $f(t,x)$ 在矩形区域

$$R=\{(t,x)\in\mathbb{R}^2:|t-t_0|\leqslant a,|x-x_0|\leqslant b\}$$

上连续,$h=\min\left\{a,\dfrac{b}{M}\right\}$,$M=\max\{|f(t,x)|:(t,x)\in R\}$.

3. 证明 Picard 迭代序列满足 Ascoli-Arzelà 引理的条件.

*4. 利用 Peano 存在定理证明隐函数定理的存在性部分.

§ 5.3 解的延拓

无论是 Picard 存在唯一性定理还是 Peano 存在性定理,都只肯定了一个初值问题的解的局部存在性,即解在某区间 $I=[t_0-h,t_0+h]$ 上的存在性,其中决定存在

区间大小的数 h 为 $\min\left\{a,\frac{b}{M}\right\}$, $M=\max\{|f(t,x)|:(t,x)\in R\}$ 越大, h 就越小.

不管是从理论还是应用上来看,这都是不能令人满意的. 特别是如果 $f(t,x)$ 在某区域 $G\subseteq\mathbb{R}^2$ 上连续,而 G 很大或 $G=\mathbb{R}^2$,对于任意 $(t_0,x_0)\in G$,我们也只能断定初值问题(5.4)在 t_0 的一个很小的邻域 $I=[t_0-h,t_0+h]$ 上有一个解. 更糟糕的是,例如考虑初值问题

$$\frac{\mathrm{d}x}{\mathrm{d}t}=t^2+x^2,\quad x(0)=0,$$

当定义区域为矩形区域

$$R=\{(t,x)\in\mathbb{R}^2:|t|\leqslant 1,|x|\leqslant 1\}$$

时, $M=2$, $h=\min\left\{1,\frac{1}{2}\right\}=\frac{1}{2}$,而当定义区域为矩形区域

$$R=\{(t,x)\in\mathbb{R}^2:|t|\leqslant 2,|x|\leqslant 2\}$$

时, $M=8$, $h=\min\left\{2,\frac{2}{8}\right\}=\frac{1}{4}$. 即随着 $f(t,x)$ 的定义区域的增大,由 Picard 存在唯一性定理或 Peano 存在性定理所能确定的解的存在区间反而还缩小了.

这就自然地提出了一个在理论和实践上都十分重要的问题:能否将局部定义在某小区间 $I=[t_0-h,t_0+h]$ 上的初值问题的解的存在区间尽可能地扩大呢? 幸运的是:这一问题的答案是肯定的. 这就是下面要介绍的解的延拓的概念及解的延拓定理.

假设 $f(t,x)$ 在开区域 G 上连续. 设 $x=\varphi(t)$ 是初值问题(5.4)的解,它定义在区间 $[\alpha,\beta]$ 上,并且当 $t\in[\alpha,\beta]$ 时, $(t,\varphi(t))\in G$. 由于 $Q(\beta,\varphi(\beta))\in G$,可以找一个以 Q 为中心的小矩形区域,使之含于 G 内. 由 Peano 存在性定理,方程(5.3)有定义在某区间 $[\beta-h_1,\beta+h_1]$ 上的解 $x=\varphi_1(t)$ 满足初值条件 $\varphi_1(\beta)=\varphi(\beta)$. 同理,方程(5.3)有定义在某区间 $[\alpha-h_2,\alpha+h_2]$ 上的解 $x=\varphi_2(t)$ 满足初值条件 $\varphi_2(\alpha)=\varphi(\alpha)$. 现在令

$$\psi(t)=\begin{cases}\varphi_2(t), & t\in[\alpha-h_2,\alpha],\\ \varphi(t), & t\in[\alpha,\beta],\\ \varphi_1(t), & t\in[\beta,\beta+h_1].\end{cases}$$

则 $x=\psi(t)$ 即是初值问题(5.4)定义在区间 $[\alpha-h_2,\beta+h_1]$ 上的解,见图 5.6. 这样我们就将解的定义区间由 $[\alpha,\beta]$ 延拓到了一个更大的区间 $[\alpha-h_2,\beta+h_1]$ 上. 用几何语言来说,就是在原来的积分曲线 $x=\varphi(t)$ 左右两端各接上一个积分曲线段. 这一延

拓过程可一直进行下去,最后我们将得到一个解 $x=\widetilde{\varphi}(t)$,它已经无法再向左右两端继续延拓了.这样的解称为初值问题(5.4)的**饱和解**.

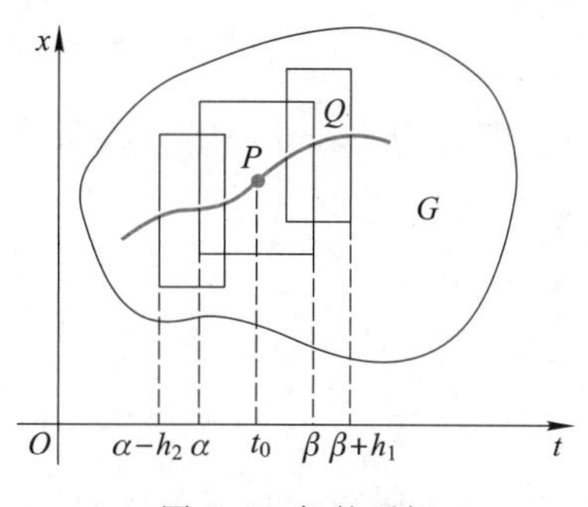

图 5.6 解的延拓

不难证明,任一饱和解 $x=\varphi(t)$ 的存在区间必为一个开区间 (a,b).因为如若不然,比如这个存在区间在右端点为闭的且 b 有限,则 $(b,\varphi(b))\in G$,且同上道理,$x=\varphi(t)$ 还可向右端延拓.这与 $x=\varphi(t)$ 是饱和解矛盾.

接下来要问,初值问题(5.4)的解最终可向左右两端延拓到什么地方呢?从直观上看,当 G 为一个有界区域时,从 G 内任一点出发的积分曲线向左右都能延拓到 G 的**边界**的任意近旁.我们将严格证明这一点.为此,对$\mathbb{R}^2$上任一点 (t_0,x_0),我们定义它与任一集合 $D\subseteq\mathbb{R}^2$的距离为

$$\rho((t_0,x_0),D)=\inf_{(t,x)\in D}d((t_0,x_0),(t,x)),$$

其中 $d((t_0,x_0),(t,x))=[(t-t_0)^2+(x-x_0)^2]^{1/2}$.

定理 5.3(解的延拓定理) 设 G 为$\mathbb{R}^2$上一个开区域,$f(t,x)$ 在 G 内连续.对方程(5.3)的任一饱和解 $x=\varphi(t)$,积分曲线 $x=\varphi(t)$ 必能达到 G 的边界.特别地,当 G 为有界区域时,若饱和解 $x=\varphi(t)$ 的存在区间为 (a,b),则当 $t\to b^-$ 和 $t\to a^+$ 时都有

$$\rho((t,\varphi(t)),\partial G)\to 0,$$

其中 ∂G 为 G 的边界.

证明 我们把饱和解 $\varphi(t)$ 的最大存在区间简记为 J.我们仅对当 $t\to b^-$时的情况证明,当 $t\to a^+$时的证明完全类似.因此只考虑 $J_+\overset{\text{def}}{=\!=\!=}J\cap[t_0,+\infty)$.

情形 1: $J_+=[t_0,+\infty)$,即 $b=+\infty$.此时积分曲线在 G 内可延拓到无穷,在无穷远处达到 ∂G.

情形 2: $J_+=[t_0,b)$ 且 $b<+\infty$.我们只需证明

$$\lim_{t\to b^-}(t,\varphi(t))\in\partial G,$$

即对任何有界闭区域 $G_1\subset G$,不可能有 $(t,\varphi(t))\in G_1$, $\forall\, t\in J_+$.如若不然,由 G_1 是有界闭集及 f 在 G_1 上的连续性,存在常数 $K>0$,使得 $|f(t,x)|\leqslant K$, $\forall\,(t,x)\in G_1$.因此,

$$|\varphi'(t)|=|f(t,\varphi(t))|\leqslant K,\ \forall\, t\in J_+.$$

由微分中值定理,

$$|\varphi(t_2)-\varphi(t_1)|\leqslant K|t_2-t_1|, \forall t_1,t_2\in J_+.$$

因此,容易由 Cauchy 基本收敛定理证明 $\lim\limits_{t\to b^-}\varphi(t)$ 存在. 假设极限为 x_*. 那么我们定义

$$\varphi_*(t)=\begin{cases}\varphi(t), & t\in J_+=[t_0,b),\\ x_*, & t=b.\end{cases}$$

显然 $\varphi_*(t)$ 连续. 对 $\varphi(t)$ 满足的等价积分方程关于 $t\to b^-$ 取极限,得到

$$\varphi_*(t)=x_0+\int_{t_0}^{t}f(s,\varphi_*(s))\mathrm{d}s,\quad t\in[t_0,b].$$

故 $\varphi_*(t)$ 是所考虑的微分方程初值问题在区间 $[t_0,b]$ 上的解,而且 $\varphi_*(t)=\varphi(t)$, $\forall t\in J_+$. 这与 J_+ 是 $[t_0,\infty)$ 上的最大存在区间矛盾. 定理证毕. □

由定理 5.3 不难看出:若 $G\subseteq\mathbb{R}^2$ 为无界区域,$f(t,x)$ 在 G 内连续,方程(5.3)的过 G 内任一点 (t_0,x_0) 的解 $x=\varphi(t)$ 可以延拓,以向 t 增大的一方的延拓来说,则解 $x=\varphi(t)$ 或者可以延拓到区间 $[t_0,+\infty)$,或者只可以延拓到有限区间 $[t_0,m)$. 若是后者,则当 $t\to m^-$ 时,要么 $x=\varphi(t)$ 无界,要么 $(t,\varphi(t))$ 趋于 G 的边界.

例 5.2 考虑初值问题

$$\frac{\mathrm{d}x}{\mathrm{d}t}=1+x^2,\quad x(0)=0,$$

它的解为 $x(t)=\tan t$,它的最大存在区间为 $\left(-\frac{\pi}{2},\frac{\pi}{2}\right)$. 这里方程右端的函数 $1+x^2$ 在整个平面上有定义且连续,而初值问题的解只能延拓到有限区间,不难看出 $x(t)$ 无界,且有

$$\lim_{t\to-\frac{\pi}{2}^+}x(t)=-\infty,\quad \lim_{t\to\frac{\pi}{2}^-}x(t)=+\infty.$$

例 5.3 考虑定义在整个平面上的初值问题

$$\frac{\mathrm{d}x}{\mathrm{d}t}=(-x+t^2-3t+2)\mathrm{e}^{tx},\quad x(t_0)=x_0,$$

其中 (t_0,x_0) 为平面上任一点. 我们要证明它的解 $x=\varphi(t)$ 向右可以延拓到区间 $[t_0,+\infty)$.

事实上,抛物线 $L:x=t^2-3t+2=\left(t-\frac{3}{2}\right)^2-\frac{1}{4}$ 为所给方程的水平等倾线. 若 $x=\varphi(t)$ 向右只可以延拓到有限区间 $[t_0,\beta)$,则由定理 5.3,当 $t\to\beta^-$ 时,$x=\varphi(t)$ 无界. 若 (t_0,x_0) 在抛物线 L 上方,即 $-x_0+t_0^2-3t_0+2<0$,则由解 $x=\varphi(t)$ 确定的积

分曲线 Γ 必单调下降直到与 L 相交于某点 (t_1,x_1) 并穿过 L（因为当 $t\to\beta^-$ 时，$x=\varphi(t)$ 无界），易知 $t_1\geqslant\frac{3}{2}$，因为若 Γ 与 L 相交于 (t_1,x_1) 且 $t_1<\frac{3}{2}$，则由于 L 在点 (t_1,x_1) 的切线斜率小于 Γ 在点 (t_1,x_1) 的切线斜率，从而 Γ 不可能由 L 的上方进入 L 的下方. Γ 进入 L 的下方后，由于 $-x+t^2-3t+2>0$，因此 Γ 必单调上升，并且 Γ 不可能再由 L 的下方进入 L 的上方，这是因为 L 为水平等倾线，若 Γ 再由 L 的下方进入 L 的上方，则在交点 (t_2,x_2) 处有 $t_2>t_1\geqslant\frac{3}{2}$，由于 Γ 在点 (t_2,x_2) 的切线斜率小于 L 在点 (t_2,x_2) 的切线斜率，因而 Γ 不可能在交点 (t_2,x_2) 处由 L 的下方进入 L 的上方. 由于 $\beta<+\infty$，因此当 $t\to\beta^-$ 时，$x=\varphi(t)$ 必有界，这就导致矛盾.

若 (t_0,x_0) 在抛物线 $L:x=t^2-3t+2$ 的下方，即 $-x_0+t_0^2-3t_0+2\geqslant 0$，则 Γ 必单调上升，若 Γ 由 L 的下方进入 L 的上方，则由上面同样的理由，当 $t\to\beta^-$ 时，$x=\varphi(t)$ 必有界，若 Γ 不再穿过 L 的下方而进入 L 的上方，则当 $t\to\beta^-$ 时，$x=\varphi(t)$ 同样有界，从而也导致矛盾. 因此解 $x=\varphi(t)$ 向右必可延拓到区间 $[t_0,+\infty)$.

现在假设 $G\subseteq\mathbb{R}^2$ 是由不等式

$$T_0<t<T_1,\ |x|<+\infty$$

所确定的区域. 一个重要而有趣的问题是：方程 (5.3) 的解在什么条件下可以延拓到整个区间 $T_0<t<T_1$？首先由定理 5.3 容易看出，这个所要求的条件为**有界性**，即如下的推论成立. 我们将其证明作为习题留给读者.

推论 5.1　若 $f(t,x)$ 在上述区域 G 中连续，而且相应的微分方程初值问题的饱和解 $x=\varphi(t)$ 有界，则 $\varphi(t)$ 的存在区间必为整个区间 (T_0,T_1).

其次我们有下面的结论.

推论 5.2　设 $f(t,x)$ 在区域

$$G=\{(t,x)\in\mathbb{R}^2: T_0<t<T_1,\ |x|<+\infty\}$$

内连续，且存在与 t 无关的常数 N，使得

$$|f(t,x)|\leqslant N|x|, \tag{5.17}$$

则方程 (5.3) 的任一饱和解 $x=\varphi(t)$ 都在区间 (T_0,T_1) 上存在.

证明　用反证法. 若不然，设 $\varphi(t)$ 的存在区间为 (a,b) 且 $b<T_1$. 显然 b 有限. 在区间 (a,b) 上任取一点 t_0，我们要证明 $x=\varphi(t)$ 在区间 (t_0,b) 上有界. 由此及延拓定理可知 $x=\varphi(t)$ 还可向右延拓，这与 (a,b) 为其最大存在区间矛盾，因而定理成立.

所以下面只需证明 $x=\varphi(t)$ 在区间 (t_0,b) 上有界. 用反证法，假设 $x=\varphi(t)$ 在区间 (t_0,b) 上无界，则对任意 $K>|\varphi(t_0)|+1$，都存在 $t_K\in(t_0,b)$，使得

$$|\varphi(t_K)| \geqslant K.$$

由连续函数的介值定理，存在 $\tau_K \in (t_0, t_K)$，使得 $|\varphi(\tau_K)| = |\varphi(t_0)| + 1$ 且

$$|\varphi(t)| > 0, \ \forall t \in (\tau_K, t_K).$$

另一方面，$x=\varphi(t)$ 为方程(5.3)的解，因此有

$$\begin{aligned}\frac{\mathrm{d}}{\mathrm{d}t}|\varphi(t)| &= \frac{\mathrm{d}}{\mathrm{d}t}\sqrt{(\varphi(t))^2} = \frac{\varphi(t)\varphi'(t)}{|\varphi(t)|} \\ &\leqslant \frac{1}{|\varphi(t)|}|\varphi(t)|\,|f(t,\varphi(t))| = |f(t,\varphi(t))| \\ &\leqslant N|\varphi(t)|.\end{aligned} \tag{5.18}$$

在两边分别除以 $|\varphi(t)|$ 并对 t 从 τ_K 到 t_K 积分，得

$$\ln \frac{|\varphi(t_K)|}{|\varphi(\tau_K)|} \leqslant N(t_K - \tau_K) \leqslant N(b - t_0),$$

即

$$|\varphi(t_K)| \leqslant |\varphi(\tau_K)|\,\mathrm{e}^{N(b-t_0)} \leqslant (|\varphi(t_0)| + 1)\,\mathrm{e}^{N(b-t_0)}.$$

上式右端为一有限数，而 $|\varphi(t_K)| \geqslant K$ 可任意大，这是不可能的. 这一矛盾说明 $x=\varphi(t)$ 在区间 (t_0, b) 上有界. 推论证毕. □

下面的结果是推论 5.2 的一个推广.

推论 5.3(Wintner(温特纳)) 设 $\boldsymbol{f}(t,\boldsymbol{x})$ 在区域

$$G = \{(t,\boldsymbol{x}) \in \mathbb{R}^{n+1} : T_0 < t < T_1, \ \|\boldsymbol{x}\| < +\infty\}$$

内连续且满足条件

$$\|\boldsymbol{f}(t,\boldsymbol{x})\| \leqslant L(r), \quad r = \left(\sum_{i=1}^{n} x_i^2\right)^{\frac{1}{2}},$$

其中 $\boldsymbol{x} = (x_1, x_2, \cdots, x_n)^{\mathrm{T}} \in \mathbb{R}^n$，$L(r)$ 在 $r \geqslant 0$ 上连续，在 $r>0$ 时为正，且

$$\int_{\alpha}^{\infty} \frac{\mathrm{d}r}{L(r)} = +\infty \quad (\alpha > 0), \tag{5.19}$$

则方程组(5.2)的任一饱和解 $\boldsymbol{x} = \boldsymbol{x}(t)$ 都在区间 (T_0, T_1) 上存在.

证明 推论 5.2 的结论和证明方法可毫不困难地推广到 $\boldsymbol{x} \in \mathbb{R}^n$ 的情形，而本推论的证明方法和推论 5.2 在 $\boldsymbol{x} \in \mathbb{R}^n$ 的情形的证明完全类似. 不同的是，我们得到的微分不等式不是(5.18)式，而是

$$\frac{\mathrm{d}r(t)}{\mathrm{d}t} \leqslant L(r(t)), \ \forall t \in (\tau_K, t_K).$$

在上式两边分别除以 $L(r(t))$ 并对 t 从 τ_K 到 t_K 积分,得

$$\int_{r(t_0)+1}^{r(t_K)} \frac{\mathrm{d}r}{L(r)} \leqslant t_K-\tau_K \leqslant b-t_0<+\infty .$$

由于 $r(t_K) \geqslant K$ 可任意大,由(5.19)式知这是不可能的. □

例 5.4 考虑方程

$$\frac{\mathrm{d}x}{\mathrm{d}t}=x\sin(tx),$$

其右端函数 $f(t,x)=x\sin(tx)$ 在整个平面上有定义且连续,满足 $|f(t,x)| \leqslant |x|$. 因此由推论 5.2,它的任一饱和解都在区间 $(-\infty,+\infty)$ 上存在.

习题 5.3

1. 设 $G\subseteq\mathbb{R}^2$ 是由不等式:$T_0<t<T_1$, $|x|<\infty$ 所确定的区域. 方程

$$\frac{\mathrm{d}x}{\mathrm{d}t}=f(t,x)$$

的任一饱和解 $x=\varphi(t)$ 均有界,其中 $f(t,x)$ 在区域 G 上连续. 证明 $x=\varphi(t)$ 的存在区间必为整个区间 (T_0,T_1).

2. 设函数 $f(t,x)$ 在整个平面上都有定义、连续且有界,证明方程

$$\frac{\mathrm{d}x}{\mathrm{d}t}=f(t,x)$$

的任一解均可延拓到整个区间 $(-\infty,+\infty)$.

3. 设函数 $f(t,x)$ 在平面上的条形区域

$$G=\{(t,x)\in\mathbb{R}^2: a<t<b, |x|<+\infty\}$$

上连续,$\varphi_1(t)$, $\varphi_2(t)$ 是方程

$$\frac{\mathrm{d}x}{\mathrm{d}t}=f(t,x)$$

过同一点 $(t_0,x_0)\in G$ 的两个解,$\varphi_1(t)\leqslant\varphi_2(t)$. 证明区域 G 中介于 $\varphi_1(t)$, $\varphi_2(t)$ 间的部分被方程过点 $(t_0,x_0)\in G$ 的解充满.

*4. 证明方程

$$\frac{\mathrm{d}x}{\mathrm{d}t}=x^2+t^2$$

任一解的存在区间都是有界的.

5. 讨论下列初值问题的解的最大存在区间 (α,β) 及当 $t\to\alpha^+$ 和 $t\to\beta^-$ 时解的性质:

(1) $\dfrac{\mathrm{d}x}{\mathrm{d}t}=1+\ln t$, $x(1)=0$;

(2) $\frac{\mathrm{d}x}{\mathrm{d}t}=\frac{1}{2}(x^2-1)$, $x(\ln 2)=-3$.

*6. 设函数 $f(t,x)$ 在平面上的条形区域

$$G=\{(t,x)\in\mathbb{R}^2:a<t<b,\ |x|<+\infty\}$$

上连续且满足不等式

$$|f(t,x)|\leqslant A(t)|x|+B(t),$$

其中 $A(t)\geqslant 0, B(t)\geqslant 0$ 均在区间 (a,b) 上连续,证明方程 $\frac{\mathrm{d}x}{\mathrm{d}t}=f(t,x)$ 的任一解的最大存在区间均为 (a,b).

§5.4　微分不等式与比较定理

在微分方程理论的研究中,常常需要对满足微分不等式或积分不等式的未知函数进行估计. 在本章的 Picard 存在唯一性定理的唯一性部分的证明中以及在前面的延拓定理的推论中我们已经多次遇到. 在今后的研究中这种估计会成为一项重要的工作. 为此我们在本节介绍一些常用的结果,即 Gronwall(格朗沃尔)不等式及其推广以及比较定理.

定理 5.4(Gronwall 不等式)　设 $x(t)$, $f(t)$ 为区间 $[t_0,t_1]$ 上的实连续函数, $f(t)\geqslant 0$,若有实常数 g,使得

$$x(t)\leqslant g+\int_{t_0}^{t}f(\tau)x(\tau)\mathrm{d}\tau,\quad t\in[t_0,t_1],\tag{5.20}$$

则

$$x(t)\leqslant g\exp\left(\int_{t_0}^{t}f(\tau)\mathrm{d}\tau\right),\quad t\in[t_0,t_1].\tag{5.21}$$

这个定理的证明方法有很多种,我们将其作为习题留给读者去思考. 下面我们给出并证明它的一个推广.

定理 5.5(推广的 Gronwall 不等式)　设 $x(t)$, $g(t)$ 为区间 $[t_0,t_1]$ 上的实连续函数,函数 $f(t)\geqslant 0$ 在区间 $[t_0,t_1]$ 上可积,它们满足

$$x(t)\leqslant g(t)+\int_{t_0}^{t}f(\tau)x(\tau)\mathrm{d}\tau,\quad t\in[t_0,t_1],\tag{5.22}$$

则当 $t\in[t_0,t_1]$ 时,

$$x(t)\leqslant g(t)+\int_{t_0}^{t}f(\tau)g(\tau)\exp\left(\int_{\tau}^{t}f(s)\mathrm{d}s\right)\mathrm{d}\tau.\tag{5.23}$$

证明　我们仅对 $f(t)$ 为连续函数的情况证明. 在(5.22)式两边分别乘 $f(t)$ 得

$$f(t)x(t)\leqslant f(t)g(t)+f(t)\int_{t_0}^{t}f(\tau)x(\tau)\mathrm{d}\tau. \tag{5.24}$$

令 $H(t)=\int_{t_0}^{t}f(\tau)x(\tau)\mathrm{d}\tau$，则(5.24)式可写成

$$\frac{\mathrm{d}H(t)}{\mathrm{d}t}-f(t)H(t)\leqslant f(t)g(t). \tag{5.25}$$

在(5.25)式两边分别乘 $\exp\left(-\int_{t_0}^{t}f(\tau)\mathrm{d}\tau\right)$ 得

$$\frac{\mathrm{d}}{\mathrm{d}t}\left(H(t)\exp\left(-\int_{t_0}^{t}f(\tau)\mathrm{d}\tau\right)\right)\leqslant f(t)g(t)\exp\left(-\int_{t_0}^{t}f(\tau)\mathrm{d}\tau\right).$$

在上面不等式两边从 t_0 到 t 积分，得

$$H(t)\exp\left(-\int_{t_0}^{t}f(\tau)\mathrm{d}\tau\right)\leqslant\int_{t_0}^{t}f(\tau)g(\tau)\exp\left(\int_{\tau}^{t_0}f(s)\mathrm{d}s\right)\mathrm{d}\tau.$$

即

$$H(t)\leqslant\int_{t_0}^{t}f(\tau)g(\tau)\exp\left(\int_{\tau}^{t}f(s)\mathrm{d}s\right)\mathrm{d}\tau.$$

再由(5.22)式得

$$\begin{aligned}x(t)&\leqslant g(t)+H(t)\\&\leqslant g(t)+\int_{t_0}^{t}f(\tau)g(\tau)\exp\left(\int_{\tau}^{t}f(s)\mathrm{d}s\right)\mathrm{d}\tau.\end{aligned}$$

因此，(5.23)式成立. □

推论 5.4 在定理 5.5 的条件中，若附加条件 $g(t)$ 连续且导数 $g'(t)\geqslant 0$，则

$$x(t)\leqslant g(t)\exp\left(\int_{t_0}^{t}f(\tau)\mathrm{d}\tau\right),\quad t\in[t_0,t_1].$$

证明 对定理 5.5 的结论(5.23)式作分部积分得

$$\begin{aligned}x(t)&\leqslant g(t_0)\exp\left(\int_{t_0}^{t}f(\tau)\mathrm{d}\tau\right)+\int_{t_0}^{t}g'(\tau)\exp\left(\int_{\tau}^{t}f(s)\mathrm{d}s\right)\mathrm{d}\tau\\&\leqslant\exp\left(\int_{t_0}^{t}f(\tau)\mathrm{d}\tau\right)\left(g(t_0)+\int_{t_0}^{t}g'(\tau)\mathrm{d}\tau\right)\\&=g(t)\exp\left(\int_{t_0}^{t}f(\tau)\mathrm{d}\tau\right).\end{aligned}$$

因此推论 5.4 成立. □

利用推论 5.4 可以直接给出定理 5.4 的结论.

当微分方程可以表述成线性项和非线性项相加时，尽管我们未必能够解出未

知函数 $x(t)$,但是我们可以利用常数变易公式在等式两端取模,化成以上定理中的积分不等式形式. Gronwall 不等式可以用来从中得出未知函数的估计. 这样应用的例子将在下面章节内容中见到.

另一个值得介绍的不等式工具是两个比较定理,它们对分析由微分方程所定义的平面方向场的几何特征是很有用的.

定理 5.6(第一比较定理)　设函数 $f(t,x)$ 和 $F(t,x)$ 都在平面区域 G 内连续且满足不等式

$$f(t,x)<F(t,x).$$

设 $(t_0,x_0)\in G$, $\varphi(t)$ 和 $\Phi(t)$ 分别是初值问题

$$\frac{\mathrm{d}x}{\mathrm{d}t}=f(t,x),\quad x(t_0)=x_0 \tag{5.26}$$

和初值问题

$$\frac{\mathrm{d}x}{\mathrm{d}t}=F(t,x),\quad x(t_0)=x_0 \tag{5.27}$$

的解,且都在区间 (a,b) 上有定义. 则有

$$\varphi(t)<\Phi(t),\quad \forall\, t\in(t_0,b), \tag{5.28}$$

$$\varphi(t)>\Phi(t),\quad \forall\, t\in(a,t_0). \tag{5.29}$$

证明　我们只证明(5.28)式,(5.29)式的证明完全类似. 用反证法. 对 $t\in(a,b)$,令 $\psi(t)=\varphi(t)-\Phi(t)$. 由假设知

$$\psi'(t_0)=f(t_0,x_0)-F(t_0,x_0)<0,\quad \psi(t_0)=0.$$

因此必有 $\delta>0$,使得当 $t\in(t_0,t_0+\delta)$ 时,$\psi(t)<0$.

若(5.28)式不成立,则存在 $t_1\in(t_0,b)$,使得 $\psi(t_1)=0$. 显然 $t_1\geqslant t_0+\delta$. 令

$$\beta=\inf\{t:\psi(t)=0,\quad t\in(t_0,b)\},$$

则有 $\psi(\beta)=0$,且当 $t\in(t_0,\beta)$ 时,$\psi(t)<0$. 由此知 $\psi'(\beta)\geqslant 0$. 但另一方面,因为 $\psi(\beta)=0$,即 $\varphi(\beta)=\Phi(\beta)$,令 $x_\beta=\varphi(\beta)$,则

$$\psi'(\beta)=f(\beta,x_\beta)-F(\beta,x_\beta)<0.$$

这与 $\psi'(\beta)\geqslant 0$ 矛盾. 从而(5.28)式成立. □

在方程的初值问题没有唯一性保证的时候,最大解和最小解的概念是有用的.

定义 5.1　设 $f(t,x)$ 在矩形区域

$$R=\{(t,x)\in\mathbb{R}^2:|t-t_0|\leqslant a,\ |x-x_0|\leqslant b\}$$

上连续,令 $M=\max\{|f(t,x)|:(t,x)\in R\}$, $h=\min\left\{a,\dfrac{b}{M}\right\}$. 再设 $\varphi(t)$ 和 $\Phi(t)$ 分别是初值问题(5.4)在区间 $I=[t_0-h,t_0+h]$ 上的两个解,使得对初值问题(5.4)的任意一个解 $\psi(t)$,都有当 $t\in[t_0-h,t_0+h]$ 时,

$$\varphi(t)\leqslant\psi(t)\leqslant\Phi(t),$$

则称 $\varphi(t)$ 和 $\Phi(t)$ 分别是初值问题(5.4)的**最小解**和**最大解**.

由定义知最大解和最小解都是唯一的,由下面的定理 5.7,初值问题(5.4)的最大解和最小解均存在,并且类似于解的延拓定理,我们可以把初值问题(5.4)的最大解和最小解延拓到区域 G 的边界.

定理 5.7 设 $f(t,x)$, M, h 如上定义所给,则存在 $\delta>0$,使得 $\delta<h$ 且在区间 $[t_0-\delta,t_0+\delta]$ 上,初值问题(5.4)的最大解和最小解均存在.

证明 取一单调下降且收敛于零的正数数列 $\{\varepsilon_m\}$,对 $m=1,2,\cdots$,考虑初值问题

$$\frac{\mathrm{d}x}{\mathrm{d}t}=f(t,x)+\varepsilon_m,\quad x(t_0)=x_0. \tag{5.30}$$

由 Peano 存在定理,初值问题(5.30)在区间 $I=[t_0-h_m,t_0+h_m]$ 上至少有一个解 $x=\varphi_m(t)$,这里

$$h_m=\min\left\{a,\frac{b}{M_m}\right\},$$

$$M_m=\max\{|f(t,x)+\varepsilon_m|:(t,x)\in R\}.$$

易知 $\lim\limits_{m\to\infty}h_m=h$,从而存在正数 $\delta_1<h$,使得初值问题(5.4)的解和初值问题(5.30)的解都在区间 $[t_0-\delta_1,t_0+\delta_1]$ 上有定义.

另一方面,$x=\varphi_m(t)$ 满足积分方程

$$\varphi_m(t)=x_0+\int_{t_0}^{t}(f(\tau,\varphi_m(\tau))+\varepsilon_m)\,\mathrm{d}\tau. \tag{5.31}$$

故对 $[t_0-\delta_1,t_0+\delta_1]$ 上任意两点 t_1,t_2,有

$$\begin{aligned}|\varphi_m(t_1)-\varphi_m(t_2)|&\leqslant\left|\int_{t_1}^{t_2}|f(\tau,\varphi_m(\tau))+\varepsilon_m|\,\mathrm{d}\tau\right|\\&\leqslant(M+\varepsilon_1)|t_1-t_2|.\end{aligned}$$

且

$$|\varphi_m(t)|\leqslant|x_0|+|\varphi_m(t)-x_0|\leqslant|x_0|+b.$$

因此,函数族 $\{\varphi_m(t)\}$ 在 $[t_0-\delta_1,t_0+\delta_1]$ 上等度连续且一致有界. 由 Ascoli-Arzelà 引

理,在$\{\varphi_m(t)\}$中存在一个在$[t_0-\delta_1,t_0+\delta_1]$上一致收敛的子序列,不妨设$\{\varphi_m(t)\}$在$[t_0-\delta_1,t_0+\delta_1]$上一致收敛.令

$$\lim_{m\to\infty}\varphi_m(t)=\Phi(t).$$

在(5.31)式两边取极限即知$\Phi(t)$是初值问题(5.4)的解.

又由定理5.6知,对初值问题(5.4)的任意一个解$\varphi(t)$及$m=1,2,\cdots$,

$$\varphi(t)<\varphi_m(t),\quad \forall t\in(t_0,t_0+\delta_1),$$

$$\varphi(t)>\varphi_m(t),\quad \forall t\in(t_0-\delta_1,t_0).$$

因此,

$$\varphi(t)\leqslant\Phi(t),\quad \forall t\in(t_0,t_0+\delta_1),$$

$$\varphi(t)\geqslant\Phi(t),\quad \forall t\in(t_0-\delta_1,t_0).$$

同理可证,存在$\delta_2>0$,使得$\delta_2<h$且在区间$[t_0-\delta_2,t_0+\delta_2]$上,初值问题(5.4)存在解$\Psi(t)$,使得对初值问题(5.4)的任意一个解$\varphi(t)$,有

$$\varphi(t)\geqslant\Psi(t),\quad \forall t\in(t_0,t_0+\delta_2),$$

$$\varphi(t)\leqslant\Psi(t),\quad \forall t\in(t_0-\delta_2,t_0).$$

取$\delta=\min\{\delta_1,\delta_2\}$,令

$$Z(t)=\begin{cases}\Phi(t), & \forall t\in[t_0,t_0+\delta),\\ \Psi(t), & \forall t\in(t_0-\delta,t_0)\end{cases}$$

及

$$W(t)=\begin{cases}\Psi(t), & \forall t\in[t_0,t_0+\delta),\\ \Phi(t), & \forall t\in(t_0-\delta,t_0),\end{cases}$$

则显然$Z(t)$和$W(t)$分别是初值问题(5.4)的最大解和最小解. □

由定理5.6和定理5.7立刻得到下面的第二比较定理.该定理的证明是容易的,我们将其作为习题留给读者.

定理5.8(第二比较定理) 设函数$f(t,x)$和$F(t,x)$都在平面区域G内连续且满足不等式$f(t,x)\leqslant F(t,x)$.设$(t_0,x_0)\in G$,$\varphi(t)$和$\Phi(t)$分别是初值问题(5.26)和初值问题(5.27)的解,且都在区间(a,b)上有定义,$\Phi(t)$是初值问题(5.27)在区间(t_0,b)上的最大解和在区间(a,t_0)上的最小解,则有

$$\varphi(t)\leqslant\Phi(t),\quad \forall t\in(t_0,b),$$

$$\varphi(t)\geqslant\Phi(t),\quad \forall t\in(a,t_0).$$

例 5.5 用比较定理讨论方程

$$\frac{\mathrm{d}x}{\mathrm{d}t}=\sin(tx) \tag{5.32}$$

的积分曲线的走向.

解 显然方程(5.32)有零解 $x(t)=0$,并且对任意(t_0,x_0),满足初值条件 $x(t_0)=x_0$ 的解 $x=x(t)$ 都存在且唯一,由习题 5.3 第 2 题知 $x=x(t)$ 在整个区间 $(-\infty,+\infty)$上都有定义.我们要证明

$$\lim_{t\to\infty} x(t)=0. \tag{5.33}$$

易知在方程(5.32)中,如果将 t 换成 $-t$ 或将 x 换成 $-x$,方程的形式保持不变,因此它的积分曲线关于 t 轴和 x 轴对称分布,我们只需考虑在第一象限的情形.不妨设 $t_0=0$.若 $x_0=0$,则由解的唯一性,必有 $x(t)\equiv 0$.若 $x_0>0$,同样由解的唯一性,当 $t\in[0,+\infty)$时,积分曲线 $\Gamma: x=x(t)$ 必保持在第一象限内.

由本节习题 6 知,为证明(5.33)式,只需证明积分曲线 Γ 与直线 $L: x=t$ 当 $t>0$ 时有交点.为此将第一象限划分为区域

$$G_m=\{(t,x): t>0, x>0, (m-1)\pi<tx<m\pi\}$$

连同其边界的并,其中 $m=1,2,\cdots$.由 $P_0(0,x_0)$ 出发向右作连续的折线 $\Lambda: x=u(t)$ 使其节点 P_m 在双曲线 $tx=m\pi$ 上,并且满足条件

$$u'(t)=\begin{cases}1, & (t,u(t))\in G_{2m-1},\\ 0, & (t,u(t))\in G_{2m}.\end{cases}$$

显然,由方程(5.32)知积分曲线 Γ 的斜率总小于折线 Λ 的斜率.由第一比较定理知,当 $t>0$ 时 Γ 总在 Λ 的下方,见图 5.7.

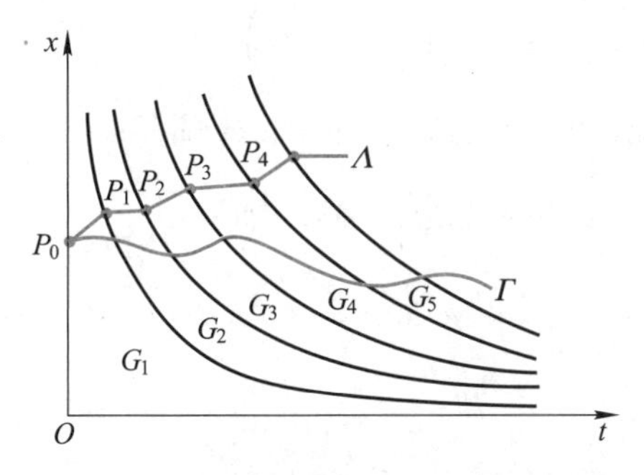

图 5.7 方程(5.32)的积分曲线 Γ 总在折线 Λ 的下方

现在任取三个节点:

$$P_{2m-1}(t_{2m-1},x_{2m-1}), P_{2m}(t_{2m},x_{2m}), P_{2m+1}(t_{2m+1},x_{2m+1}),$$

则 $x_{2m-1}=x_{2m}, x_{2m+1}>x_{2m-1}$，并且

$$t_{2m+1}-t_{2m}<\frac{\pi}{x_{2m-1}}=t_{2m}-t_{2m-1},$$

$$x_{2m+1}-x_{2m-1}=x_{2m+1}-x_{2m}=t_{2m+1}-t_{2m}.$$

因此直线段 $P_{2m-1}P_{2m+1}$ 的斜率满足

$$\frac{x_{2m+1}-x_{2m-1}}{t_{2m+1}-t_{2m-1}}=\frac{t_{2m+1}-t_{2m}}{(t_{2m+1}-t_{2m})+(t_{2m}-t_{2m-1})}$$

$$<\frac{t_{2m+1}-t_{2m}}{2(t_{2m+1}-t_{2m})}=\frac{1}{2}.$$

故折线 Λ 必在过节点 P_1 斜率为 $\frac{1}{2}$ 的直线 $L_1: x=\frac{1}{2}(t-t_1)+x_1$ 的下方，从而当 $t>0$ 时 Γ 总在直线 L_1 的下方.

这样当 $t>0$ 时 Γ 在 P_0 附近必夹在直线 L 和 L_1 之间，并且永远在直线 L_1 的下方. 另一方面，当 t 增大时，直线 L_1 由在直线 L 的上方与直线 L 相交并进入 L 的下方. 因此积分曲线 Γ 与直线 $L: x=t$ 当 $t>0$ 时必有交点.

习题 5.4

1. 证明 Gronwall 不等式：设 $x(t)$，$f(t)$ 为区间 $[t_0,t_1]$ 上的实连续函数，$f(t)\geqslant 0$，若有实常数 g，使得

$$x(t)\leqslant g+\int_{t_0}^{t} f(\tau)x(\tau)\mathrm{d}\tau,\quad t\in[t_0,t_1],$$

则

$$x(t)\leqslant g\exp\left(\int_{t_0}^{t} f(\tau)\mathrm{d}\tau\right),\quad t\in[t_0,t_1].$$

2. 设函数 $f(t,x)$ 在平面区域 G 内连续，关于 x 满足 Lipschitz 条件，L 是 Lipschitz 常数，$\varphi_1(t)$，$\varphi_2(t)$ 分别是方程 $\frac{\mathrm{d}x}{\mathrm{d}t}=f(t,x)$ 的 ε_1 和 ε_2 逼近解，都在区间 $[t_1,t_2]$ 上有定义，$t_0\in[t_1,t_2]$ 且

$$|\varphi_1(t_0)-\varphi_2(t_0)|\leqslant\delta.$$

用 Gronwall 不等式证明：当 $t\in[t_1,t_2]$ 时，

$$|\varphi_1(t)-\varphi_2(t)|\leqslant\delta \mathrm{e}^{L|t-t_0|}+\frac{\varepsilon}{L}(\mathrm{e}^{L|t-t_0|}-1),$$

其中 $\varepsilon=\varepsilon_1+\varepsilon_2$.

3. 不用推广的 Gronwall 不等式，直接证明 Gronwall 不等式的另一推广：设 $x(t)$，$f(t)$ 为区间 $[t_0,t_1]$ 上的连续函数，$f(t)\geqslant 0$，C,K 为常数. $K\geqslant 0$. 若当 $t\in[t_0,t_1]$ 时，有

$$x(t)\leqslant C+\int_{t_0}^{t}(f(\tau)x(\tau)+K)\,\mathrm{d}\tau,$$

则当 $t\in[t_0,t_1]$ 时，

$$x(t)\leqslant(C+K(t-t_0))\exp\left(\int_{t_0}^{t}f(\tau)\,\mathrm{d}\tau\right).$$

4. 证明第二比较定理.

*5. 设初值问题

$$\frac{\mathrm{d}x}{\mathrm{d}t}=t^2+(x+1)^2,\quad x(0)=0 \tag{5.34}$$

的解的右侧最大存在区间为 $[0,\beta)$，按下列步骤证明 $\frac{\pi}{4}<\beta<1$：

(1) 利用不等式：当 $|t|\leqslant1$ 时，

$$(x+1)^2\leqslant t^2+(x+1)^2\leqslant1+(x+1)^2,$$

证明 $\frac{\pi}{4}\leqslant\beta\leqslant1$.

(2) 在初值问题(5.34)的积分曲线上取一点 (ξ,η)，其中 ξ 为充分小的正数，比较初值问题(5.34)和初值问题

$$\frac{\mathrm{d}x}{\mathrm{d}t}=(x+1)^2,\quad x(\xi)=\eta,$$

证明 $\beta<1$.

(3) 取正数 λ，使得 $1-\lambda$ 为充分小的正数，比较初值问题(5.34)和初值问题

$$\frac{\mathrm{d}x}{\mathrm{d}t}=\lambda^2+(x+1)^2,\quad x(0)=0,$$

证明 $\beta>\frac{\pi}{4}$.

6. 证明：若初值问题

$$\frac{\mathrm{d}x}{\mathrm{d}t}=\sin(tx),\quad x(0)=x_0$$

的积分曲线与直线 $x=t$ 当 $t>0$ 时有交点，则

$$\lim_{t\to+\infty}x(t)=0,$$

其中 $x_0>0$，$x(t)$ 为初值问题的解.

§ 5.5　解对初值和参数的依赖性

前面我们在讨论解的存在性和解的延拓时，都是把初值 (t_0,x_0) 看成固定的，因此得到的解 φ 只是 t 的函数 $\varphi(t)$. 若初值发生了改变，则相应的初值问题的解也随之改变. 因此，初值问题的解 φ 不仅依赖于自变量 t，而且还依赖于初值 (t_0,x_0). 如

果微分方程还包含某个参数 λ,那么这个解除了依赖于 t,还依赖于 t_0,x_0,λ,从而微分方程的解可以看成关于四个变量 (t,t_0,x_0,λ) 的函数,记为 $x=\varphi(t;t_0,x_0,\lambda)$. 我们有必要研究解 $\varphi(t;t_0,x_0,\lambda)$ 对参数 (t_0,x_0,λ) 的连续依赖性和可微依赖性. 在实际应用中,我们关心这样的依赖性,是因为一个初值问题的初始值或参数值往往是由实验测定的,不可避免地会带有误差. 因此,重要的问题就是当初值或参数值发生微小改变时相应的解如何改变?

更一般地,考虑初值问题

$$\frac{\mathrm{d}\boldsymbol{x}}{\mathrm{d}t}=\boldsymbol{f}(t,\boldsymbol{x},\boldsymbol{\lambda}),\quad \boldsymbol{x}(t_0)=\boldsymbol{x}_0, \tag{5.35}$$

其中 $\boldsymbol{x},\boldsymbol{x}_0,\boldsymbol{f}\in\mathbb{R}^n,\boldsymbol{\lambda}\in\mathbb{R}^m$. 作平移变换 $\tilde{t}=t-t_0,\tilde{\boldsymbol{x}}=\boldsymbol{x}-\boldsymbol{x}_0$,并把新的变量仍记为 $t,\boldsymbol{x}$,则初值问题(5.35)可化为

$$\frac{\mathrm{d}\boldsymbol{x}}{\mathrm{d}t}=\boldsymbol{f}(t+t_0,\boldsymbol{x}+\boldsymbol{x}_0,\boldsymbol{\lambda}),\quad \boldsymbol{x}(0)=\boldsymbol{0}. \tag{5.36}$$

这样我们就把初值统一地固定在 $(0,\boldsymbol{0})$ 处,而把问题化成对参数的依赖性问题. 这里 $(t_0,\boldsymbol{x}_0)$ 被看成同 $\boldsymbol{\lambda}$ 一样的参数. 因此,对初值的依赖性可归结为对参数的依赖性. 下面我们讨论初值问题

$$\frac{\mathrm{d}\boldsymbol{x}}{\mathrm{d}t}=\boldsymbol{f}(t,\boldsymbol{x},\boldsymbol{\lambda}),\quad \boldsymbol{x}(0)=\boldsymbol{0} \tag{5.37}$$

对参数 $\boldsymbol{\lambda}$ 的依赖性.

定理 5.9(连续依赖性定理)　设 $\boldsymbol{f}:G\subset\mathbb{R}\times\mathbb{R}^n\times\mathbb{R}^m\to\mathbb{R}^n$ 为连续函数,其中

$$G=\{(t,\boldsymbol{x},\boldsymbol{\lambda})\in\mathbb{R}\times\mathbb{R}^n\times\mathbb{R}^m:|t|\leqslant a,\|\boldsymbol{x}\|\leqslant b,\|\boldsymbol{\lambda}-\boldsymbol{\lambda}_0\|\leqslant c\},$$

而且 $\boldsymbol{f}$ 对 $\boldsymbol{x}$ 满足 Lipschitz 条件

$$\|\boldsymbol{f}(t,\boldsymbol{x}_1,\boldsymbol{\lambda})-\boldsymbol{f}(t,\boldsymbol{x}_2,\boldsymbol{\lambda})\|\leqslant L\|\boldsymbol{x}_1-\boldsymbol{x}_2\|,$$

其中 $L\geqslant 0$ 是常数,则初值问题(5.37)的解 $\boldsymbol{\varphi}(t,\boldsymbol{\lambda})$ 在区域 $D=\{(t,\boldsymbol{\lambda})\in\mathbb{R}\times\mathbb{R}^m:|t|\leqslant h,\|\boldsymbol{\lambda}-\boldsymbol{\lambda}_0\|\leqslant c\}$ 上连续,其中

$$h=\min\left\{a,\frac{b}{M}\right\},$$

$$M=\max\{\|\boldsymbol{f}(t,\boldsymbol{x},\boldsymbol{\lambda})\|:(t,\boldsymbol{x},\boldsymbol{\lambda})\in G\}.$$

证明　证明过程与 §5.1 的 Picard 存在唯一性定理证明类似,只是增加 Picard 序列对参数 $\boldsymbol{\lambda}$ 的连续性. 因此我们只给出证明梗概.

第一步　初值问题(5.37)等价于积分方程

$$\boldsymbol{x}(t)=\int_{0}^{t}\boldsymbol{f}(\tau,\boldsymbol{x}(\tau),\boldsymbol{\lambda})\,\mathrm{d}\tau.$$

第二步　用等价积分方程构造 Picard 序列 $\{\boldsymbol{\varphi}_k(t,\boldsymbol{\lambda})\}$，其中 $\boldsymbol{\varphi}_0(t,\boldsymbol{\lambda})\equiv\boldsymbol{0}$，且

$$\boldsymbol{\varphi}_{k+1}(t,\boldsymbol{\lambda})=\int_{0}^{t}\boldsymbol{f}(\tau,\boldsymbol{\varphi}_k(\tau,\boldsymbol{\lambda}),\boldsymbol{\lambda})\,\mathrm{d}\tau,\tag{5.38}$$

这里 $(t,\boldsymbol{\lambda})\in D$. 归纳地证明 $\boldsymbol{\varphi}_k(t,\boldsymbol{\lambda})$ 对 $(t,\boldsymbol{\lambda})\in D$ 连续.

第三步　归纳地证明

$$\|\boldsymbol{\varphi}_k(t,\boldsymbol{\lambda})-\boldsymbol{\varphi}_{k-1}(t,\boldsymbol{\lambda})\|\leqslant\frac{ML^{k-1}}{k!}|t|^k,$$

从而，序列 $\{\boldsymbol{\varphi}_k(t,\boldsymbol{\lambda})\}$ 对 $(t,\boldsymbol{\lambda})\in D$ 一致地收敛.

第四步　令

$$\lim_{k\to\infty}\boldsymbol{\varphi}_k(t,\boldsymbol{\lambda})=\boldsymbol{\varphi}(t,\boldsymbol{\lambda}).$$

可以验证 $\boldsymbol{\varphi}$ 是初值问题(5.37)的解. 根据第三步证明的收敛一致性，$\boldsymbol{\varphi}$ 对 $(t,\boldsymbol{\lambda})\in D$ 连续.

第五步　类似 § 5.1 的 Picard 存在唯一性定理可以证明 $\boldsymbol{\varphi}$ 的唯一性. 从而证明了定理 5.9.　□

相应于局部存在的解在某个区间上的整体延拓，我们还有以下结果. 我们只叙述方程的解关于初值的依赖性，读者可自己考虑解关于参数的依赖性.

定理 5.10(整体连续依赖性定理)　*设 $\boldsymbol{f}:G\subset\mathbb{R}\times\mathbb{R}^n\to\mathbb{R}^n$ 为连续函数，其中 G 为 $\mathbb{R}\times\mathbb{R}^n$ 上一个开区域，$\boldsymbol{f}$ 对 $\boldsymbol{x}$ 满足局部 Lipschitz 条件，即 $\forall P\in G$，存在以 P 为中心的矩形邻域 $\Omega(P)\subset G$，使得 $\boldsymbol{f}$ 在 $\Omega(P)$ 上是 Lipschitz 的. 设 $\boldsymbol{x}=\boldsymbol{\xi}(t)$ 是微分方程组(5.2)的一个解，它至少在区间 $[a,b]$ 上存在，则存在常数 $\delta>0$，当初值点 $(t_0,\boldsymbol{x}_0)$ 满足条件*

$$a\leqslant t_0\leqslant b,\quad \|\boldsymbol{x}_0-\boldsymbol{\xi}(t_0)\|\leqslant\delta$$

时，方程组(5.2)满足初值条件 $\boldsymbol{x}(t_0)=\boldsymbol{x}_0$ 的解 $\boldsymbol{\varphi}(t;t_0,\boldsymbol{x}_0)$ 至少也在 $[a,b]$ 上存在，且在区域

$$D_\delta=\{(t,t_0,\boldsymbol{x}_0)\in\mathbb{R}\times\mathbb{R}\times\mathbb{R}^n:t,t_0\in[a,b],\|\boldsymbol{x}_0-\boldsymbol{\xi}(t_0)\|\leqslant\delta\}$$

上对 $(t,t_0,\boldsymbol{x}_0)$ 连续.

证明　仍采用 Picard 逼近序列来证明，但与定理 5.9 有所不同.

第一步　Lipschitz 常数的一致化. 由于积分曲线段

$$\Gamma=\{(t,\boldsymbol{x}):\boldsymbol{x}=\boldsymbol{\xi}(t),a\leqslant t\leqslant b\}$$

是 G 内的有界闭集，用有限覆盖定理，可以找到覆盖 Γ 的有限个小的开矩形邻域

$B(p_j)$（其中 $j=1,2,\cdots,m$），而在每个这样的邻域 $B(p_j)$ 上相应有 Lipschitz 常数 $L_j>0$. 在这有限个小邻域中可以比较出一个最小的“半径”（或相交部分的“半径”）$d>0$. 因此存在 Γ 的“管状”邻域

$$\Sigma_d=\{(t,\boldsymbol{x})\in G: a\leqslant t\leqslant b, \|\boldsymbol{x}-\boldsymbol{\xi}(t)\|\leqslant d\},$$

使得 $\boldsymbol{f}$ 在 Σ_d 上是（整体地）Lipschitz 的，并且有 Lipschitz 常数 $L=\max\{L_1,L_2,\cdots,L_m\}$，见图 5.8.

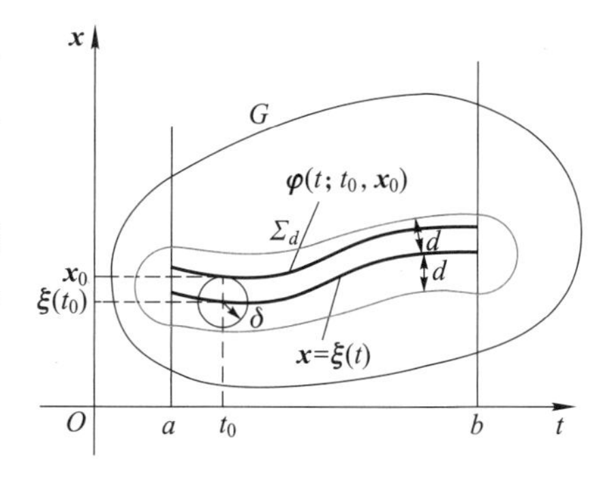

图 5.8　解关于初值的整体连续依赖性

第二步　用等价积分方程构造“管状”邻域 Σ_d 上的 Picard 序列 $\{\boldsymbol{\varphi}_k(t;t_0,\boldsymbol{x}_0)\}$，其中 $\boldsymbol{\varphi}_0(t;t_0,\boldsymbol{x}_0)=\boldsymbol{x}_0+\boldsymbol{\xi}(t)-\boldsymbol{\xi}(t_0)$，且

$$\boldsymbol{\varphi}_{k+1}(t;t_0,\boldsymbol{x}_0)=\boldsymbol{x}_0+\int_{t_0}^{t}\boldsymbol{f}(\tau,\boldsymbol{\varphi}_k(\tau;t_0,\boldsymbol{x}_0))\,\mathrm{d}\tau.$$

第三步　取 $\delta=\dfrac{1}{2}\mathrm{e}^{-L(b-a)}d$，显然 $0<\delta<d$. 我们在区域 D_δ 上归纳地证明

$$\|\boldsymbol{\varphi}_k(t;t_0,\boldsymbol{x}_0)-\boldsymbol{\xi}(t)\|<d, \tag{5.39}$$

$$\begin{aligned}&\|\boldsymbol{\varphi}_{k+1}(t;t_0,\boldsymbol{x}_0)-\boldsymbol{\varphi}_k(t;t_0,\boldsymbol{x}_0)\|\\ \leqslant&\frac{(L|t-t_0|)^{k+1}}{(k+1)!}\|\boldsymbol{x}_0-\boldsymbol{\xi}(t_0)\|,\quad k=0,1,2,\cdots,\end{aligned} \tag{5.40}$$

这里（5.39）式保证 Picard 序列的函数图像仍留在管状邻域内.

事实上，对 $k=0$，

$$\|\boldsymbol{\varphi}_0(t;t_0,\boldsymbol{x}_0)-\boldsymbol{\xi}(t)\|=\|\boldsymbol{x}_0-\boldsymbol{\xi}(t_0)\|\leqslant\delta<d,$$

$$\begin{aligned}&\|\boldsymbol{\varphi}_1(t;t_0,\boldsymbol{x}_0)-\boldsymbol{\varphi}_0(t;t_0,\boldsymbol{x}_0)\|\\ =&\left\|\int_{t_0}^{t}\boldsymbol{f}(\tau,\boldsymbol{\varphi}_0(\tau;t_0,\boldsymbol{x}_0))\,\mathrm{d}\tau-\boldsymbol{\xi}(t)+\boldsymbol{\xi}(t_0)\right\|\\ =&\left\|\int_{t_0}^{t}\boldsymbol{f}(\tau,\boldsymbol{\varphi}_0(\tau;t_0,\boldsymbol{x}_0))\,\mathrm{d}\tau-\int_{t_0}^{t}\boldsymbol{f}(\tau,\boldsymbol{\xi}(\tau))\,\mathrm{d}\tau\right\|\\ \leqslant& L\left|\int_{t_0}^{t}\|\boldsymbol{\varphi}_0(\tau;t_0,\boldsymbol{x}_0)-\boldsymbol{\xi}(\tau)\|\,\mathrm{d}\tau\right|\\ =&L\|\boldsymbol{x}_0-\boldsymbol{\xi}(t_0)\|\,|t-t_0|.\end{aligned}$$

因此当 $k=0$ 时（5.39）式和（5.40）式成立.

现假设对 $k\leqslant s-1$，要证的（5.39）式和（5.40）式都成立，则当 $k=s$ 时，由关于

(5.40)式的归纳假设得

$$\begin{aligned}\|\boldsymbol{\varphi}_s(t;t_0,\boldsymbol{x}_0)-\boldsymbol{\xi}(t)\| &= \left\|\sum_{k=1}^{s}(\boldsymbol{\varphi}_k-\boldsymbol{\varphi}_{k-1})+(\boldsymbol{\varphi}_0-\boldsymbol{\xi}(t))\right\| \\ &\leqslant \sum_{k=1}^{s}\frac{(L\,|t-t_0|)^k}{k!}\|\boldsymbol{x}_0-\boldsymbol{\xi}(t_0)\|+\|\boldsymbol{x}_0-\boldsymbol{\xi}(t_0)\| \\ &\leqslant \mathrm{e}^{L|t-t_0|}\delta \leqslant \mathrm{e}^{L(b-a)}\delta<d,\end{aligned}$$

即归纳地证得(5.39)式. 对(5.40)式当 $k=s$ 的归纳证明同理利用 Lipschitz 条件来完成.

第四步　从第三步知道,构造的函数序列是一致收敛的. 令

$$\lim_{k\to\infty}\boldsymbol{\varphi}_k(t;t_0,\boldsymbol{x}_0)=\boldsymbol{\varphi}(t;t_0,\boldsymbol{x}_0).$$

可以验证 $\boldsymbol{\varphi}$ 是方程组(5.2)满足初值条件 $\boldsymbol{x}(t_0)=\boldsymbol{x}_0$ 的解. 根据第三步证明的一致收敛性, $\boldsymbol{\varphi}$ 对 $(t,t_0,\boldsymbol{x}_0)\in D_\delta$ 连续. 类似地可以证明 $\boldsymbol{\varphi}$ 的唯一性. 从而证明了定理 5.10.　□

下面我们继续讨论解对初值和参数的连续可微性. 先看一个例子:

例 5.6　考虑如下的带参数 α 的初值问题:

$$\frac{\mathrm{d}^2x}{\mathrm{d}t^2}+2\alpha\frac{\mathrm{d}x}{\mathrm{d}t}-x=0,\ x(t_0)=x_0,\ x'(t_0)=x_0'.$$

不难利用第四章的方法求出它的解为

$$x(t)=\frac{1}{2\sqrt{1+\alpha^2}}\{[(\alpha+\sqrt{1+\alpha^2})x_0+x_0']\mathrm{e}^{(-\alpha+\sqrt{1+\alpha^2})(t-t_0)}+$$

$$[(-\alpha+\sqrt{1+\alpha^2})x_0-x_0']\mathrm{e}^{(-\alpha-\sqrt{1+\alpha^2})(t-t_0)}\},$$

它是 (t,t_0,x_0,x_0',α) 的连续函数. 不难看出它对 (t,t_0,x_0,x_0',α) 还是连续可微的.

事实上,我们有下面的一般的结果:

定理 5.11(C^1 依赖性定理)　设 G 定义同定理 5.9, $\boldsymbol{f}:G\to\mathbb{R}^n$ 为连续函数,且对 $\boldsymbol{x},\boldsymbol{\lambda}$ 有连续偏导数,则初值问题(5.37)的解 $\boldsymbol{\varphi}(t,\boldsymbol{\lambda})$ 在区域

$$D=\{(t,\boldsymbol{\lambda})\in\mathbb{R}\times\mathbb{R}^m:|t|\leqslant h,\|\boldsymbol{\lambda}-\boldsymbol{\lambda}_0\|\leqslant c\}$$

上是连续可微的,其中 h,M 定义同定理 5.9.

证明　为了叙述方便,我们只给出 $\boldsymbol{x}$ 和 $\boldsymbol{\lambda}$ 都是一维情形的证明,因此下面不再用黑体. 与定理 5.9 的证明类似,我们采用下列步骤:

第一步　根据初值问题(5.37)的等价积分方程

$$x(t)=\int_0^t f(\tau,x(\tau),\lambda)\mathrm{d}\tau,$$

构造 Picard 序列$\{\varphi_k(t,\lambda)\}$,$\varphi_0(t,\lambda)\equiv 0$,且

$$\varphi_{k+1}(t,\lambda)=\int_0^t f(\tau,\varphi_k(\tau,\lambda),\lambda)\mathrm{d}\tau,$$

其中$(t,\lambda)\in D$.

第二步　由$f(t,x,\lambda)$对x,λ有连续偏导数及区域G是有界闭集,类似定理 5.10 证明的第一步,可以证明$f(t,x,\lambda)$在G上对x,λ是 Lipschitz 的. 根据定理 5.9,序列$\{\varphi_k(t,\lambda)\}$对$(t,\lambda)\in D$一致地收敛. 进而,

$$\varphi(t,\lambda)=\lim_{k\to\infty}\varphi_k(t,\lambda)$$

是初值问题(5.37)的唯一解并且是一个连续函数.

第三步　欲证$\varphi(t,\lambda)$对λ有连续偏导数,只需要补充证明序列$\left\{\dfrac{\partial\varphi_k}{\partial\lambda}\right\}$一致收敛. 由(5.38)式可以归纳地证明:$\varphi_k(t,\lambda)$对$(t,\lambda)\in D$连续可微且满足

$$\frac{\partial\varphi_{k+1}}{\partial\lambda}=\int_0^t\left\{\frac{\partial f}{\partial x}(\tau,\varphi_k,\lambda)\frac{\partial\varphi_k}{\partial\lambda}+\frac{\partial f}{\partial\lambda}(\tau,\varphi_k,\lambda)\right\}\mathrm{d}\tau. \tag{5.41}$$

由 Cauchy 收敛基本定理,我们只需要证明,对任意给定的$s=1,2,\cdots$,如下定义的序列

$$v_{k,s}=\left|\frac{\partial\varphi_{k+s}}{\partial\lambda}-\frac{\partial\varphi_k}{\partial\lambda}\right| \tag{5.42}$$

当$k\to\infty$时对$(t,\lambda)\in D$一致地趋于 0.

第四步　由于G是有界闭集且$\dfrac{\partial f}{\partial\lambda},\dfrac{\partial f}{\partial x}$连续,故存在常数$M_1>0$,使得在$G$内

$$\left|\frac{\partial f}{\partial\lambda}\right|\leqslant M_1,\quad\left|\frac{\partial f}{\partial x}\right|\leqslant M_1. \tag{5.43}$$

注意到

$$\left|\frac{\partial\varphi_1}{\partial\lambda}\right|\leqslant\left|\int_0^t\left(\left|\frac{\partial f}{\partial x}\right|\left|\frac{\partial\varphi_0}{\partial\lambda}\right|+\left|\frac{\partial f}{\partial\lambda}\right|\right)\mathrm{d}\tau\right|\leqslant M_1|t|.$$

可归纳地证明

$$\left|\frac{\partial\varphi_k}{\partial\lambda}\right|\leqslant M_1|t|+\frac{(M_1|t|)^2}{2!}+\cdots+\frac{(M_1|t|)^k}{k!}.$$

因此

$$\left|\frac{\partial\varphi_k}{\partial\lambda}\right|\leqslant\beta=\mathrm{e}^{M_1h},\quad k=1,2,\cdots,\tag{5.44}$$

其中$(t,\lambda)\in D$,即$|t|\leqslant h$.

进一步,利用(5.42)式和(5.41)式得

$$\begin{aligned}v_{k+1,s}\leqslant&\left|\int_0^t\left(\frac{\partial}{\partial x}f(\tau,\varphi_{k+s},\lambda)\frac{\partial\varphi_{k+s}}{\partial\lambda}-\frac{\partial}{\partial x}f(\tau,\varphi_k,\lambda)\frac{\partial\varphi_k}{\partial\lambda}\right)\mathrm{d}\tau\right|+\\&\left|\int_0^t\left(\frac{\partial}{\partial\lambda}f(\tau,\varphi_{k+s},\lambda)-\frac{\partial}{\partial\lambda}f(\tau,\varphi_k,\lambda)\right)\mathrm{d}\tau\right|\\\leqslant&\left|\int_0^t\left|\frac{\partial}{\partial x}f(\tau,\varphi,\lambda)\right|v_{k,s}\mathrm{d}\tau\right|+d_{k,s}(t,\lambda),\end{aligned}\tag{5.45}$$

其中

$$\begin{aligned}d_{k,s}(t,\lambda)=&\left|\int_0^t\left(\frac{\partial}{\partial x}f(\tau,\varphi_{k+s},\lambda)-\frac{\partial}{\partial x}f(\tau,\varphi,\lambda)\right)\frac{\partial\varphi_{k+s}}{\partial\lambda}\mathrm{d}\tau\right|+\\&\left|\int_0^t\left(\frac{\partial}{\partial x}f(\tau,\varphi,\lambda)-\frac{\partial}{\partial x}f(\tau,\varphi_k,\lambda)\right)\frac{\partial\varphi_k}{\partial\lambda}\mathrm{d}\tau\right|+\\&\left|\int_0^t\left(\frac{\partial}{\partial\lambda}f(\tau,\varphi_{k+s},\lambda)-\frac{\partial}{\partial\lambda}f(\tau,\varphi_k,\lambda)\right)\mathrm{d}\tau.\right|\end{aligned}$$

注意到φ是$\{\varphi_k\}$的极限,而且$\dfrac{\partial f}{\partial x}$和$\dfrac{\partial f}{\partial\lambda}$连续,故

$$\lim_{k\to\infty}d_{k,s}(t,\lambda)=0$$

对$(t,\lambda)\in D$和$s=1,2,\cdots$一致地成立. 从而存在序列$\{\varepsilon_k\}$,使得$\varepsilon_k>0,\varepsilon_k\to0(k\to\infty)$,而且

$$v_{k+1,s}\leqslant M_1\left|\int_0^t v_{k,s}\mathrm{d}\tau\right|+\varepsilon_k,\tag{5.46}$$

其中我们利用了(5.45)式. 由于$v_{k,s}(t,\lambda)$连续而且非负,由(5.44)式知$v_{k,s}\leqslant2\beta$. 利用(5.46)式得

$$v_{k+1,s}\leqslant2\beta M_1|t|+\varepsilon_k.$$

归纳地可以证明

$$v_{k+m,s}\leqslant2\beta\frac{(M_1|t|)^m}{m!}+\sum_{j=0}^{m-1}\varepsilon_{k+m-1-j}\frac{(M_1|t|)^j}{j!}.\tag{5.47}$$

令$E_k=\sup\{\varepsilon_k,\varepsilon_{k+1},\cdots\}$. 显然$\{E_k\}$是一个单调递减的序列且趋于0. 因此从(5.47)

式知道

$$v_{k+m,s} \leqslant 2\beta \frac{(M_1|t|)^m}{m!} + e^{M_1 h} E_k. \tag{5.48}$$

易见(5.48)式右端两项分别当 $m\to\infty$ 和 $k\to\infty$ 时趋于0.从而对任给的 $\varepsilon>0$,存在正整数 N,使得当 $m>\frac{N}{2}, k>\frac{N}{2}$ 时,$v_{k+m,s} \leqslant \frac{\varepsilon}{2}+\frac{\varepsilon}{2}=\varepsilon$,即当 $k>N$ 时,$v_{k,s}<\varepsilon$,亦即当 $k\to\infty$ 时 $\{v_{k,s}\}$ 一致趋于0.从而完成了第三步的要求.

第五步　由上可知,$\frac{\partial \varphi_k}{\partial \lambda}$ 一致收敛并且

$$\lim_{k\to\infty} \frac{\partial \varphi_k}{\partial \lambda} = \frac{\partial \varphi}{\partial \lambda},$$

即 φ 对 λ 有连续偏导数.对等价积分方程求导得到

$$\frac{\mathrm{d}}{\mathrm{d}t}\varphi(t,\lambda) = f(t,\varphi,\lambda),$$

它在 D 上是连续的.因此 φ 对 $(t,\lambda)\in D$ 连续可微.从而证明了定理5.11.　□

当 x,λ 是一维时,考虑初值问题(5.35)的解 $\varphi(t;t_0,x_0,\lambda)$.根据定理5.11,我们有下列结果.

推论 5.5　$z=\frac{\partial \varphi}{\partial t_0}$ 满足初值问题

$$\frac{\mathrm{d}z}{\mathrm{d}t} = \left(\frac{\partial}{\partial x} f(t,\varphi,\lambda)\right) z, \quad z(t_0) = -f(t_0,x_0,\lambda). \tag{5.49}$$

$z=\frac{\partial \varphi}{\partial x_0}$ 满足初值问题

$$\frac{\mathrm{d}z}{\mathrm{d}t} = \left(\frac{\partial}{\partial x} f(t,\varphi,\lambda)\right) z, \quad z(t_0) = 1. \tag{5.50}$$

$z=\frac{\partial \varphi}{\partial \lambda}$ 满足初值问题

$$\frac{\mathrm{d}z}{\mathrm{d}t} = \left(\frac{\partial}{\partial x} f(t,\varphi,\lambda)\right) z + \frac{\partial}{\partial \lambda} f(t,\varphi,\lambda), \quad z(t_0) = 0. \tag{5.51}$$

上述三个线性方程(5.49)、(5.50)、(5.51)称为初值问题(5.35)关于 t_0,x_0,λ 的线性变分方程.证明是利用初值问题(5.35)的等价积分方程来对 t_0,x_0,λ 作相应的求导.读者可以自己完成推论5.5的证明.

例 5.7　设 $x=\varphi(t;t_0,x_0,\mu)$ 是如下带参数 μ 的初值问题:

$$\frac{\mathrm{d}x}{\mathrm{d}t}=\cos(\mu tx), \quad x(t_0)=x_0$$

的解,求解初值问题

$$\frac{\mathrm{d}z}{\mathrm{d}t}=-\mu tz\sin(\mu t\varphi), \quad z(t_0)=-\cos(\mu t_0x_0),$$

得

$$\frac{\partial\varphi}{\partial t_0}=-\cos(\mu t_0x_0)\exp\left(-\mu\int_{t_0}^{t}\tau\sin(\mu\tau\varphi(\tau;t_0,x_0,\mu))\,\mathrm{d}\tau\right).$$

求解初值问题

$$\frac{\mathrm{d}z}{\mathrm{d}t}=-\mu tz\sin(\mu t\varphi), \quad z(t_0)=1,$$

得

$$\frac{\partial\varphi}{\partial x_0}=\exp\left(-\mu\int_{t_0}^{t}\tau\sin(\mu\tau\varphi(\tau;t_0,x_0,\mu))\,\mathrm{d}\tau\right).$$

求解初值问题

$$\frac{\mathrm{d}z}{\mathrm{d}t}=-\mu tz\sin(\mu t\varphi)-t\varphi\sin(\mu t\varphi), \ z(t_0)=0,$$

得

$$\frac{\partial\varphi}{\partial\mu}=-\exp(\eta(t,\varphi,\mu))\int_{t_0}^{t}\tau\varphi\sin(\mu\tau\varphi)\exp(-\eta(\tau,\varphi,\mu))\,\mathrm{d}\tau,$$

其中

$$\eta(t,\varphi,\mu)=-\mu\int_{t_0}^{t}\tau\sin(\mu\tau\varphi)\,\mathrm{d}\tau.$$

因此我们有

$$\left.\frac{\partial\varphi}{\partial t_0}\right|_{\mu=0}=-1, \ \left.\frac{\partial\varphi}{\partial x_0}\right|_{\mu=0}=1, \ \left.\frac{\partial\varphi}{\partial\mu}\right|_{\mu=0}=0.$$

习题 5.5

1. 设函数 $f(x,y)$, $g(x,y)$ 在 Oxy 平面上某区域 G 内连续,且满足 Lipschitz 条件, $(x_0,y_0)\in G$. 证明: $f(x_0,y_0)=g(x_0,y_0)=0$ 当且仅当方程组

$$\frac{dx}{dt}=f(x,y),\quad \frac{dy}{dt}=g(x,y)$$

在(x_0,y_0)的任意邻域内都有时间长为任意大的轨道段. 这里我们把方程的解$(x(t),y(t))$看成Oxy平面上以t为参数的曲线,称为轨道.

2. 证明推论 5.5.

3. 给定方程

$$\frac{dx}{dt}=\sin(tx),$$

求$\frac{\partial x}{\partial t_0}(t;t_0,x_0)$和$\frac{\partial x}{\partial x_0}(t;t_0,x_0)$在$t_0=0,x_0=0$处的表达式,并证明若$\varphi(t,\eta)$是方程满足初值条件$x(0)=\eta$的解,则恒有

$$\frac{\partial \varphi}{\partial \eta}(t,\eta)>0.$$

4. 令

$$\boldsymbol{x}=\begin{pmatrix}x_1\\x_2\\\vdots\\x_n\end{pmatrix},\ \boldsymbol{f}=\begin{pmatrix}f_1\\f_2\\\vdots\\f_n\end{pmatrix},\boldsymbol{x}_0=\begin{pmatrix}x_1^0\\x_2^0\\\vdots\\x_n^0\end{pmatrix},$$

证明初值问题

$$\frac{d\boldsymbol{x}}{dt}=\boldsymbol{f}(t,\boldsymbol{x}),\quad \boldsymbol{x}(t_0)=\boldsymbol{x}_0$$

的解$\boldsymbol{x}=\boldsymbol{x}(t;t_0,\boldsymbol{x}_0)$满足恒等式

$$\frac{\partial \boldsymbol{x}(t;t_0,\boldsymbol{x}_0)}{\partial t_0}+\sum_{i=1}^{n}\frac{\partial \boldsymbol{x}(t;t_0,\boldsymbol{x}_0)}{\partial x_i^0}f_i(t_0,\boldsymbol{x}_0)\equiv 0.$$

§5.6 微分方程数值解

在实际应用中常常需要求解如下形式的初值问题:

$$\frac{dx}{dt}=f(t,x),\quad x(t_0)=x_0. \tag{5.52}$$

由 Picard 存在唯一性定理,我们知道,只要$f(t,x)$连续且关于x满足局部 Lipschitz 条件,初值问题(5.52)的解就存在唯一. 但是除了一些特殊形式的方程外,能够用初等方法求得解析解的初值问题只是极少数,为了适应科学技术的发展,研究高精度和高效率的微分方程的数值解变得越来越重要,特别是现代计算机技术的飞速发展为微分方程的数值计算提供了便利条件.

本章介绍的 Picard 逐步逼近法和 Euler 折线法实际上就是两种求初值问题(5.52)的近似解的数值方法. 但是由于它们具有精度差和收敛速度较慢等缺点,几乎没有多少实用性. 然而,它们的思想成为了微分方程数值解技术的基础. 在本节我们将介绍两种常用的方法,即改进的 Euler 方法和 Runge-Kutta(龙格-库塔)方法. 有兴趣进一步了解微分方程数值解的读者可参看文献[13]的第九章和[21]的第七章.

所谓初值问题(5.52)的数值解,是指解 $x(t)$ 在一些离散的点(称为**节点**) $t_1<t_2<\cdots<t_n<\cdots$ 处的近似值 $x_1,x_2,\cdots,x_n,\cdots$. 这里,两个相邻节点的距离 $h_k=x_{k+1}-x_k$ 称为**步长**. 通常我们沿着节点的次序逐步求出 $x_1,x_2,\cdots,x_m$,再用这些已知的近似值计算下一个 x_{m+1}. 因此,首先要将初值问题(5.52)离散化,然后再导出计算 x_{m+1} 的递推公式. 如果某种数值方法在计算 x_{m+1} 时只用到了前面一个节点处的近似值 x_m,我们就称这种数值方法为**单步法**;如果某种数值方法在计算 x_{m+1} 时用到了前面 k 个节点处的近似值 $x_{m-k+1},x_{m-k+2},\cdots,x_m$,我们就称这种数值方法为 k **步法**.

在本节我们假定所有的步长 $h_1,h_2,\cdots,h_n,\cdots$ 均为相同的值 h,因此对任意的 $m\geqslant 1,t_m=t_0+mh$. 同时我们假设函数 $f(t,x)$ 充分光滑,由参考文献[8]知初值问题(5.52)的解具有和 $f(t,x)$ 相同的光滑程度.

根据上面的记号,在前面 § 5.2 中介绍的初值问题(5.52)的 Euler 折线的递推公式可写成

$$x_n=x_{n-1}+hf(t_{n-1},x_{n-1}),\quad n=1,2,\cdots. \tag{5.53}$$

因此只要知道了初始值 x_0,就可用(5.53)式逐步算出 $x_1,x_2,\cdots,x_m$. (5.53)式就是著名的 **Euler 公式**.

例 5.8　考虑初值问题

$$\frac{\mathrm{d}x}{\mathrm{d}t}=x+t+1,\quad x(0)=0,$$

其中 $t\in[0,1]$. 它的解析解为 $x(t)=2\mathrm{e}^t-t-2$. 取 $h=0.1$,这里 $t_0=0,x_0=0$,由 Euler 公式得递推公式

$$x_n=x_{n-1}+h(x_{n-1}+t_{n-1}+1).$$

由此可得如下计算结果:

t_n	$x(t_n)$	x_n	$\lvert x(t_n)-x_n\rvert$
0.1	0.110 341 836	0.100 000 000	0.010 341 836
0.2	0.242 805 516	0.220 000 000	0.022 805 516
0.3	0.399 717 616	0.362 000 000	0.037 717 616
0.4	0.583 649 396	0.528 200 000	0.055 449 396

续表

t_n	$x(t_n)$	x_n	$\|x(t_n)-x_n\|$
0.5	0.797 442 542	0.721 020 000	0.076 422 542
0.6	1.044 237 600	0.943 122 000	0.101 115 600
0.7	1.327 505 414	1.197 434 200	0.130 071 214
0.8	1.651 081 856	1.487 177 620	0.163 904 236
0.9	2.019 206 222	1.815 895 382	0.203 310 840
1.0	2.436 563 656	2.187 484 920	0.249 078 736

其中 $x(t_n)$ 为准确值，x_n 为由 Euler 公式得到的近似值，$|x(t_n)-x_n|$ 为绝对误差．

由例 5.8 可看出 Euler 折线法的精度是很差的. 这点也可从几何直观看出来．如图 5.9 所示：假设 x_n 没有误差，即点 $P_n(t_n,x_n)$ 在积分曲线上，则由 Euler 折线法作出的点 $P_{n+1}(t_{n+1},x_{n+1})$ 与 P_n 的连线 P_nP_{n+1} 为积分曲线过 P_n 的切线. 可以看出点 P_{n+1} 已明显偏离了积分曲线. 由于每次计算 x_n 时都有这样显著的误差，而这些误差又会逐步积累，因此越到后面，误差会越来越大，这一点清楚地体现在例 5.8 的表中.

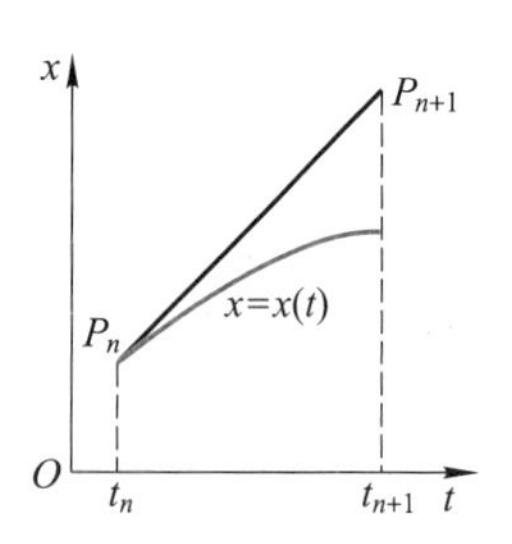

图 5.9 Euler 折线法的误差

为了改进 Euler 折线法以提高计算的精度，我们对方程(5.52)的两边从 t_n 到 t_{n+1} 积分，得

$$x(t_{n+1})=x(t_n)+\int_{t_n}^{t_{n+1}}f(\tau,x(\tau))\mathrm{d}\tau. \tag{5.54}$$

在(5.54)式中，如果我们用梯形法逼近右边的积分，即在被积区间 $[t_n,t_{n+1}]$ 上以由被积函数所表示的曲线分别与直线 $t=t_n$ 和 $t=t_{n+1}$ 相交所围成的梯形的面积近似代替(5.54)式右边的积分并用 x_n 代替 $x(t_n)$，x_{n+1} 代替 $x(t_{n+1})$，就得到

$$x_{n+1}=x_n+\frac{h}{2}(f(t_n,x_n)+f(t_{n+1},x_{n+1})). \tag{5.55}$$

由此得到一种新的近似方法，称为**梯形方法**.

梯形方法与 Euler 公式有着本质的区别. Euler 公式(5.53)是关于 x_{n+1} 的一个显式计算公式，通常称这一类方法为**显式法**，而梯形公式(5.55)右端含有未知量 x_{n+1}，它是关于 x_{n+1} 的一个函数方程，这一类方法通常称为**隐式法**. 函数方程(5.55)可用迭代方法求解. 通常由 Euler 公式(5.53)提供迭代初值，然后用梯形公式(5.55)反复迭代多次以求得 x_{n+1} 的近似值. 因此我们有递推公式

$$x_{n+1}^0=x_n+hf(t_n,x_n),$$

$$x_{n+1}^{k+1}=x_n+\frac{h}{2}[f(t_n,x_n)+f(t_{n+1},x_{n+1}^k)]\ (k=0,1,2,\cdots).$$

由此可见,梯形方法的算法是相当复杂的,在进行迭代运算时,每次都要重新计算函数值$f(t,x)$,而这样的迭代又要反复进行多次,计算量相当大. 为了简化计算,我们通常只迭代一两次就转入下一步的计算,这就极大地减少了计算量. 具体做法是:先用 Euler 公式(5.53)求得一个初步的近似值 $\bar{x}_{n+1}$,称为预测值,它的精度可能很差,再用梯形公式(5.55)得到一个校正值 x_{n+1}. 由此得到下列递推公式:

$$\begin{aligned}&\text{预测}: \bar{x}_{n+1}=x_n+hf(t_n,x_n),\\ &\text{校正}: x_{n+1}=x_n+\frac{h}{2}(f(t_n,x_n)+f(t_{n+1},\bar{x}_{n+1}))\end{aligned} \quad (5.56)$$

我们称这样的预测—校正系统为**改进的 Euler 公式**. 公式(5.56)也可写成下面的形式:

$$\begin{cases}x_p=x_n+hf(t_n,x_n),\\ x_c=x_n+hf(t_{n+1},x_p),\\ x_{n+1}=\dfrac{1}{2}(x_p+x_c).\end{cases}$$

例 5.9 考虑例 5.8 的初值问题,仍取 $h=0.1$,用改进的 Euler 公式得如下计算结果:

t_n	$x(t_n)$	x_n	$\lvert x(t_n)-x_n\rvert$
0.1	0.110 341 836	0.110 000 000	0.000 341 836
0.2	0.242 805 516	0.242 050 000	0.000 755 516
0.3	0.399 717 616	0.398 465 250	0.001 252 366
0.4	0.583 649 396	0.581 804 101	0.001 845 295
0.5	0.797 442 542	0.794 893 532	0.002 549 010
0.6	1.044 237 600	1.040 857 353	0.003 380 247
0.7	1.327 505 414	1.323 147 375	0.004 358 039
0.8	1.651 081 856	1.645 577 849	0.005 504 007
0.9	2.019 206 222	2.012 363 523	0.006 842 699
1.0	2.436 563 656	2.428 161 693	0.008 401 963

同样地,这里 $x(t_n)$为准确值,x_n 为近似值. 这个例子表明,改进的 Euler 方法比 Euler 折线法的精度提高了很多.

改进的 Euler 方法和 Euler 折线法都是单步法. 单步法的一般形式为

$$x_{n+1}=x_n+h\Phi(t_n,x_n,x_{n+1},h). \quad (5.57)$$

如果(5.57)式右边的函数 Φ 不含 x_{n+1} 即为**显式单步法**,其一般形式为

$$x_{n+1}=x_n+h\Phi(t_n,x_n,h). \quad (5.58)$$

为了讨论显式单步法的精度,我们引入如下概念.

定义 5.2　设 $x(t)$ 为初值问题(5.52)的准确解,则称

$$T_{n+1}=x(t_{n+1})-x(t_n)-h\Phi(t_n,x(t_n),h) \tag{5.59}$$

为显式单步法(5.58)的**局部截断误差**.

假设在 $x_1,x_2,\cdots,x_n$ 的计算中没有误差,即有 $x_n=x(t_n)$. 则由(5.58)式,

$$x(t_{n+1})-x_{n+1}=x(t_{n+1})-x(t_n)-h\Phi(t_n,x(t_n),h)=T_{n+1}.$$

因此局部截断误差 T_{n+1} 可理解为用显式单步法(5.58)计算一步所产生的误差.

定义 5.3　设 $x(t)$ 为初值问题(5.52)的准确解. 若存在最大整数 p,使得显式单步法(5.58)的局部截断误差满足

$$\begin{aligned}T_{n+1}&=x(t_n+h)-x(t_n)-h\Phi(t_n,x(t_n),h)\\&=\phi(t_n,x(t_n))h^{p+1}+O(h^{p+2}),\end{aligned}$$

则称显式单步法(5.58)具有 p **阶精度**,$\phi(t_n,x(t_n))h^{p+1}$ 称为**局部截断误差的主项**.

对 Euler 公式(5.53),利用 Taylor 公式,其局部截断误差可计算如下:

$$\begin{aligned}T_{n+1}&=x(t_{n+1})-x(t_n)-hf(t_n,x(t_n))\\&=x(t_n+h)-x(t_n)-hx'(t_n)\\&=\frac{h^2}{2}x''(t_n)+O(h^3).\end{aligned}$$

因此 Euler 公式具有一阶精度,其局部截断误差主项为$\frac{h^2}{2}x''(t_n)$.

上述讨论对隐式单步法(5.57)也同样适用. 特别地,对梯形公式(5.55)有

$$\begin{aligned}T_{n+1}&=x(t_{n+1})-x(t_n)-\frac{h}{2}[f(t_n,x(t_n))+f(t_{n+1},x(t_{n+1}))]\\&=x(t_n+h)-x(t_n)-\frac{h}{2}[x'(t_n)+x'(t_n+h)]\\&=-\frac{h^3}{12}x'''(t_n)+O(h^4).\end{aligned}$$

因此梯形公式具有二阶精度,其局部截断误差主项为$-\frac{h^3}{12}x'''(t_n)$. 同样可证明改进的 Euler 公式(5.56)也具有二阶精度. 因此梯形方法和改进的 Euler 方法的精度都比 Euler 公式的精度高.

由(5.54)式可知,若要使初值问题(5.52)的近似计算的精度得到提高,关键在于提高(5.54)式右边的积分的数值计算的精度,这就必然要增加求积节点. 一般

地,(5.54)式右边的积分可用求积公式近似地得到

$$\int_{t_n}^{t_{n+1}} f(t,x(t))\,\mathrm{d}t \approx h\sum_{i=1}^{q} w_i f(t_n+\lambda_i h, x(t_n+\lambda_i h)), \tag{5.60}$$

其中 w_i,λ_i 为常数.一般来说,q 越大,即节点数越多,精度越高.

由(5.60)式可推导出计算 x_{n+1} 的隐式公式,为得到便于计算的显式公式,类似于改进的 Euler 公式(5.56),可将公式表示为

$$\begin{aligned} &x_{n+1}=x_n+h\sum_{i=1}^{q} w_i K_i,\\ &K_1=f(t_n,x_n),\\ &K_i=f\left(t_n+\lambda_i h, x_n+h\sum_{j=1}^{i-1}\mu_j K_j\right)\quad (i=2,3,\cdots,q). \end{aligned} \tag{5.61}$$

其中 μ_j 为常数.公式(5.61)称为 q 级显式 **Runge-Kutta 方法**,简称 **R-K 方法**.当 $q=1$ 时,即为 Euler 公式(5.53),而改进的 Euler 公式(5.56)为当 $q=2$ 时的其中一种显式 Runge-Kutta 方法.

要使公式(5.61)的局部截断误差的阶数 p 提高,就要增加 q 的值.在实际应用中较常用的是如下的**四阶 Runge-Kutta 公式**:

$$\begin{aligned} &K_1=f(t_n,x_n),\\ &K_2=f\left(t_n+\frac{h}{2}, x_n+\frac{h}{2}K_1\right),\\ &K_3=f\left(t_n+\frac{h}{2}, x_n+\frac{h}{2}K_2\right),\\ &K_4=f(t_n+h, x_n+hK_3),\\ &x_{n+1}=x_n+\frac{h}{6}(K_1+2K_2+2K_3+K_4), \end{aligned} \tag{5.62}$$

它具有四阶精度.公式(5.62)的推导及其局部截断误差的阶数的证明都相当复杂,这里从略.

例 5.10　仍考虑例 5.8 的初值问题,仍取 $h=0.1$,用四阶 Runge-Kutta 公式(5.62)得如下计算结果:

t_n	$x(t_n)$	x_n	$\lvert x(t_n)-x_n\rvert$
0.1	0.110 341 836	0.110 341 667	1.693×10^{-7}
0.2	0.242 805 516	0.242 805 142	3.742×10^{-7}
0.3	0.399 717 616	0.399 716 994	6.217×10^{-7}

续表

t_n	$x(t_n)$	x_n	$\|x(t_n)-x_n\|$
0.4	0.583 649 396	0.583 648 480	9.157×10^{-7}
0.5	0.797 442 542	0.797 441 277	1.265×10^{-6}
0.6	1.044 237 600	1.044 235 924	1.676×10^{-6}
0.7	1.327 505 414	1.327 503 253	2.161×10^{-6}
0.8	1.651 081 856	1.651 079 126	2.730×10^{-6}
0.9	2.019 206 222	2.019 202 827	3.395×10^{-6}
1.0	2.436 563 656	2.436 559 488	4.168×10^{-6}

同样地,这里 $x(t_n)$ 为准确值,x_n 为近似值.

比较例 5.8、例 5.9 和例 5.10 的结果,可看出四阶 Runge-Kutta 公式的精度比改进的 Euler 方法和 Euler 折线法的精度都要高得多,但同时它的计算量也要大得多,不过我们可通过放大步长的方法减少计算量.

例 5.11 对例 5.8 的初值问题,取 $h=0.2$,用四阶 Runge-Kutta 公式(5.62)得如下计算结果:

t_n	$x(t_n)$	x_n	$\|x(t_n)-x_n\|$
0.2	0.242 805 516	0.242 800 000	$5.516\ 0\times10^{-6}$
0.4	0.583 649 396	0.583 635 920	$1.347\ 6\times10^{-5}$
0.6	1.044 237 600	1.044 212 913	$2.468\ 7\times10^{-5}$
0.8	1.651 081 856	1.651 041 652	$4.020\ 4\times10^{-5}$
1.0	2.436 563 656	2.436 502 274	$6.138\ 2\times10^{-5}$

在例 5.11 中,步长被放大了一倍,其计算量和例 5.9 所用的改进的 Euler 方法差不多,但精度却比改进的 Euler 方法高得多.

值得注意的是四阶 Runge-Kutta 公式的精度虽然很高,但它要求初值问题(5.52)的解具有较好的光滑性,如果(5.52)的解光滑性较差,用四阶 Runge-Kutta 公式求得的近似解的精度可能反而不如改进的 Euler 方法. 因此我们需要根据具体问题选择适当的方法.

习题 5.6

1. 证明改进的 Euler 公式具有二阶精度.

2. 选择你最熟悉的算法语言编写程序,分别用 Euler 折线法、改进的 Euler 方法和四阶 Runge-Kutta 公式求解初值问题

$$\frac{dx}{dt}=f(t,x),\quad x(t_0)=x_0.$$

取步长 $h=0.1$,用所编程序求解初值问题

$$\frac{dx}{dt}=x+\sin t,\quad x(0)=\frac{1}{2},$$

其中 $t\in[0,1]$,并与它的解析解 $x(t)=e^t-\frac{1}{2}(\sin t+\cos t)$进行比较.

3. 取步长 $h=0.1$,用四阶 Runge-Kutta 公式计算积分

$$\int_0^1 e^{-t^2}dt$$

的近似值.

第六章

定性理论初步

有些人,甚至我们自己的人,都认为外国数学家使用的方法虽然不够精确,并且也许是几何化的方法,但却更清楚明了.

——George Berkeley(乔治·伯克利,1685—1753)

我们研究微分方程的目的主要是求方程的解和确定解的属性,即对方程进行定量和定性研究.由于绝大多数的方程不能通过初等方法求得解析解,因此直接通过微分方程本身的结构而不是借助于微分方程的求解来研究解的属性及微分方程所定义的积分曲线的分布就显得特别重要.随着计算机技术的日新月异,使得对微分方程的高效率、高精度的近似解法的研究飞速发展,为微分方程的定量研究提供了有力工具.然而对微分方程的定性研究仍是不可或缺的.一方面,微分方程的定性结果往往成为定量数值计算的可行性、可靠性的有力保证并为之提供新的思想方法;另一方面,在系统对微小误差都十分敏感的情况下,往往使用定性理论的分析办法更为有效.

图 6.1　H. Poincaré(1854—1912)

图 6.2　A. M. Lyapunov
(李雅普诺夫,1857—1918)

微分方程定性理论是由法国数学家 Poincaré 在 19 世纪 80 年代所开创的. 俄国数学家 Lyapunov 在同一时期对微分方程的解的稳定性作了深入的研究,是微分方程定性理论的另一开拓者. 此后美国数学家 Birkhoff 继承和发展了定性理论并提出了动力系统的概念. 自 20 世纪 30 年代以来,动力系统理论有了长足的发展,目前已成为一个重要的数学分支,并广泛渗透到了自然科学、工程技术和社会科学的各个领域.

图 6.3 G. D. Birkhoff(1884—1944)提出了动力系统的概念

§6.1 动力系统概念

在上一章研究的微分方程组中,若 $\boldsymbol{f}(t,\boldsymbol{x})$ 只和 $\boldsymbol{x}$ 有关,即

$$\frac{\mathrm{d}\boldsymbol{x}}{\mathrm{d}t}=\boldsymbol{f}(\boldsymbol{x}), \tag{6.1}$$

其中 $\boldsymbol{x}\in\mathbb{R}^n$,则称该微分方程组为**自治微分方程组**或**自治系统**. 从物理上,可以把自治系统直观地理解为物体在空间 $\mathbb{R}^n$ 中运动,而在此空间中的每一点 $\boldsymbol{x}$ 处的速度 $\boldsymbol{f}(\boldsymbol{x})$ 是已经被规定好的且与时间无关. 我们把物体运动状态(位置 $\boldsymbol{x}$)所在的空间 $\mathbb{R}^n$ 称为**相空间**,把这种空间以及在其上面每一点处都定义的速度的整体称为一个**向量场**,把物体在这个向量场支配下走出的曲线称为**轨道**.

我们知道,方程组(6.1)在满足解的存在唯一性条件下对任何初值条件 $\boldsymbol{x}(t_0)=\boldsymbol{x}_0$ 都确定唯一的一条解曲线 $\boldsymbol{x}=\boldsymbol{\varphi}(t;t_0,\boldsymbol{x}_0)$,即在 $t\boldsymbol{x}$ 空间 $\mathbb{R}\times\mathbb{R}^n$ 上的积分曲线. 容易看出,它相应地在相空间上确定了一条轨道,而这条轨道是该积分曲线沿 t 轴方向的投影. 因此物体从不同的点出发可能会有不同的轨道.

我们的定性研究不只是研究某一个初值条件下方程有什么样的解,而是要研究在相空间上各运动轨道是怎样的几何状况. 显然我们不可能逐个单一地研究每一条轨道,事实上也没有必要那么做. 我们要研究一些特殊而重要的轨道(如平衡点、闭轨等)并研究它们附近的轨道状况(尤其是 $t\to\pm\infty$ 时的趋势),进而研究在它们之间轨道会发生的事情,最终给出全局的轨道结构分布. 这样的结果可以很好地指导实际应用. 点 $\boldsymbol{x}_0\in\mathbb{R}^n$ 称为**平衡点**,如果从该点出发的轨道一直驻留在该点. 这时方程组(6.1)关于初值条件 $\boldsymbol{x}(t_0)=\boldsymbol{x}_0$ 的解是一个常值函数 $\boldsymbol{x}(t)\equiv\boldsymbol{x}_0$ 或者说有一个定常解,因此在该点处向量场定义的速度 $\boldsymbol{f}(\boldsymbol{x}_0)=\mathbf{0}$. 物理上认为物体在该点是静止的或者说是处于平衡态的. 正是由于速度为零给向量场的轨道带来了奇异性质,我们也把平衡点称为**奇点**. 如果一个非定常的解 $\boldsymbol{\varphi}(t;t_0,\boldsymbol{x}_0)$ 是 t 的周期函数,那么它在相空间描述的是一条闭曲线. 我们称之为**闭轨**或**周期轨**. 它在物理上描述一个周期运动.

自治系统(6.1)的解具有以下基本性质,这些性质是非自治系统所不具备的.

定理 6.1　设自治系统(6.1)满足解的存在唯一性条件并且解的存在区间是 $(-\infty,+\infty)$,则方程的解 $\boldsymbol{\varphi}(t;t_0,\boldsymbol{x}_0)$ 具有

(i) **积分曲线的平移不变性**:对任意常数 τ,函数 $\boldsymbol{\varphi}(t+\tau;t_0,\boldsymbol{x}_0)$ 也是方程组(6.1)的解. 进而 $\boldsymbol{\varphi}(t-t_0;0,\boldsymbol{x}_0)\equiv\boldsymbol{\varphi}(t;t_0,\boldsymbol{x}_0)$,因此初值取在 $t_0=0$ 的所有解 $\boldsymbol{\varphi}(t,\boldsymbol{x}_0)=\boldsymbol{\varphi}(t;0,\boldsymbol{x}_0)$ 的性质代表了方程组(6.1)的一切解的性质.

(ii) **群性质**:$\boldsymbol{\varphi}(0,\boldsymbol{x}_0)=\boldsymbol{x}_0,\boldsymbol{\varphi}(t,\boldsymbol{\varphi}(s,\boldsymbol{x}_0))=\boldsymbol{\varphi}(t+s,\boldsymbol{x}_0),\ \forall\, t,s\in\mathbb{R}$.

(iii) **轨道唯一性**:通过相空间的任意一点只有方程组(6.1)唯一的一条轨道.

证明　性质(i)的前半部分可以直接验证. 从此知道,对任意的 $(t_0,\boldsymbol{x}_0)$,函数 $\boldsymbol{x}=\boldsymbol{\varphi}(t-t_0;0,\boldsymbol{x}_0)$ 也是方程组(6.1)的解,而且与解 $\boldsymbol{\varphi}(t;t_0,\boldsymbol{x}_0)$ 满足同样的初值条件 $\boldsymbol{x}(t_0)=\boldsymbol{x}_0$. 由解的唯一性,必有

$$\boldsymbol{\varphi}(t;t_0,\boldsymbol{x}_0)\equiv\boldsymbol{\varphi}(t-t_0;0,\boldsymbol{x}_0).$$

由性质(i),显然 $\boldsymbol{\varphi}(t,\boldsymbol{\varphi}(s,\boldsymbol{x}_0))$ 和 $\boldsymbol{\varphi}(t+s,\boldsymbol{x}_0)$ 都是系统(6.1)的解,并且由定义,当 $t=0$ 时,$\boldsymbol{\varphi}(0,\boldsymbol{\varphi}(s,\boldsymbol{x}_0))=\boldsymbol{\varphi}(s,\boldsymbol{x}_0)$. 故这两个解满足同样的初值条件. 由解的唯一性,$\boldsymbol{\varphi}(t,\boldsymbol{\varphi}(s,\boldsymbol{x}_0))\equiv\boldsymbol{\varphi}(t+s,\boldsymbol{x}_0)$. 因此性质(ii)得证.

关于性质(iii),若系统(6.1)在时刻 $t=t_0$ 和 $t=\tilde{t}_0$ 分别过相空间中点 $\boldsymbol{x}_0$ 和 $\tilde{\boldsymbol{x}}_0$ 的轨道相交,设它们所对应的系统(6.1)的解分别为 $\boldsymbol{\varphi}(t-t_0,\boldsymbol{x}_0)$ 和 $\boldsymbol{\varphi}(t-\tilde{t}_0,\tilde{\boldsymbol{x}}_0)$,则存在 t_1,t_2,使得 $\boldsymbol{\varphi}(t_1-t_0,\boldsymbol{x}_0)=\boldsymbol{\varphi}(t_2-\tilde{t}_0,\tilde{\boldsymbol{x}}_0)$. 由(ii)的群性质得

$$\begin{aligned}\boldsymbol{\varphi}(t-t_0,\boldsymbol{x}_0)&=\boldsymbol{\varphi}(t-t_1,\boldsymbol{\varphi}(t_1-t_0,\boldsymbol{x}_0))\\&=\boldsymbol{\varphi}(t-t_1,\boldsymbol{\varphi}(t_2-\tilde{t}_0,\tilde{\boldsymbol{x}}_0))=\boldsymbol{\varphi}(t-t_1+t_2-\tilde{t}_0,\tilde{\boldsymbol{x}}_0).\end{aligned}$$

这表明解 $\boldsymbol{\varphi}(t-t_0,\boldsymbol{x}_0)$ 和 $\boldsymbol{\varphi}(t-\tilde{t}_0,\tilde{\boldsymbol{x}}_0)$ 在相空间由相同的几何点组成，即它们的轨道重合. 因此系统(6.1)的两条轨道要么完全重合，要么永不相交. □

在上述定理中我们假设了解的存在区间是$(-\infty,+\infty)$. 如果方程组(6.1)不满足这个性质，我们可以另外考虑自治系统

$$\frac{\mathrm{d}\boldsymbol{x}}{\mathrm{d}t}=\frac{\boldsymbol{f}(\boldsymbol{x})}{\sqrt{1+\|\boldsymbol{f}(\boldsymbol{x})\|^2}}. \tag{6.2}$$

我们可以证明：方程组(6.2)与(6.1)在相空间上有相同的轨道，而根据第五章的延拓定理，方程组(6.2)的解的存在区间是$(-\infty,+\infty)$. 因此当我们研究方程组(6.1)在相空间上的轨道结构时，不妨设它的解的存在区间都是$(-\infty,+\infty)$.

事实上，设 $\boldsymbol{x}=\boldsymbol{\psi}(t)$ 是方程组(6.2)的满足初值条件 $\boldsymbol{x}(0)=\boldsymbol{x}_0$ 的解，令

$$s=w(t)=\int_0^t\frac{\mathrm{d}\tau}{\sqrt{1+\|\boldsymbol{f}(\boldsymbol{\psi}(\tau))\|^2}}.$$

由于 $w'(t)>0$，因此 $s=w(t)$ 有光滑的反函数 $t=w^{-1}(s)$. 设 $\boldsymbol{\phi}(s)=\boldsymbol{\psi}(w^{-1}(s))$，则由方程组(6.2)可推出

$$\frac{\mathrm{d}\boldsymbol{\phi}}{\mathrm{d}s}=\boldsymbol{f}(\boldsymbol{\phi}(s)),\quad \boldsymbol{\phi}(0)=\boldsymbol{x}_0.$$

因此若我们把方程组(6.1)的自变量符号改为 s，则 $\boldsymbol{x}=\boldsymbol{\phi}(s)$ 是方程组(6.1)的满足初值条件 $\boldsymbol{x}(0)=\boldsymbol{x}_0$ 的解，从几何上看，它和 $\boldsymbol{x}=\boldsymbol{\psi}(t)$ 在相空间上代表同一条曲线，只是参数表示不同而已. 这就证明了方程组(6.2)与(6.1)在相空间上有相同的轨道.

我们将定理 6.1 给出的解的性质归纳起来. 简记 $\boldsymbol{\varphi}^t(\boldsymbol{x})=\boldsymbol{\varphi}(t,\boldsymbol{x})$，则 $\{\boldsymbol{\varphi}^t: t\in\mathbb{R}\}$ 构成了相空间$\mathbb{R}^n$上的一个单参数变换族，满足

(1) $\boldsymbol{\varphi}^t:\mathbb{R}^n\to\mathbb{R}^n$是连续的；

(2) $\boldsymbol{\varphi}^0$ 为恒同变换，即 $\boldsymbol{\varphi}^0(\boldsymbol{x})\equiv\boldsymbol{x}$；

(3) $\boldsymbol{\varphi}^t\circ\boldsymbol{\varphi}^s=\boldsymbol{\varphi}^{t+s}$.

一般地，我们将满足上述三条的单参数连续变换族$\{\boldsymbol{\varphi}^t:t\in\mathbb{R}\}$称为一个**动力系统或流**. 特别地，由于 t 在$\mathbb{R}$ 中连续取值，有时我们称之为**连续动力系统**. 当 t 取值在$\mathbb{Z}$ 时，称$\{\boldsymbol{\varphi}^t:t\in\mathbb{Z}\}$为**离散动力系统**.

对于非自治系统

$$\frac{\mathrm{d}\boldsymbol{x}}{\mathrm{d}t}=\boldsymbol{f}(t,\boldsymbol{x}), \tag{6.3}$$

我们显然没有上述的好性质. 然而，如果我们在高一维空间来看，这个系统仍然可

以定义一个动力系统. 事实上,在(x,θ)的相空间$\mathbb{R}^n\times\mathbb{R}$上考虑如下与系统(6.3)等价的系统:

$$\frac{\mathrm{d}\boldsymbol{x}}{\mathrm{d}t}=\boldsymbol{f}(\theta,\boldsymbol{x}),\frac{\mathrm{d}\theta}{\mathrm{d}t}=1. \tag{6.4}$$

它显然是一个自治系统,称为系统(6.3)的**扭扩系统**(suspension system).

习题 6.1

1. 求下列系统的平衡点:

(1) $\frac{\mathrm{d}x}{\mathrm{d}t}=x(2-x)$;

(2) $\frac{\mathrm{d}x}{\mathrm{d}t}=x(-\alpha+\gamma y),\frac{\mathrm{d}y}{\mathrm{d}t}=y(\beta-sx)$,其中$\alpha,\beta,\gamma,s$均为正常数.

2. 设$\{\boldsymbol{\varphi}^t:t\in\mathbb{R}\}$是$\mathbb{R}^n$上的一个动力系统. 对任意$\boldsymbol{x}_0\in\mathbb{R}^n$,证明下列之一必成立:

(1) 若$t_1\neq t_2$,则$\boldsymbol{\varphi}^{t_1}(\boldsymbol{x}_0)\neq\boldsymbol{\varphi}^{t_2}(\boldsymbol{x}_0)$;

(2) $\boldsymbol{\varphi}^t(\boldsymbol{x}_0)=\boldsymbol{x}_0,\forall t\in\mathbb{R}$;

(3) 存在常数$T>0$使得$\boldsymbol{\varphi}^T(\boldsymbol{x}_0)=\boldsymbol{x}_0$,但$\boldsymbol{\varphi}^t(\boldsymbol{x}_0)\neq\boldsymbol{x}_0,\forall 0<t<T$.

§ 6.2 Lyapunov 稳定性

在实际应用中遇到的问题大多数都是非线性的. 为了便于研究,人们常常将模型理想化,忽略掉某些次要因素. 这样的简化不是随意的,必须保证简化后的结果仍然能够抓住所考虑问题的本质特征,而不至于严重歪曲. 另一方面,在实际应用中,用微分方程描述的实际问题,比如物质的运动,其特解密切依赖于初始值,而初始值往往是由实验测定的,不可避免地带有误差. 因此人们要问:在什么条件下,这样的误差不会严重影响微分方程的解,以至于导致“差之毫厘,失之千里”的结果?这就是我们要考虑的稳定性问题.

在第五章讨论的解对初值的连续依赖性并没有真正回答上述问题,因为在那里我们只考虑了自变量在有限闭区间上的情况. 具体地说,设$\boldsymbol{f}(t,\boldsymbol{x})$对$\boldsymbol{x}$在区域$G\subset\mathbb{R}^n$内和对$t\in(-\infty,+\infty)$连续且关于$\boldsymbol{x}$满足局部 Lipschitz 条件,并设$\boldsymbol{x}=\boldsymbol{\varphi}(t)$是微分方程组

$$\frac{\mathrm{d}\boldsymbol{x}}{\mathrm{d}t}=\boldsymbol{f}(t,\boldsymbol{x}) \tag{6.5}$$

的特解，在有限闭区间$[a,b]$上有定义且$t_0\in[a,b]$，则当$\boldsymbol{x}_0$充分靠近$\boldsymbol{\varphi}(t_0)$时，方程组(6.5)满足初值条件$\boldsymbol{x}(t_0)=\boldsymbol{x}_0$的解$\boldsymbol{x}=\boldsymbol{x}(t;t_0,\boldsymbol{x}_0)$在区间$[a,b]$上也有定义并且一致地有

$$\lim_{x_0\to\boldsymbol{\varphi}(t_0)}\boldsymbol{x}(t;t_0,\boldsymbol{x}_0)=\boldsymbol{\varphi}(t).$$

即对任意给定的$\varepsilon>0$，必能找到$\delta=\delta(\varepsilon)>0$，使得只要$\|\boldsymbol{x}_0-\boldsymbol{\varphi}(t_0)\|<\delta$，就有

$$\|\boldsymbol{x}(t;t_0,\boldsymbol{x}_0)-\boldsymbol{\varphi}(t)\|<\varepsilon,\ \forall t\in[a,b].$$

然而，这并不能保证系统关于t的长远趋势．当把自变量t扩展到无限区间上，上述结论就不一定成立了．

例如一阶方程

$$\frac{\mathrm{d}x}{\mathrm{d}t}=1-x^2 \tag{6.6}$$

有两个定常解$x_1(t)\equiv-1$和$x_2(t)\equiv1$．显然当$x_0\neq\pm1$时方程(6.6)关于初值条件$x(0)=x_0$的解为

$$x(t)=\frac{(1+x_0)\mathrm{e}^{2t}-(1-x_0)}{(1+x_0)\mathrm{e}^{2t}+(1-x_0)}.$$

不难看出当$x_0>1$或$x_0\in(-1,1)$时初值问题的解都渐近地趋于特解$x_2(t)\equiv1$；而当$x_0<-1$或$x_0\in(-1,1)$时初值问题的解都越来越远离特解$x_1(t)\equiv-1$，并以水平直线$x=-1$为渐近线，见图6.4．粗略地说，一个微分方程的特解，若其初始值发生了微小的偏差，所得到的解与该特解的偏差还能保持在很小的范围内，则这样的特解被称为是稳定的，否则称为不稳定的．在这样的意义下，特解$x_2(t)\equiv1$是稳定的而$x_1(t)\equiv-1$是不稳定的．通常，不稳定的特解不能作为我们设计的依据，而稳定的特解才是我们最感兴趣的．

设$\boldsymbol{x}=\boldsymbol{\varphi}(t)$是微分方程组(6.5)的一个特解，它在区间$[t_0,+\infty)$上有定义．如果对任意给定的$\varepsilon>0$，必能找到$\delta=\delta(t_0,\varepsilon)>0$，使得只要

$$\|\boldsymbol{x}_0-\boldsymbol{\varphi}(t_0)\|<\delta,$$

方程组(6.5)满足初值条件$\boldsymbol{x}(t_0)=\boldsymbol{x}_0$的解$\boldsymbol{x}=\boldsymbol{x}(t;t_0,\boldsymbol{x}_0)$就在区间$[t_0,+\infty)$上有定义，并且满足

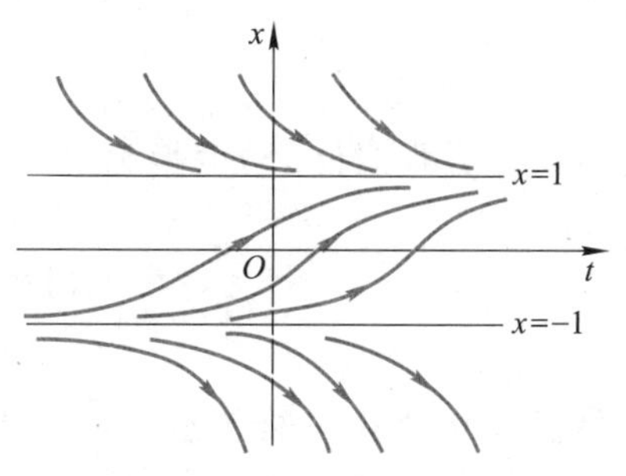

图6.4　方程(6.6)的稳定特解$x_2(t)\equiv1$和不稳定特解$x_1(t)\equiv-1$

$$\|\boldsymbol{x}(t;t_0,\boldsymbol{x}_0)-\boldsymbol{\varphi}(t)\|<\varepsilon,\ \forall t\geqslant t_0,$$

我们就称这个解是(Lyapunov 意义下)**稳定**的,见图 6.5. 进而,若 $\boldsymbol{x}=\boldsymbol{\varphi}(t)$ 是 Lyapunov 稳定的,而且存在常数 $\delta_0>0$,使得当 $\|\boldsymbol{x}_0-\boldsymbol{\varphi}(t_0)\|<\delta_0$ 时有

$$\lim_{t\to+\infty}\|\boldsymbol{x}(t;t_0,\boldsymbol{x}_0)-\boldsymbol{\varphi}(t)\|=0,$$

则称解 $\boldsymbol{x}=\boldsymbol{\varphi}(t)$ 是(Lyapunov 意义下)**渐近稳定**的,见图 6.6. 显然,渐近稳定包含稳定性和吸引性,其中 $\boldsymbol{\varphi}(t_0)$ 的 δ_0 邻域就是一个吸引区域. 若 $\delta_0=\infty$,则称解 $\boldsymbol{x}=\boldsymbol{\varphi}(t)$ 是**全局渐近稳定**的.

若解 $\boldsymbol{x}=\boldsymbol{\varphi}(t)$ 不是稳定的,即存在常数 $\varepsilon>0$,使得对任意给定的 $\delta>0$,都有一个 $\boldsymbol{x}_0$ 满足 $\|\boldsymbol{x}_0-\boldsymbol{\varphi}(t_0)\|<\delta$,使得对方程组(6.5)满足初值条件 $\boldsymbol{x}(t_0)=\boldsymbol{x}_0$ 的解 $\boldsymbol{x}=\boldsymbol{x}(t;t_0,\boldsymbol{x}_0)$,存在一个 $t_1>t_0$,使得

$$\|\boldsymbol{x}(t_1;t_0,\boldsymbol{x}_0)-\boldsymbol{\varphi}(t_1)\|=\varepsilon,$$

则称解 $\boldsymbol{x}=\boldsymbol{\varphi}(t)$ 是(Lyapunov 意义下)**不稳定**的,见图 6.7.

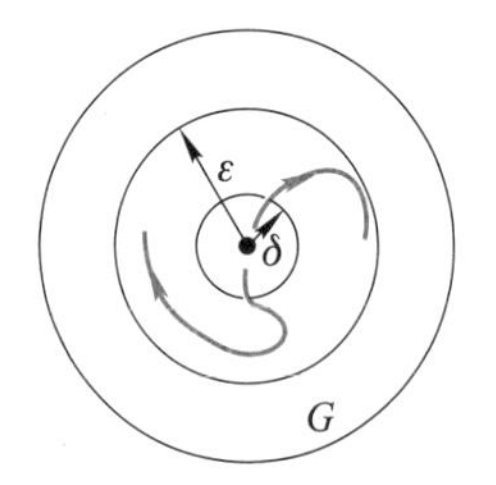

图 6.5　稳定的零解

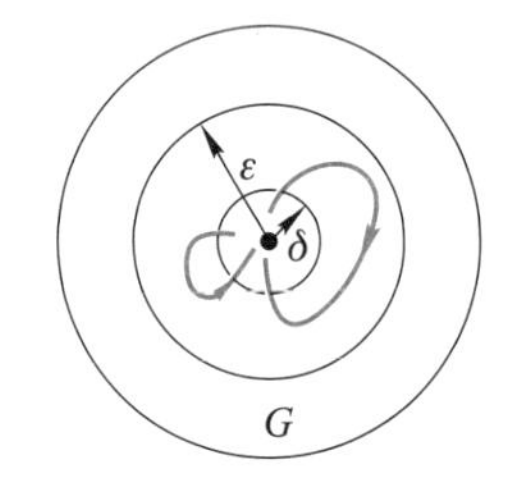

图 6.6　渐近稳定的零解

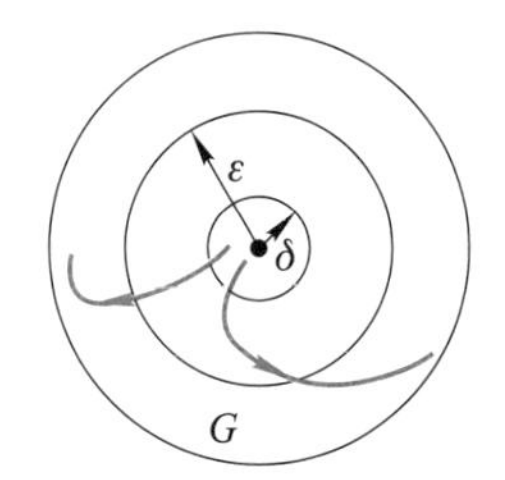

图 6.7　不稳定的零解

由上述定义,方程(6.6)的特解 $x_2(t)\equiv1$ 是渐近稳定的,$x_1(t)\equiv-1$ 是不稳定的.

下面我们针对微分方程组(6.5)的零解来给出判断稳定性的方法. 微分方程组(6.5)的任一特解 $\boldsymbol{x}=\boldsymbol{\varphi}(t)$ 的稳定性问题都可归结为形如(6.5)的另一方程组零解的稳定性问题. 这是因为通过变换

$$\boldsymbol{z}=\boldsymbol{x}-\boldsymbol{\varphi}(t)$$

可将微分方程组(6.5)变换为

$$\frac{\mathrm{d}\boldsymbol{z}}{\mathrm{d}t}=\tilde{\boldsymbol{f}}(t,\boldsymbol{z})=\boldsymbol{f}(t,\boldsymbol{z}+\boldsymbol{\varphi}(t))-\boldsymbol{f}(t,\boldsymbol{\varphi}(t)). \tag{6.7}$$

显然 $\tilde{\boldsymbol{f}}(t,\boldsymbol{0})\equiv\boldsymbol{0}$. 这样方程组(6.5)的特解 $\boldsymbol{x}=\boldsymbol{\varphi}(t)$ 就变成了方程组(6.7)的零解 $\boldsymbol{z}(t)\equiv\boldsymbol{0}$.

判断稳定性的基本方法是研究方程的线性近似. 在微分方程组(6.5)中假设 $\boldsymbol{f}(t,\boldsymbol{0})\equiv\boldsymbol{0}$,并对 $\boldsymbol{x}$ 有二阶连续偏导数. 显然方程组(6.5)有零解 $\boldsymbol{x}=\boldsymbol{0}$. 由于 $\boldsymbol{f}(t,\boldsymbol{0})\equiv\boldsymbol{0}$,因此可将函数 $\boldsymbol{f}(t,\boldsymbol{x})$ 按 $\boldsymbol{x}$ 进行 Taylor 展开,从而方程组(6.5)可写成如下形式:

$$\frac{\mathrm{d}\boldsymbol{x}}{\mathrm{d}t}=\boldsymbol{A}(t)\boldsymbol{x}+\boldsymbol{R}(t,\boldsymbol{x}),\tag{6.8}$$

其中 $\boldsymbol{A}(t)$ 是一个对 $t\geqslant t_0$ 连续的 n 阶方阵函数，n 阶向量函数 $\boldsymbol{R}(t,\boldsymbol{x})$ 在区域 $G=\{(t,\boldsymbol{x})\in\mathbb{R}^{n+1}: t\geqslant t_0,\|\boldsymbol{x}\|\leqslant M\}$ 上连续、关于 $\boldsymbol{x}$ 满足局部 Lipschitz 条件，并且进一步假设对 $t\geqslant t_0$ 一致地满足 $\boldsymbol{R}(t,\boldsymbol{0})\equiv\boldsymbol{0}$ 和

$$\lim_{\|\boldsymbol{x}\|\to 0}\frac{\|\boldsymbol{R}(t,\boldsymbol{x})\|}{\|\boldsymbol{x}\|}=0.\tag{6.9}$$

为了研究零解的稳定性，只需考察当 $\|\boldsymbol{x}_0\|$ 较小时方程组(6.8)满足初值条件 $\boldsymbol{x}(t_0)=\boldsymbol{x}_0$ 的解. 因此，一个自然的想法是考虑在什么情形下方程组(6.8)的线性部分

$$\frac{\mathrm{d}\boldsymbol{x}}{\mathrm{d}t}=\boldsymbol{A}(t)\boldsymbol{x}\tag{6.10}$$

的零解稳定性能够决定方程组(6.8)的零解稳定性. 方程组(6.10)称为方程组(6.8)的关于零解的线性变分方程组或线性近似方程组. 为此，我们要先讨论线性方程组(6.10)零解的稳定性.

引理 6.1　(i) 线性方程组(6.10)的零解是稳定的，当且仅当方程组(6.10)的所有的解当 $t\geqslant t_0$ 时都是有界的，即存在常数 $K>0$，使得

$$\|\boldsymbol{X}(t)\|\leqslant K,\ \forall\, t\geqslant t_0,$$

其中 $\boldsymbol{X}(t)$ 是方程组(6.10)满足 $\boldsymbol{X}(t_0)$ 为单位矩阵 $\boldsymbol{I}$ 的基本解矩阵.

(ii) 线性方程组(6.10)的零解是渐近稳定的，当且仅当

$$\lim_{t\to+\infty}\|\boldsymbol{X}(t)\|=0.$$

证明　(i)和(ii)的充分性是不证自明的. (ii)的必要性也是明显的，留给读者去练习. 为证明(i)的必要性，设线性方程组(6.10)的零解是稳定的，即对某给定的常数 $\varepsilon_0>0$，都能找到 $\delta_0>0$，使得方程组(6.10)的解 $\boldsymbol{x}(t)$ 只要 $\|\boldsymbol{x}(t_0)\|<\delta_0$ 成立，均有

$$\|\boldsymbol{x}(t)\|<\varepsilon_0,\ \forall\, t\geqslant t_0.$$

对任给的初值条件 $\boldsymbol{x}(t_0)=\boldsymbol{x}_0$ 考虑相应的解 $\boldsymbol{x}(t)$. 易见 $\boldsymbol{y}(t)=\dfrac{\delta_0}{2\|\boldsymbol{x}_0\|}\boldsymbol{x}(t)$ 仍是齐次线性方程组(6.10)的解，而且满足 $\|\boldsymbol{y}(t_0)\|<\delta_0$. 因此 $\|\boldsymbol{X}(t)\boldsymbol{y}(t_0)\|<\varepsilon_0$，亦即

$$\|\boldsymbol{X}(t)\boldsymbol{x}_0\|<\frac{2\varepsilon_0}{\delta_0}\|\boldsymbol{x}_0\|.$$

因此，方程组(6.10)的每个解都有界. 特别是分别选 $\boldsymbol{x}_0$ 为 $\mathbb{R}^n$ 的标准正交基 $\{\boldsymbol{e}_1,$

$\boldsymbol{e}_2,\cdots,\boldsymbol{e}_n\}$中的向量时,其中 $\boldsymbol{e}_j$ 是第 j 个分量为 1 的单位向量,可以得到$\|\boldsymbol{X}(t)\boldsymbol{e}_j\|<\frac{2\varepsilon_0}{\delta_0}$. 从而 $\boldsymbol{X}(t)$的每个列向量有界,因此 $\boldsymbol{X}(t)$有界. □

由引理 6.1 和第四章关于常系数齐次线性方程组的解的结构,我们可以对 $\boldsymbol{A}(t)$是常矩阵的情形获得以下结论.

定理 6.2 设矩阵 $\boldsymbol{A}(t)$为常矩阵 $\boldsymbol{A}$,则

(i) 方程组(6.10)的零解是渐近稳定的,当且仅当 $\boldsymbol{A}$ 的全部特征值的实部都是负数.

(ii) 方程组(6.10)的零解是稳定的,当且仅当 $\boldsymbol{A}$ 的全部特征值的实部都是非正的,且实部为零的特征值所对应的 Jordan 块都是一阶的.

(iii) 方程组(6.10)的零解是不稳定的,当且仅当 $\boldsymbol{A}$ 的特征值中至少有一个实部为正,或至少有一个特征值实部为零且其对应的 Jordan 块的阶数大于 1.

我们略去该定理的证明过程,但提请读者注意:方程组(6.10)的基本解矩阵由形如 $\mathrm{e}^{\lambda_j t}\boldsymbol{P}(t)$的列向量组成,其中

$$\boldsymbol{P}(t)=\boldsymbol{r}_0+t\boldsymbol{r}_1+\cdots+\frac{t^{n_j-1}}{(n_j-1)!}\boldsymbol{r}_{n_j-1}.$$

若实部 $\Re\lambda_j<0$,反复运用洛必达法则(L'Hospital rule)可推出

$$\lim_{t\to+\infty}\mathrm{e}^{\lambda_j t}\boldsymbol{P}(t)=\boldsymbol{0}.$$

若实部 $\Re\lambda_j=0$,则 $\mathrm{e}^{\lambda_j t}\boldsymbol{P}(t)$有界当且仅当$\boldsymbol{P}(t)$有界,亦即,$\mathrm{e}^{\lambda_j t}\boldsymbol{P}(t)$有界当且仅当 $\boldsymbol{P}(t)$中 $\boldsymbol{r}_1=\boldsymbol{r}_2=\cdots=\boldsymbol{r}_{n_j-1}=\boldsymbol{0}$.

现在回到前面的问题:方程组(6.8)的零解的稳定性是否可由方程组(6.10)的零解的稳定性来确定呢? 我们有下面的定理.

定理 6.3 若矩阵 $\boldsymbol{A}(t)$是常矩阵 $\boldsymbol{A}$ 且条件(6.9)满足,则

(i) 当 $\boldsymbol{A}$ 的全部特征值的实部都是负数时,方程组(6.8)的零解是渐近稳定的.

(ii) 当 $\boldsymbol{A}$ 的特征值中至少有一个实部为正时,方程组(6.8)的零解是不稳定的.

证明 我们只证(i)的结论. 取 $\boldsymbol{x}_0$ 使得$\|\boldsymbol{x}_0\|<M$,则方程组(6.8)满足初值条件 $\boldsymbol{x}(t_0)=\boldsymbol{x}_0$ 的解 $\boldsymbol{x}(t)=\boldsymbol{\varphi}(t)$对 $t\geqslant t_0$ 且充分靠近 t_0 的 t 是存在的. 设其最大存在区间为$[t_0,t_1)$. 由常数变易公式得

$$\boldsymbol{\varphi}(t)=\mathrm{e}^{(t-t_0)\boldsymbol{A}}\boldsymbol{x}_0+\int_{t_0}^{t}\mathrm{e}^{(t-s)\boldsymbol{A}}\boldsymbol{R}(s,\boldsymbol{\varphi}(s))\,\mathrm{d}s. \tag{6.11}$$

由于 $\boldsymbol{A}$ 的特征值实部都是负的,可以证明存在常数 $K>0,\rho>0$,使得

$$\|\mathrm{e}^{(t-t_0)\boldsymbol{A}}\|\leqslant K\mathrm{e}^{-\rho(t-t_0)},\ t\geqslant t_0. \tag{6.12}$$

事实上,存在可逆矩阵 $\boldsymbol{P}$,使得 $\boldsymbol{PAP}^{-1}=\boldsymbol{J}$ 成为 Jordan 标准形. 为简单起见,不妨像第四章一样设 $\boldsymbol{J}$ 为一个 Jordan 块,即 $\boldsymbol{J}=\lambda_j\boldsymbol{I}+\boldsymbol{N}$,其中 λ_j 是该 Jordan 块 $\boldsymbol{J}$ 对应的特征值而 $\boldsymbol{N}$ 是幂零矩阵. 读者不难由第四章的知识证明:存在常数 $K_j>0$,$0<\delta_j<-\Re\lambda_j$,使得对 $t\geqslant t_0$ 有

$$\|\mathrm{e}^{(t-t_0)\boldsymbol{A}}\|\leqslant\|\boldsymbol{P}\|\|\boldsymbol{P}^{-1}\|\|\mathrm{e}^{(t-t_0)\boldsymbol{J}}\|\leqslant K_j\mathrm{e}^{(\Re\lambda_j+\delta_j)(t-t_0)}.$$

这样便证明了(6.12)式.

另一方面,对上述取定的 K 和 ρ,任取正的常数 $\alpha<\dfrac{\rho}{2K}$. 由(6.9)式,可以找到(或调整)上面考虑的常数 $M>0$,使得当 $\|\boldsymbol{x}\|<M$ 时有

$$\|\boldsymbol{R}(t,\boldsymbol{x})\|\leqslant\alpha\|\boldsymbol{x}\|. \tag{6.13}$$

由连续性,不妨用前面设定的区间 $[t_0,t_1)$ 表示满足 $\|\boldsymbol{\varphi}(t)\|<M(\forall t\in[t_0,t_1))$ 的极大区间. 由(6.11),(6.12)和(6.13)式知,$\forall t\in[t_0,t_1)$ 有

$$\|\boldsymbol{\varphi}(t)\|\leqslant K\|\boldsymbol{x}_0\|\mathrm{e}^{-\rho(t-t_0)}+K\alpha\int_{t_0}^{t}\mathrm{e}^{-\rho(t-s)}\|\boldsymbol{\varphi}(s)\|\mathrm{d}s,$$

亦即

$$\mathrm{e}^{\rho(t-t_0)}\|\boldsymbol{\varphi}(t)\|\leqslant K\|\boldsymbol{x}_0\|+K\alpha\int_{t_0}^{t}\mathrm{e}^{\rho(s-t_0)}\|\boldsymbol{\varphi}(s)\|\mathrm{d}s.$$

用第五章给出的 Gronwall 不等式,

$$\mathrm{e}^{\rho(t-t_0)}\|\boldsymbol{\varphi}(t)\|\leqslant K\|\boldsymbol{x}_0\|\mathrm{e}^{K\alpha(t-t_0)},\ \forall t\in[t_0,t_1).$$

按 α 的定义,上式等价于

$$\|\boldsymbol{\varphi}(t)\|\leqslant K\|\boldsymbol{x}_0\|\mathrm{e}^{-(\rho-K\alpha)(t-t_0)}<K\|\boldsymbol{x}_0\|\mathrm{e}^{-\frac{\rho}{2}(t-t_0)}. \tag{6.14}$$

兹取正数 $\sigma<\dfrac{M}{K}$并考虑满足 $\|\boldsymbol{x}_0\|<\sigma$ 的初值 $\boldsymbol{x}_0$. 由(6.14)式知,$\|\boldsymbol{\varphi}(t)\|\leqslant K\sigma<M$,$\forall t\in[t_0,t_1)$. 由解的延拓定理,必有 $t_1=+\infty$. 由(6.14)式,$\lim\limits_{t\to+\infty}\boldsymbol{\varphi}(t)=\boldsymbol{0}$. 因此方程组(6.8)的零解是渐近稳定的. □

由定理 6.3 的结论(i)可知为了判定方程组(6.8)的零解是否渐近稳定,需要确定矩阵 $\boldsymbol{A}$ 的全部特征值的实部是否全为负数,当矩阵 $\boldsymbol{A}$ 的阶数较大时,直接求出 $\boldsymbol{A}$ 的全部特征值的精确值是很困难,甚至是不可能的,这时可用下面的 Routh-Hurwitz(劳斯-赫尔维茨)定理来判定矩阵 $\boldsymbol{A}$ 的全部特征值的实部是否全为负数:

定理 6.4(Routh-Hurwitz 定理) 实系数多项式

$$\lambda^n+a_1\lambda^{n-1}+\cdots+a_{n-1}\lambda+a_n$$

的全部根的实部均为负数的充要条件是下面的 Routh-Hurwitz 矩阵

$$\boldsymbol{D}_n=\begin{pmatrix} a_1 & 1 & 0 & 0 & 0 & 0 & \cdots & 0 \\ a_3 & a_2 & a_1 & 1 & 0 & 0 & \cdots & 0 \\ a_5 & a_4 & a_3 & a_2 & a_1 & 1 & \cdots & 0 \\ \vdots & \vdots & \vdots & \vdots & \vdots & \vdots & & \vdots \\ a_{2n-1} & a_{2n-2} & a_{2n-3} & a_{2n-4} & a_{2n-5} & a_{2n-6} & \cdots & a_n \end{pmatrix}$$

的全部主子式为正,即

$$\Delta_1=a_1>0,\quad \Delta_2=\begin{vmatrix} a_1 & 1 \\ a_3 & a_2 \end{vmatrix}>0,$$

$$\Delta_3=\begin{vmatrix} a_1 & 1 & 0 \\ a_3 & a_2 & a_1 \\ a_5 & a_4 & a_3 \end{vmatrix}>0,\cdots,\Delta_n=\det \boldsymbol{D}_n>0,$$

其中当 $k>n$ 时 $a_k=0$.

Routh-Hurwitz 定理的证明可见参考文献[6].

例 6.1 考虑单摆系统,即系于一根长为 l,一端固定于 O 点的线上,质量为 m 的质点 M 在重力作用下在垂直于地面的平面上沿圆周运动. 假设摆是在一个黏性介质中运动,沿着摆的运动方向有一个与切向速度成正比的阻力,设阻力系数为 μ. 取逆时针运动的方向作为摆与铅垂线所成的夹角 φ 的正方向. 读者不难由 Newton 运动定律推出摆的运动方程为

$$ml\frac{\mathrm{d}^2\varphi}{\mathrm{d}t^2}=-mg\sin\varphi-\mu l\frac{\mathrm{d}\varphi}{\mathrm{d}t},$$

即

$$\frac{\mathrm{d}^2\varphi}{\mathrm{d}t^2}=-\frac{g}{l}\sin\varphi-\frac{\mu}{m}\frac{\mathrm{d}\varphi}{\mathrm{d}t}. \tag{6.15}$$

令 $x=\varphi, y=\dfrac{\mathrm{d}\varphi}{\mathrm{d}t}$,则方程(6.15)化为

$$\frac{\mathrm{d}x}{\mathrm{d}t}=y,\quad \frac{\mathrm{d}y}{\mathrm{d}t}=-\frac{g}{l}\sin x-\frac{\mu}{m}y. \tag{6.16}$$

显然方程组(6.16)有零解,相应的线性近似方程组为

$$\frac{\mathrm{d}x}{\mathrm{d}t}=y,\quad \frac{\mathrm{d}y}{\mathrm{d}t}=-\frac{g}{l}x-\frac{\mu}{m}y. \tag{6.17}$$

读者可验证方程组(6.16)的非线性项满足条件(6.9). 不难求出方程组(6.17)的系数矩阵的两个特征值 λ_1,λ_2 为

$$\lambda_{1,2}=-\frac{\mu}{2m}\mp\frac{1}{2}\sqrt{\left(\frac{\mu}{m}\right)^2-\frac{4g}{l}}.$$

若 $\mu>0$,即摆有阻力,则当 $\left(\frac{\mu}{m}\right)^2-\frac{4g}{l}>0$ 时,λ_1,λ_2 为相异负实数;当 $\left(\frac{\mu}{m}\right)^2-\frac{4g}{l}=0$ 时,λ_1,λ_2 为相等负实数;当 $\left(\frac{\mu}{m}\right)^2-\frac{4g}{l}<0$ 时,λ_1,λ_2 为有负实部的共轭复数. 在这三种情况下由定理 6.3 知方程组(6.16)的零解都是渐近稳定的.

若 $\mu=0$,即摆没有阻力,则 λ_1,λ_2 为一对纯虚根. 这时零解的稳定性不能由其线性近似方程的零解稳定性来确定. 我们称之为临界情形并用下节的 Lyapunov 直接法来判定.

对方程组(6.16),除了零解以外,还有无穷多个定常解:

$$x(t)\equiv n\pi,y(t)\equiv 0\ (n=\pm1,\pm2,\cdots).$$

由于 $\sin x$ 的周期性,我们只需分析定常解:$x(t)\equiv\pi,y(t)\equiv 0$. 作变换 $u=x-\pi$, $v=y$,方程组(6.16)变为

$$\frac{\mathrm{d}u}{\mathrm{d}t}=v,\quad \frac{\mathrm{d}v}{\mathrm{d}t}=\frac{g}{l}\sin u-\frac{\mu}{m}v. \tag{6.18}$$

它的线性近似方程组为

$$\frac{\mathrm{d}u}{\mathrm{d}t}=v,\quad \frac{\mathrm{d}v}{\mathrm{d}t}=\frac{g}{l}u-\frac{\mu}{m}v.$$

其系数矩阵的特征值为

$$\lambda_{1,2}=-\frac{\mu}{2m}\mp\frac{1}{2}\sqrt{\left(\frac{\mu}{m}\right)^2+\frac{4g}{l}}.$$

这是一对异号实根,因此由定理 6.3 知方程组(6.18)的零解是不稳定的,从而方程组(6.16)的特解 $x(t)\equiv\pi,y(t)\equiv 0$ 不稳定.

习题 6.2

1. 分别求方程

$$\frac{\mathrm{d}x}{\mathrm{d}t}=\mu x-x^3$$

在 $\mu=-1,\mu=0,\mu=1$ 三种情况下的通解并画出积分曲线在 Otx 平面上的分布状况,由此讨论各种情况下每个定常解的稳定性.

2. 设函数 $f(t,x)$ 在区域 $G=\{(t,x)\in\mathbb{R}^2:t\geqslant 0,|x|\leqslant H\}$ 上连续,$f(t,0)\equiv 0$,方程

$$\frac{\mathrm{d}x}{\mathrm{d}t}=f(t,x)$$

满足解的存在唯一性条件,其零解稳定,并且存在 $x_1>0$ 和 $x_2<0$,使得分别由初值条件 $x(0)=x_1$ 和 $x(0)=x_2$ 确定的解当 $t\to+\infty$ 时都趋于零. 证明方程的零解渐近稳定.

3. 设 $\mu>0,b>0,p,q$ 均为正整数且 $q\geqslant 2$. 给定方程组

$$\frac{\mathrm{d}x}{\mathrm{d}t}=1-\mu x-x^py^q,\quad \frac{\mathrm{d}y}{\mathrm{d}t}=b(x^py^q-y),$$

作变量变换,使其定常解 $(x(t),y(t))\equiv\left(\frac{1}{\mu},0\right)$ 对应于新方程组的零解并讨论其稳定性.

4. 考虑下列两个方程组:

$$\frac{\mathrm{d}\boldsymbol{x}}{\mathrm{d}t}=(\boldsymbol{A}+\boldsymbol{B}(t))\boldsymbol{x},\tag{6.19}$$

$$\frac{\mathrm{d}\boldsymbol{x}}{\mathrm{d}t}=\boldsymbol{A}\boldsymbol{x},\tag{6.20}$$

其中 $\boldsymbol{A}$ 为常数值矩阵,$\boldsymbol{B}(t)$ 为 $t\geqslant 0$ 上的连续矩阵值函数,且满足条件

$$\int_0^{+\infty}\|\boldsymbol{B}(t)\|\,\mathrm{d}t<+\infty,$$

证明若方程组(6.20)的所有解当 $t\geqslant 0$ 时有界,则方程组(6.19)的所有解当 $t\geqslant 0$ 时也有界.

5. 设 $\mu>0$,讨论 van der Pol(范德波尔)方程

$$\frac{\mathrm{d}^2x}{\mathrm{d}t^2}+\mu(x^2-1)\frac{\mathrm{d}x}{\mathrm{d}t}+x=0$$

的零解的稳定性.

6. 设 $\alpha,\beta,\gamma,\delta,\varepsilon$ 都是正数,$x\geqslant 0,y\geqslant 0$,求出方程组

$$\frac{\mathrm{d}x}{\mathrm{d}t}=-\alpha x+\beta x^2-\gamma xy,\quad \frac{\mathrm{d}y}{\mathrm{d}t}=-\delta y+\varepsilon xy$$

的所有定常解并讨论其稳定性.

7. 在方程组

$$\frac{\mathrm{d}\boldsymbol{x}}{\mathrm{d}t}=\boldsymbol{A}\boldsymbol{x}+\boldsymbol{R}(t,\boldsymbol{x})$$

中,设 $\boldsymbol{A}$ 为常数值矩阵,函数 $\boldsymbol{R}(t,\boldsymbol{x})$ 在区域

$$G=\{(t,\boldsymbol{x})\in\mathbb{R}^{n+1}:t\geqslant t_0,\|\boldsymbol{x}\|\leqslant M\}$$

上连续可微,$\boldsymbol{R}(t,\boldsymbol{0})\equiv\boldsymbol{0}$ 且满足条件 $\|\boldsymbol{R}(t,\boldsymbol{x})\|\leqslant\alpha(t)\|\boldsymbol{x}\|$,其中 $\alpha(t)$ 为 $t\geqslant t_0$ 上的非负连续函数,且

$$\int_{t_0}^{+\infty}\alpha(t)\,\mathrm{d}t<\infty,$$

证明若相应的齐次线性方程组的所有解当 $t\geqslant t_0$ 时有界,则所给方程组的零解是稳定的.

§ 6.3 Lyapunov 直接法

在上一节中介绍的由线性近似来判定稳定性的方法没有回答当矩阵 $\boldsymbol{A}$ 具有实部为零的特征值的情形,即所谓**临界情形**. 比如在例 6.1 中无阻力的数学摆. 这时方程组(6.8)的零解稳定性不能仅由其线性近似方程来决定,方程的高阶项对稳定性的影响是不可忽视的. 对这种情形,我们将采用 **Lyapunov 直接法**. 这种方法也称为 Lyapunov 第二方法,它在许多实际问题中得到了广泛的应用,成为研究稳定性问题的基本方法. Lyapunov 为研究运动稳定性创立的另一个著名方法,即所谓 Lyapunov 第一方法,要用到微分方程的级数解,在后来少有发展,因此现在也少有使用.

为简单起见,我们只考虑自治系统

$$\frac{\mathrm{d}\boldsymbol{x}}{\mathrm{d}t}=\boldsymbol{f}(\boldsymbol{x}),\tag{6.21}$$

其中 $\boldsymbol{x}\in\mathbb{R}^n$, $\boldsymbol{f}(\boldsymbol{0})=\boldsymbol{0}$ 且 $\boldsymbol{f}(\boldsymbol{x})$ 在区域 $G=\{\boldsymbol{x}\in\mathbb{R}^n:\|\boldsymbol{x}\|\leqslant M\}$ 内连续可微. 显然方程组(6.21)的初值问题的解具有存在唯一性,而且方程组(6.21)有零解.

一个简单的想法是:观察在零解附近任意一个解 $\boldsymbol{x}(t)$ 的轨道是否越走距离零解(即相空间的原点 O)越近或始终不远离零解. 这样的观察需要借助一种工具,或者是某种"距离函数""位势函数""能量函数",或者是其他什么意义下的函数,它们实时监测点 $\boldsymbol{x}(t)=(x_1(t),x_2(t),\cdots,x_n(t))^{\mathrm{T}}$ 与 O 的位置关系. 显然我们常用的距离函数

$$\sqrt{x_1^2(t)+x_2^2(t)+\cdots+x_n^2(t)}$$

可以起到这种作用,然而它不一定是唯一的选择,甚至并不是一个好的选择,因为它的可微性很差.

定义 6.1 设 $V(\boldsymbol{x})$ 为定义在闭区域 $\{\boldsymbol{x}\in\mathbb{R}^n:\|\boldsymbol{x}\|\leqslant M_1\}$ 上的连续实函数,满足 $V(\boldsymbol{0})=0$,其中 $0<M_1\leqslant M$. 若恒有 $V(\boldsymbol{x})\geqslant 0$,则称函数 V 为**常正**的. 若对一切 $\|\boldsymbol{x}\|\neq 0$ 都有 $V(\boldsymbol{x})>0$,则称函数 V 为**定正**的. 若 $-V$ 是常正(或定正)的,则称函数 V 为**常负**(或**定负**)的.

函数 $V(x,y)=(x+y)^2$ 为常正的,函数 $V(x,y)=x^2+y^2$ 为定正的. 对常见的二次型函数

$$V(x,y)=ax^2+bxy+cy^2,$$

当 $a>0$ 且 $b^2-4ac<0$ 时是定正的,当 $a<0$ 且 $b^2-4ac<0$ 时是定负的.

我们将用定正的连续可微函数 $V(\boldsymbol{x})$ 来观察轨道上动点 $\boldsymbol{x}(t)$ 与原点 O 的位置关系. $V(\boldsymbol{x}(t))$ 关于 t 的增减性可以反映出轨道运动的稳定性. 为此,我们需要将方程组(6.21)的解 $\boldsymbol{x}(t)$ 代入 $V(\boldsymbol{x})$ 并考虑对 t 的导数

$$\left.\frac{\mathrm{d}V}{\mathrm{d}t}\right|_{(6.21)}=\frac{\mathrm{d}V(\boldsymbol{x}(t))}{\mathrm{d}t}=\sum_{i=1}^{n}\frac{\partial V}{\partial x_i}\frac{\mathrm{d}x_i}{\mathrm{d}t}=\sum_{i=1}^{n}\frac{\partial V}{\partial x_i}f_i.$$

定理 6.5(Lyapunov 稳定性判据)

(i) 若存在定正函数 $V(\boldsymbol{x})$,其通过方程组(6.21)的导数 $\left.\frac{\mathrm{d}V}{\mathrm{d}t}\right|_{(6.21)}$ 为常负函数,则方程组(6.21)的零解是稳定的.

(ii) 若存在定正函数 $V(\boldsymbol{x})$,使得导数 $\left.\frac{\mathrm{d}V}{\mathrm{d}t}\right|_{(6.21)}$ 是定负的,则方程组(6.21)的零解是渐近稳定的.

(iii) 若存在定正函数 $V(\boldsymbol{x})$,使得导数 $\left.\frac{\mathrm{d}V}{\mathrm{d}t}\right|_{(6.21)}$ 是定正的,则方程组(6.21)的零解是不稳定的.

(iv) 若存在函数 $V(\boldsymbol{x})$ 和非负常数 μ,在 $\boldsymbol{x}=\boldsymbol{0}$ 的任意小邻域内都存在 $\bar{\boldsymbol{x}}$,使得函数 $V(\bar{\boldsymbol{x}})>0$,且导数 $\left.\frac{\mathrm{d}V}{\mathrm{d}t}\right|_{(6.21)}$ 可表述为

$$\frac{\mathrm{d}V(\boldsymbol{x}(t))}{\mathrm{d}t}=\mu V(\boldsymbol{x}(t))+W(\boldsymbol{x}(t)),\tag{6.22}$$

其中当 $\mu=0$ 时 $W(\boldsymbol{x})$ 为定正函数,而当 $\mu\neq0$ 时 $W(\boldsymbol{x})$ 为常正函数,则方程组(6.21)的零解是不稳定的.

构造上述函数 V 是非常具有技巧性的工作. 我们通常把函数 V 称为 Lyapunov 函数.

证明 关于结论(i),考虑任意给定的正数 $\varepsilon\leqslant M_1$. 由 $V(\boldsymbol{x})$ 的连续性和定正性,必有正数 $\eta(\varepsilon)$,使得

$$\eta(\varepsilon)=\min_{\varepsilon\leqslant\|\boldsymbol{x}\|\leqslant M_1}V(\boldsymbol{x}).\tag{6.23}$$

再由 $V(\boldsymbol{x})$ 的连续性及 $V(\boldsymbol{0})=0$ 知,存在正数 $\delta=\delta(\varepsilon)<\varepsilon$,使得只要 $\|\boldsymbol{x}\|<\delta$ 就有 $V(\boldsymbol{x})<\eta(\varepsilon)$. 现在设 $\|\boldsymbol{x}_0\|<\delta$,则 $V(\boldsymbol{x}_0)<\eta(\varepsilon)$. 令 $\boldsymbol{x}(t)$ 为方程组(6.21)满足初值条件 $\boldsymbol{x}(t_0)=\boldsymbol{x}_0$ 的解,其最大存在区间为 $[t_0,t_1)$. 由假设,$\frac{\mathrm{d}V(\boldsymbol{x}(t))}{\mathrm{d}t}\leqslant0$,因此对任

意的 $t\in[t_0,t_1)$,都有

$$V(\boldsymbol{x}(t))\leqslant V(\boldsymbol{x}_0)<\eta(\varepsilon).$$

按照(6.23)式可知道,$\|\boldsymbol{x}(t)\|<\varepsilon$ 在区间$[t_0,t_1)$上成立. 另一方面,由解的延拓定理,必有 $t_1=+\infty$. 因此解 $\boldsymbol{x}(t)$ 对一切 $t\geqslant t_0$ 均有定义且 $\|\boldsymbol{x}(t)\|<\varepsilon$. 故方程组(6.21)的零解是稳定的.

再证结论(ii). 由于$\dfrac{\mathrm{d}V(\boldsymbol{x}(t))}{\mathrm{d}t}$定负,按照结论(i),方程组(6.21)的零解是稳定的. 取上面稳定性证明中的正数 $\delta=\delta(\varepsilon)>0$ 为 δ_0. 从而当 $\|\boldsymbol{x}_0\|<\delta_0$ 时,方程组(6.21)满足初值条件 $\boldsymbol{x}(t_0)=\boldsymbol{x}_0$ 的解 $\boldsymbol{x}(t)$ 对一切 $t\geqslant t_0$ 均有定义且满足 $\|\boldsymbol{x}(t)\|\leqslant M_1$. 我们只需证明

$$\lim_{t\to+\infty}\boldsymbol{x}(t)=\boldsymbol{0}. \tag{6.24}$$

为此我们将证明

$$\lim_{t\to+\infty}V(\boldsymbol{x}(t))=0. \tag{6.25}$$

事实上,如果(6.25)式成立而(6.24)式不成立,由于解 $\boldsymbol{x}(t)$ 在区间$[t_0,+\infty)$上有界,必有序列 $t_k\to+\infty$,使得存在极限

$$\widetilde{\boldsymbol{x}}=\lim_{k\to\infty}\boldsymbol{x}(t_k)\neq\boldsymbol{0}.$$

由(6.25)式及 $V(\boldsymbol{x})$ 的连续性,

$$V(\widetilde{\boldsymbol{x}})=\lim_{k\to\infty}V(\boldsymbol{x}(t_k))=0,$$

这与 $V(\boldsymbol{x})$ 为定正函数矛盾.

下面我们来证明(6.25)式. 由于$\dfrac{\mathrm{d}V(\boldsymbol{x}(t))}{\mathrm{d}t}$定负,在区间$[t_0,+\infty)$上 $V(\boldsymbol{x}(t))\geqslant 0$ 而且为 t 的严格递减函数,故存在极限

$$c=\lim_{t\to+\infty}V(\boldsymbol{x}(t)).$$

由 $V(\boldsymbol{x})$ 的连续性和定正性知 $c\geqslant 0$ 且

$$V(\boldsymbol{x}(t))\geqslant c,\quad \forall\, t\in[t_0,+\infty).$$

若 $c>0$,则存在常数 $\alpha>0$,使得 $\|\boldsymbol{x}(t)\|\geqslant\alpha$. 再由$\dfrac{\mathrm{d}V(\boldsymbol{x}(t))}{\mathrm{d}t}$的定负性和连续性,必存在

$$m=\max_{\alpha\leqslant\|\boldsymbol{x}\|\leqslant M_1}\frac{\mathrm{d}V(\boldsymbol{x}(t))}{\mathrm{d}t}<0.$$

从而当 $t\in[t_0,+\infty)$ 时有

$$V(\boldsymbol{x}(t))\leqslant V(\boldsymbol{x}_0)+m(t-t_0). \tag{6.26}$$

在不等式(6.26)两边令 $t\to+\infty$,则左边收敛于正数 c,右边趋于 $-\infty$,这显然是不可能的. 故必有 $c=0$,即(6.25)式成立. 因此方程组(6.21)的零解是渐近稳定的.

最后我们只需要证明比(iii)更广泛的结论(iv). 由假设,对任意给定的正数 $\delta<M_1$,都能找到 $\boldsymbol{x}_0$,使得 $\|\boldsymbol{x}_0\|<\delta$ 且 $V(\boldsymbol{x}_0)>0$. 我们只要证明:若 $\boldsymbol{x}(t)$ 为方程组(6.21)满足初值条件 $\boldsymbol{x}(t_0)=\boldsymbol{x}_0$ 的解,则必有 $\bar{t}\in[t_0,+\infty)$,使得 $\|\boldsymbol{x}(\bar{t})\|>M_1$.

如若不然,则

$$\|\boldsymbol{x}(t)\|\leqslant M_1,\quad \forall\, t\geqslant t_0. \tag{6.27}$$

因为 $V(\boldsymbol{x})$ 在闭区域 $\{\boldsymbol{x}\in\mathbb{R}^n:\|\boldsymbol{x}\|\leqslant M_1\}$ 上连续,故 $V(\boldsymbol{x}(t))$ 对一切 $t\in[t_0,+\infty)$ 必有界.

另一方面,由(6.22)式并用常数变易公式可知对一切 $t\geqslant t_0$,都有

$$V(\boldsymbol{x}(t))=\mathrm{e}^{\mu(t-t_0)}\left(V(\boldsymbol{x}_0)+\int_{t_0}^{t}W(\boldsymbol{x}(\tau))\mathrm{e}^{-\mu(\tau-t_0)}\mathrm{d}\tau\right). \tag{6.28}$$

当 $\mu\neq0$ 时,$\mu>0$ 且 $W(\boldsymbol{x})$ 为常正函数,故由(6.28)式知

$$V(\boldsymbol{x}(t))\geqslant V(\boldsymbol{x}_0)\mathrm{e}^{\mu(t-t_0)}\geqslant V(\boldsymbol{x}_0)>0,\quad \forall\, t\geqslant t_0.$$

因此当 $t\to+\infty$ 时 $V(\boldsymbol{x}(t))$ 趋于 $+\infty$. 这与上述 $V(\boldsymbol{x}(t))$ 的有界性矛盾.

当 $\mu=0$ 时,因为 $W(\boldsymbol{x})$ 是定正的,从(6.28)式知

$$V(\boldsymbol{x}(t))\geqslant V(\boldsymbol{x}_0)>0,\quad \forall\, t\geqslant t_0.$$

由 $V(\boldsymbol{x})$ 的连续性及 $V(\boldsymbol{0})=0$ 知,存在 $\alpha>0$,使得在区间 $[t_0,+\infty)$ 上 $\|\boldsymbol{x}(t)\|\geqslant\alpha$. 由于 $W(\boldsymbol{x})$ 为定正函数且连续,故存在

$$m=\min_{\alpha\leqslant\|\boldsymbol{x}\|\leqslant M_1}W(\boldsymbol{x})>0.$$

从而由(6.28)式知,

$$V(\boldsymbol{x}(t))\geqslant V(\boldsymbol{x}_0)+m(t-t_0),\quad \forall\, t\geqslant t_0.$$

因此当 $t\to+\infty$ 时同样有 $V(\boldsymbol{x}(t))$ 趋于 $+\infty$. 这也与上述 $V(\boldsymbol{x}(t))$ 的有界性矛盾. 从而证明了方程组(6.21)的零解是不稳定的. 定理证毕. □

定理 6.5 有较强的几何意义,我们以二维的情形为例来说明这一点. 这时方程组(6.21)的解 $\boldsymbol{x}(t)=(x_1(t),x_2(t))$ 可看成平面上以 t 为参数的一条曲线,即轨道. 考虑曲线族

$$V(x_1,x_2)=c\quad(c>0). \tag{6.29}$$

设 $V(x_1,x_2)$ 为定正函数，即 $V(0,0)=0$，而当 $(x_1,x_2)\neq(0,0)$ 时 $V(0,0)>0$，则当 c 充分小时，随着 c 逐渐增大，由(6.29)式我们得到一族彼此不相交的、相互嵌套的(即一个包含另一个的)闭曲线族，它们都包含原点在内，见图 6.8.

若导数 $\dfrac{\mathrm{d}V(\boldsymbol{x}(t))}{\mathrm{d}t}\leqslant 0$，则 $V(x_1(t),x_2(t))$ 对 $t\geqslant t_0$ 为不增函数，因此轨道 $(x_1(t),x_2(t))$ 当 $t\geqslant t_0$ 时要么随 t 的增加而一层层地进入闭曲线族(6.29)所围的区域，要么沿着这些曲线运动，而不会由闭曲线族(6.29)的内部走到其外部. 从而可以理解其零解的稳定性，参看图 6.9. 若导数 $\dfrac{\mathrm{d}V(\boldsymbol{x}(t))}{\mathrm{d}t}$ 具有定负性，则任一轨道 $(x_1(t),x_2(t))$ 当 $t\geqslant t_0$ 时只能随 t 的增加而由外向内地进入闭曲线族(6.29)并渐近地趋于原点，因而零解是渐近稳定的. 对不稳定的情形，可以看出在定理的条件下轨道将自内而外地离开曲线族(6.29).

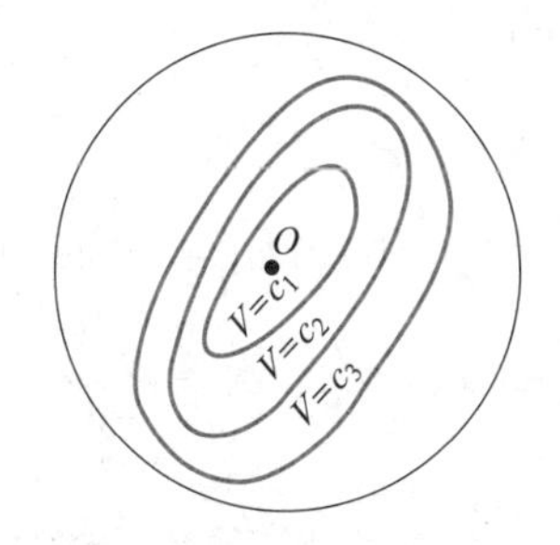

图 6.8　闭曲线族 $V=c(c_1<c_2<c_3)$

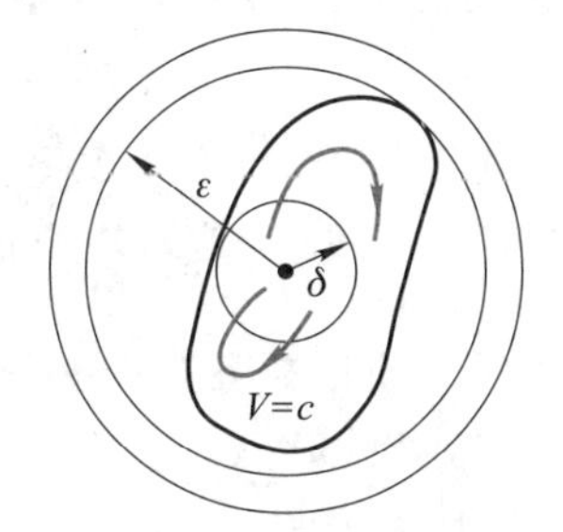

图 6.9　零解的稳定性与 Lyapunov 函数

在应用定理 6.5 时最大的困难是构造适当的 Lyapunov 函数. 遗憾的是并没有构造 Lyapunov 函数的一般方法. 这依赖人们的经验. 人们有时寻求二次型函数形式的 Lyapunov 函数，有时把系统理解为质点的运动方程而用系统的总能量作为 Lyapunov 函数. 当系统有阻力时，可以预期质点的总能量会逐步减少，直到全部耗尽，而运动也逐步停下来.

例 6.2　对例 6.1 中的系统(6.16)，即

$$\frac{\mathrm{d}x}{\mathrm{d}t}=y,\quad \frac{\mathrm{d}y}{\mathrm{d}t}=-\frac{g}{l}\sin x-\frac{\mu}{m}y,$$

我们已指出当摆没有阻力，即 $\mu=0$ 时为临界情形，零解的稳定性不能由其线性近似来判定. 我们知道 $x=\varphi$ 表示摆所处的位置，即与铅直线的夹角，而 y 表示摆的速度. 设摆在 $\varphi=0$ 时离地面的高度为 h_0，则其总能量为

$$E=\frac{1}{2}m\left(l\frac{\mathrm{d}\varphi}{\mathrm{d}t}\right)^2+mgl(1-\cos\varphi)+mgh_0$$

$$=ml^2\left(\frac{1}{2}y^2+\frac{g}{l}(1-\cos x)\right)+mgh_0.$$

据此构造 Lyapunov 函数

$$V(x,y)=\frac{1}{2}y^2+\frac{g}{l}(1-\cos x).$$

它是定正的,其沿轨道的导数为

$$\left.\frac{\mathrm{d}V}{\mathrm{d}t}\right|_{(6.16)}=-\frac{\mu}{m}(y(t))^2=0,$$

因为 $\mu=0$. 由定理 6. 5 知系统(6. 16)的零解是稳定的.

在上面例子的分析中读者可以发现,当 $\mu>0$ 时 $\frac{\mathrm{d}V}{\mathrm{d}t}$ 仅为常负的. 因此定理 6. 5 还不能直接给出渐近稳定性. 不难看出使 $\frac{\mathrm{d}V}{\mathrm{d}t}=0$ 的点都在 x 轴上(即 $y=0$),而在原点的邻域内 x 轴上除零解外不含方程的整条正半轨道(即解 $(x(t),y(t))$ 当 $t\geqslant t_0$ 时在平面上定义的曲线). 这时由下面的定理可知系统(6. 16)的零解是渐近稳定的.

定理 6. 6 若存在定正函数 $V(\boldsymbol{x})$,其通过方程组(6. 21)的导数 $\left.\frac{\mathrm{d}V}{\mathrm{d}t}\right|_{(6.21)}$ 为常负函数,但使 $\left.\frac{\mathrm{d}V}{\mathrm{d}t}\right|_{(6.21)}=0$ 的点 $\boldsymbol{x}$ 的集合中除(6. 21)的零解外不包含(6. 21)的整条正半轨道,则方程组(6. 21)的零解是渐近稳定的.

定理 6. 6 的证明与定理 6. 5 的证明类似,我们将其作为习题留给读者.

习题 6.3

1. 设在 Oxy 平面上原点的某邻域内有 $P(x,y)<0,Q(x,y)<0$ 且 $P(x,y),Q(x,y)$ 连续可微. 证明方程组

$$\frac{\mathrm{d}x}{\mathrm{d}t}=xP(x,y),\quad \frac{\mathrm{d}y}{\mathrm{d}t}=yQ(x,y)$$

的零解渐近稳定.

2. 构造形如 $V(x,y)=ax^2+bxy+cy^2$ 的 Lyapunov 函数,讨论下列方程组零解的稳定性:

(1) $\frac{\mathrm{d}x}{\mathrm{d}t}=-x+y-xy^2,\quad \frac{\mathrm{d}y}{\mathrm{d}t}=-2x-y-x^2y;$

(2) $\frac{\mathrm{d}x}{\mathrm{d}t}=y^3+x^2y$, $\frac{\mathrm{d}y}{\mathrm{d}t}=x^3-xy^2$;

(3) $\frac{\mathrm{d}x}{\mathrm{d}t}=2x+y+xy$, $\frac{\mathrm{d}y}{\mathrm{d}t}=x-2y+x^2+y^2$;

(4) $\frac{\mathrm{d}x}{\mathrm{d}t}=-x^3+y^4$, $\frac{\mathrm{d}y}{\mathrm{d}t}=-y^3+y^4$;

(5) $\frac{\mathrm{d}x}{\mathrm{d}t}=\sin y$, $\frac{\mathrm{d}y}{\mathrm{d}t}=-2x-3y$.

3. 构造形如 $V(x,y)=\alpha xy^2+\beta x^3$ 的 Lyapunov 函数,讨论下列方程组零解的稳定性:

$$\frac{\mathrm{d}x}{\mathrm{d}t}=x^2-y^2,\quad \frac{\mathrm{d}y}{\mathrm{d}t}=-2xy.$$

4. 设在 Oxy 平面上 $f(x,y)$ 连续可微,给定方程组

$$\frac{\mathrm{d}x}{\mathrm{d}t}=y-xf(x,y),\quad \frac{\mathrm{d}y}{\mathrm{d}t}=-x-yf(x,y),$$

证明若在原点的某邻域内有 $f(x,y)>0$,则零解渐近稳定,若有 $f(x,y)<0$,则零解不稳定.

5. 设 $P(0,0)=Q(0,0)=0$, $P(x,y)$, $Q(x,y)$ 连续可微,且存在 α,β,使得在 Oxy 平面上原点的某邻域内除去原点外有

$$\alpha P(x,y)+\beta Q(x,y)>0.$$

证明方程组

$$\frac{\mathrm{d}x}{\mathrm{d}t}=P(x,y),\quad \frac{\mathrm{d}y}{\mathrm{d}t}=Q(x,y)$$

的零解不稳定.

6. 设函数 $g(x)$ 连续可微, $g(0)=0$ 且当 $x\neq 0$ 时有 $xg(x)>0$. 证明方程

$$\frac{\mathrm{d}^2x}{\mathrm{d}t^2}+g(x)=0$$

的零解是稳定的,但不是渐近稳定的.

7. 设 $\alpha,\beta,\gamma,\delta$ 都是正数, $\beta\gamma-\alpha\delta<0$,函数 $f(y)$ 连续可微, $f(0)=0$ 且当 $y\neq 0$ 时有 $yf(y)>0$. 利用形如

$$V=\frac{1}{2}Ax^2+B\int_0^y f(u)\,\mathrm{d}u$$

的 Lyapunov 函数讨论方程组

$$\frac{\mathrm{d}x}{\mathrm{d}t}=-\alpha x+\beta f(y),\quad \frac{\mathrm{d}y}{\mathrm{d}t}=\gamma x-\delta f(y)$$

的零解的稳定性.

8. 给定方程组

$$\frac{\mathrm{d}\boldsymbol{x}}{\mathrm{d}t}=\boldsymbol{f}(\boldsymbol{x}),\tag{6.30}$$

若存在定正函数 $V(\boldsymbol{x})$,其通过方程组(6.30)的导数 $\left.\frac{\mathrm{d}V}{\mathrm{d}t}\right|_{(6.30)}$ 为常负函数,但使 $\left.\frac{\mathrm{d}V}{\mathrm{d}t}\right|_{(6.30)}=0$ 的点 $\boldsymbol{x}$

的集合中除方程组(6.30)的零解外不包含方程组(6.30)的整条正半轨，证明方程组(6.30)的零解是渐近稳定的.

§6.4 平面平衡点分析

前面我们研究了系统的零解的稳定性. 零解实质上是系统在相空间上的一个平衡点 O，而仅仅弄懂平衡点的稳定性是不够的. 即使我们知道平衡点 O 是渐近稳定的，我们还应该知道 O 点周围的轨道是否以某个固定方向逼近 O 点. 如果平衡点 O 是不稳定的，在 O 附近或许所有轨道都远离 O 而去，或许还存在逼近 O 点的轨道. 我们怎样才能获得 O 点附近轨道的“走法”呢？此外，即使知道平衡点 O 的稳定性，有的系统无论被怎样的微小改变都不改变 O 点的稳定性(甚至 O 点附近轨道的“走法”)，有的系统却容易改变. 我们怎样去鉴别它们呢？这些关于平衡点 O 附近轨道的“走法”包括 O 点的稳定性在内的性质即是本节要讨论的平衡点的定性性质.

在本节我们讨论平面自治系统

$$\frac{\mathrm{d}x}{\mathrm{d}t}=X(x,y),\quad \frac{\mathrm{d}y}{\mathrm{d}t}=Y(x,y),\tag{6.31}$$

这里 $X(x,y)$ 和 $Y(x,y)$ 为连续函数并对 x 和 y 具有二阶连续偏导数，则系统(6.31)满足解的存在唯一性条件. 在系统(6.31)中，若 $X(x,y)$ 和 $Y(x,y)$ 不同时为零，则可消去自变量 t. 比如若 $X(x,y)\neq 0$，则有

$$\frac{\mathrm{d}y}{\mathrm{d}x}=\frac{Y(x,y)}{X(x,y)},\tag{6.32}$$

若 $Y(x,y)\neq 0$，则有

$$\frac{\mathrm{d}x}{\mathrm{d}y}=\frac{X(x,y)}{Y(x,y)}.\tag{6.33}$$

方程(6.32)和(6.33)分别为一阶微分方程，满足解的存在唯一性条件和解对初值的连续性条件，其解所确定的积分曲线即为系统(6.31)的轨道. 这时过相平面上每一点都有且仅有一条轨道通过. 因此对相平面上一点 (x_0,y_0)，如果 $X(x_0,y_0)$ 和 $Y(x_0,y_0)$ 不同时为零，其附近的轨道结构是简单的：在 (x_0,y_0) 的某一个邻域内，系统(6.31)的轨道为一族不相交的曲线. 我们称这样的点为常点.

因此在研究相图的局部结构时问题就集中在系统(6.31)的平衡点附近，这些平衡点由方程组

$$X(x,y)=0,\quad Y(x,y)=0\tag{6.34}$$

决定. 一个动力系统可能有多个平衡点. 我们可分别将它们平移到原点 O,然后讨论一个等价系统在原点 O 附近的定性性质. 因此不失一般性,下面设平衡点在原点.

若 Oxy 平面上的原点是系统(6.31)的平衡点,则可将方程组(6.31)右端进行 Taylor 展开并写成如下形式:

$$\frac{\mathrm{d}x}{\mathrm{d}t}=ax+by+R_1(x,y),\quad \frac{\mathrm{d}y}{\mathrm{d}t}=cx+dy+R_2(x,y),\tag{6.35}$$

其中 $R_j(x,y)=o(\sqrt{x^2+y^2})$, $j=1,2$,称为高次项. 同前面讨论稳定性一样,我们问:系统(6.35)在原点附近的轨道结构是否和其线性部分

$$\frac{\mathrm{d}x}{\mathrm{d}t}=ax+by,\quad \frac{\mathrm{d}y}{\mathrm{d}t}=cx+dy\tag{6.36}$$

在原点附近的轨道结构相似呢? 在回答这个问题之前,我们首先要学会分析线性系统(6.36)的平衡点的定性性质.

用 $\boldsymbol{A}$ 表示方程组(6.36)右端的系数矩阵. 首先考虑矩阵 $\boldsymbol{A}$ 非退化的情形,即 $\det \boldsymbol{A}\neq 0$,这时 $\boldsymbol{A}$ 在复数域 $\mathbb{C}$ 有两个非零特征值 λ_1,λ_2. 由线性代数中的 Jordan 标准形理论,存在非奇异的线性变换 $\boldsymbol{P}$,通过线性变换 $(u,v)^{\mathrm{T}}=\boldsymbol{P}(x,y)^{\mathrm{T}}$ 把系统(6.36)化成

$$\frac{\mathrm{d}}{\mathrm{d}t}\begin{pmatrix}u\\v\end{pmatrix}=\boldsymbol{PAP}^{-1}\begin{pmatrix}u\\v\end{pmatrix},\tag{6.37}$$

其中 $\boldsymbol{J}=\boldsymbol{PAP}^{-1}$ 是下面三种形式之一:

$$\begin{pmatrix}\lambda & 0\\0 & \mu\end{pmatrix},\quad \begin{pmatrix}\lambda & 0\\1 & \lambda\end{pmatrix},\quad \begin{pmatrix}\alpha & \beta\\-\beta & \alpha\end{pmatrix},$$

其中 λ,μ,α,β 为实数,λ,μ,β 均非零. 这里第一、二种形式对应于矩阵 $\boldsymbol{A}$ 仅有实特征值的情形,第三种形式相应于矩阵 $\boldsymbol{A}$ 具有一对共轭复特征值 $\lambda_{1,2}=\alpha\pm\mathrm{i}\beta$ 的情形.

事实上,所求线性变换可按下述方法给出:首先注意到当 $b=c=0$ 时方程组(6.36)已为第一种形式的标准形,因此下面设 b,c 不同时为 0,这时可分三种情况讨论:

(i) 若特征值 $\lambda_1=\lambda,\lambda_2=\mu$ 相异,当 $b\neq 0$ 或 $c\neq 0$ 时分别用线性变换

$$u=(d-\lambda_1)x-by,\quad v=(d-\lambda_2)x-by,$$

或

$$u=-cx+(a-\lambda_1)y,\quad v=-cx+(a-\lambda_2)y,$$

可将方程组(6.36)化为第一种形式的标准形.

(ii) 若特征值 $\lambda_1=\lambda_2=\lambda$,当 $b\neq 0$ 或 $c\neq 0$ 时分别用线性变换

$$u=(\lambda-d)x+by,\quad v=x,$$

或

$$u=cx+(\lambda-a)y,\quad v=y,$$

可将方程组(6.36)化为第二种形式的标准形.

(iii) 若特征值 $\lambda_1=\overline{\lambda}_2$,即共轭,设 $\lambda_1=\alpha+\mathrm{i}\beta(\beta\neq 0)$,则用线性变换

$$u=-cx+(a-\alpha)y,\quad v=\beta y,$$

或

$$u=(d-\alpha)x-by,\quad v=\beta x,$$

均可将方程组(6.36)化为第三种形式标准形.

读者应注意将方程组(6.36)化为标准形式(6.37)的线性变换并不是唯一的.

显然,可逆线性变换(6.37)不改变平衡点的位置和相图结构,因此我们仅讨论由上述三种标准矩阵定义的系统.

对第一种形式的矩阵 $\boldsymbol{A}$,可分为三种情况讨论:

(Ⅰ.1) $\lambda=\mu$;

(Ⅰ.2) $\lambda\neq\mu$ 且 $\lambda\mu>0$;

(Ⅰ.3) $\lambda\neq\mu$ 且 $\lambda\mu<0$.

在情况(Ⅰ.1),方程组(6.36)可化成

$$\frac{\mathrm{d}u}{\mathrm{d}t}=\lambda u,\quad \frac{\mathrm{d}v}{\mathrm{d}t}=\lambda v,$$

其解为 $u(t)=u_0\mathrm{e}^{\lambda t}$,$v(t)=v_0\mathrm{e}^{\lambda t}$,其中 u_0,v_0 为任意常数. 易见,当 $\lambda<0$ 时轨道方向将趋向平衡点 O,系统(6.36)的零解是渐近稳定的;当 $\lambda>0$ 时,轨道方向将远离平衡点 O,系统(6.36)的零解是不稳定的. 进而,$\dfrac{u}{v}=\dfrac{u_0}{v_0}$,这表明平衡点附近的轨道都是过 O 点的直线. 因此 O 点附近的轨道当 $\lambda<0$ 时是射向原点 O 的直线束,当 $\lambda>0$ 时是从原点 O 射向四面八方的直线束. 这样的平衡点称为**星形结点**(或**临界结点**),见图 6.10 及图 6.11.

在情况(Ⅰ.2),方程组(6.36)可化成

$$\frac{\mathrm{d}u}{\mathrm{d}t}=\lambda u,\quad \frac{\mathrm{d}v}{\mathrm{d}t}=\mu v. \tag{6.38}$$

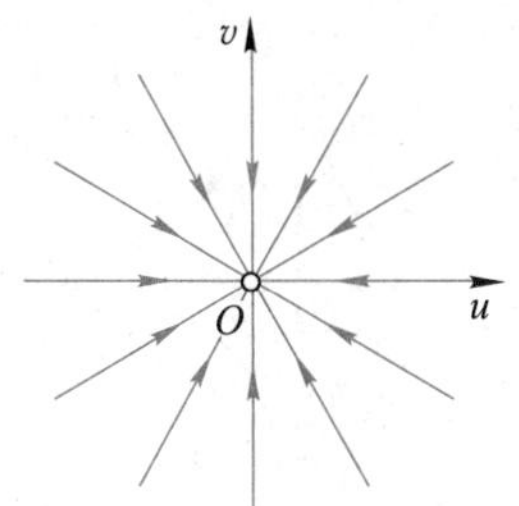
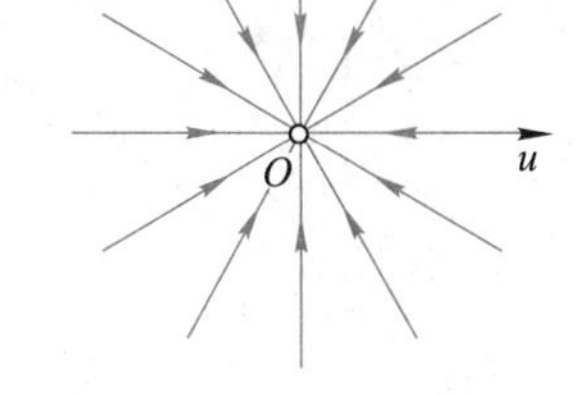

图 6.10　稳定的星形结点($\lambda<0$)　　图 6.11　不稳定的星形结点($\lambda>0$)

同理可以得到通解 $u(t)=u_0\mathrm{e}^{\lambda t}$,$v(t)=v_0\mathrm{e}^{\mu t}$,同样知道原点 O 的稳定性:当 $\lambda<0$, $\mu<0$ 时渐近稳定,当 $\lambda>0$,$\mu>0$ 时不稳定. 与情况(Ⅰ.1)类似,可以知道$\dfrac{|u|^{\mu}}{|v|^{\lambda}}$等于某个常数. 这也可以直接从上述方程组相应的轨道的微分方程看出. 当 $u\neq 0$ 时,该方程组的轨道满足微分方程

$$\frac{\mathrm{d}v}{\mathrm{d}u}=\frac{\mu}{\lambda}\frac{v}{u}, \tag{6.39}$$

从方程(6.39)中解得 $v=C|u|^{\mu/\lambda}$,其中 C 是任意常数. 因此在 Ouv 平面上(除坐标轴外)轨道作为幂函数曲线形成了一族以原点 O 为顶点的"抛物线". 尤其是,当 $|\lambda|<|\mu|$ 时这个"抛物线"族与 u 轴相切于 O 点;当 $|\mu|<|\lambda|$ 时这个"抛物线"族与 v 轴相切于 O 点. 易见 v 轴(即 $u=0$)的正半轴和负半轴也分别是方程组的轨道. 这样的平衡点称为**两向结点**(或**正常结点**),见图 6.12 及图 6.13.

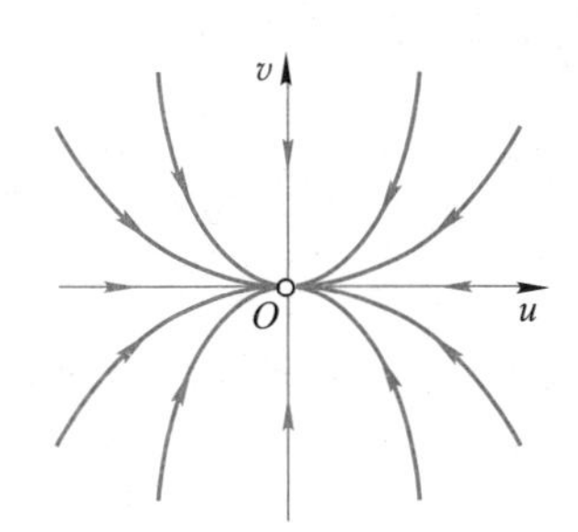
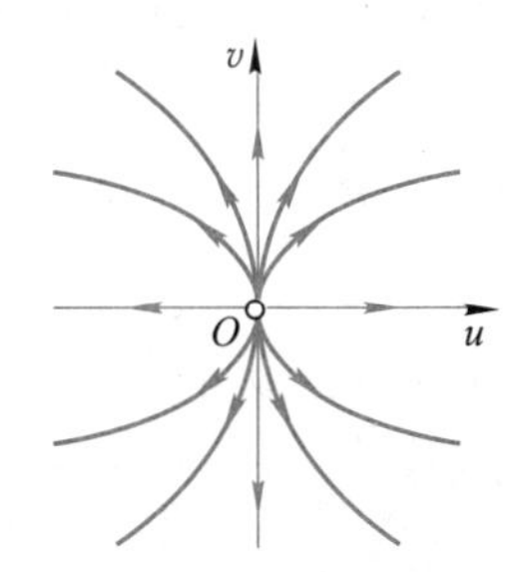

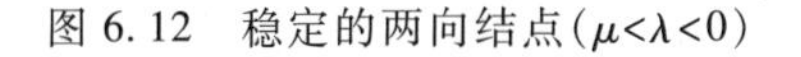

图 6.12　稳定的两向结点($\mu<\lambda<0$)　　图 6.13　不稳定的两向结点($\lambda>\mu>0$)

在情况(Ⅰ.3),同样根据方程(6.38)或(6.39)的通解可以知道原点 O 总是不稳定的,而且在 Ouv 平面上(除坐标轴外)轨道形成了一族以两个坐标轴为渐近线的"双曲线". 尤其是,当 $\lambda<0$,$\mu>0$ 时这个"双曲线"族相应于 $t\to+\infty$ 渐近于 v 轴;当 $\lambda>0$,$\mu<0$ 时这个"双曲线"族相应于 $t\to+\infty$ 渐近于 u 轴. 这样的平衡点称为**鞍点**,见图 6.14 及图 6.15.

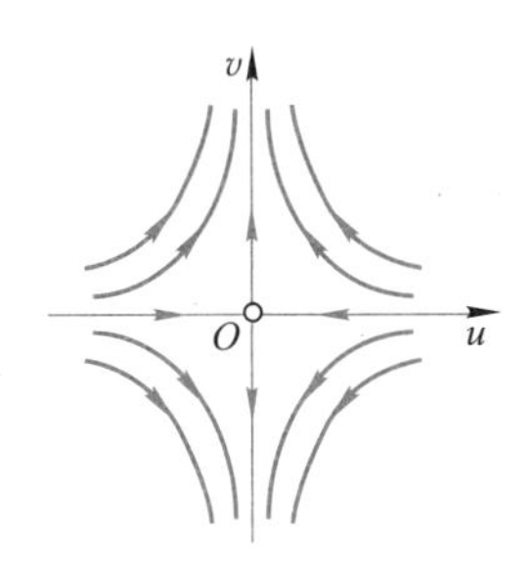

图 6.14　鞍点($\lambda<0,\mu>0$)

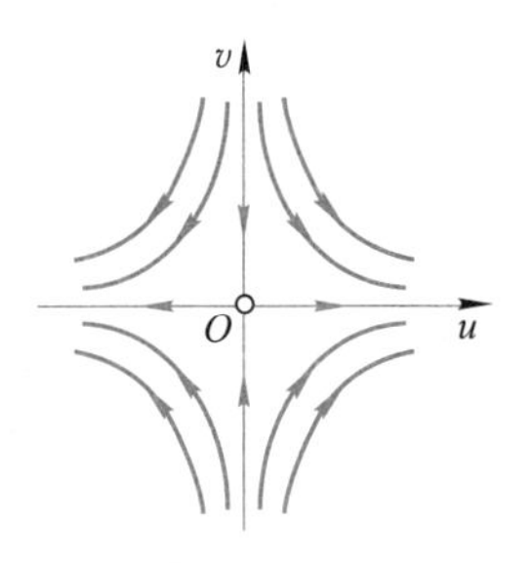

图 6.15　鞍点($\lambda>0,\mu<0$)

第二种形式的矩阵 **A** 具有一个二重实根且 Jordan 块是二阶的. 为方便起见,我们把这一情形称为情形(Ⅱ). 从方程的通解容易看出:平衡点 O 当 $\lambda<0$ 时渐近稳定,当 $\lambda>0$ 时不稳定. 当 $u\neq 0$ 时,考虑轨道相应的微分方程

$$\frac{\mathrm{d}v}{\mathrm{d}u}=\frac{1}{\lambda}+\frac{1}{u}v. \tag{6.40}$$

用常数变易公式得到通解为

$$v=Cu+\frac{u}{\lambda}\ln|u|,$$

其中 C 是任意常数. 因此,$\lim\limits_{u\to 0}v=0$,即平衡点附近的轨道当 $\lambda<0$ 时逼近原点而当 $\lambda>0$ 时离 O 而去. 另一方面,v 轴(即 $u=0$)的正半轴和负半轴本身也分别是轨道. 将这个通解代入方程(6.40)得到

$$\begin{aligned}\lim_{u\to 0}\frac{\mathrm{d}v}{\mathrm{d}u}&=\frac{1}{\lambda}+C+\frac{1}{\lambda}\lim_{u\to 0}\ln|u|\\&=\begin{cases}+\infty, & \lambda<0,\\ -\infty, & \lambda>0.\end{cases}\end{aligned} \tag{6.41}$$

因此,平衡点 O 附近的轨道与 v 轴相切于 O 点. 这样的平衡点称为**单向结点**(或**退化结点**),见图 6.16 及图 6.17.

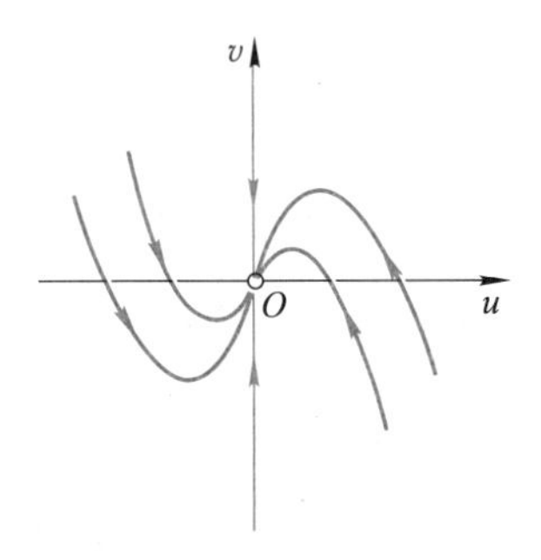

图 6.16　稳定的单向结点($\lambda<0$)

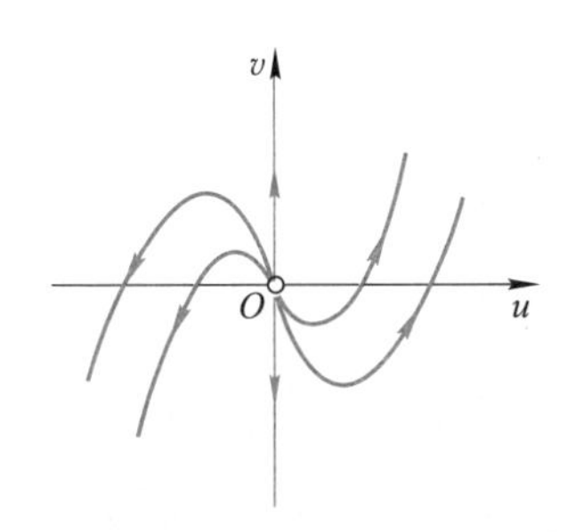

图 6.17　不稳定的单向结点($\lambda>0$)

第三种形式的矩阵 $\boldsymbol{A}$ 有一对共轭复特征值 $\lambda_{1,2}=\alpha\pm\mathrm{i}\beta$ 且 $\beta\neq0$. 取极坐标 $u=r\cos\theta, v=r\sin\theta$,利用计算导数的公式

$$\begin{cases}\dot{u}=\dot{r}\cos\theta-r\sin\theta\cdot\dot{\theta},\\ \dot{v}=\dot{r}\sin\theta+r\cos\theta\cdot\dot{\theta}\end{cases}\quad 或\quad \begin{cases}\dot{r}=\dot{u}\cos\theta+\dot{v}\sin\theta,\\ \dot{\theta}=\dfrac{-\dot{u}\sin\theta+\dot{v}\cos\theta}{\sqrt{u^2+v^2}},\end{cases}$$

方程组可以化为

$$\frac{\mathrm{d}r}{\mathrm{d}t}=\alpha r,\quad \frac{\mathrm{d}\theta}{\mathrm{d}t}=-\beta. \tag{6.42}$$

从中解得

$$r(t)=\rho_0\mathrm{e}^{\alpha t},\quad \theta(t)=-\beta t+\delta, \tag{6.43}$$

其中 ρ_0,δ 为任意常数. 因此平衡点 O 附近的轨道是

$$r(\theta)=(\rho_0\mathrm{e}^{\frac{\alpha}{\beta}\delta})\mathrm{e}^{-\frac{\alpha}{\beta}\theta}. \tag{6.44}$$

这时分为两种情形:(Ⅲ.1)$\alpha\neq0$ 和(Ⅲ.2)$\alpha=0$.

在情形(Ⅲ.1),由(6.44)式知平衡点 O 附近的轨道是一族螺线. 由(6.43)式知,当 $\alpha<0$ 时平衡点 O 渐近稳定,当 $\alpha>0$ 时平衡点 O 不稳定. 当 $\beta>0$ 时螺线顺时针盘旋,当 $\beta<0$ 时螺线逆时针盘旋. 这样的平衡点称为**焦点**,见图 6.18 及图 6.19.

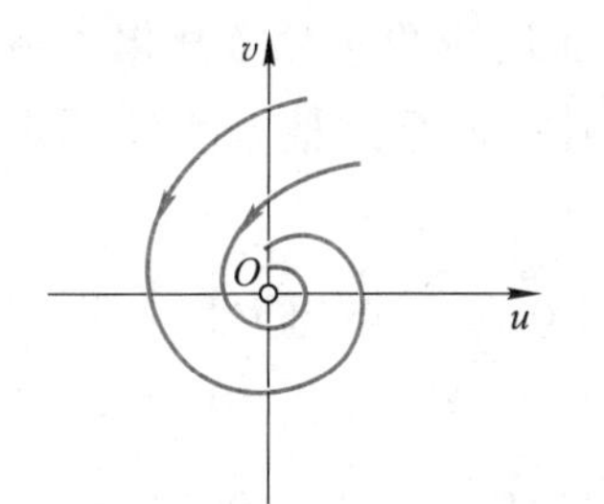

图 6.18　稳定的焦点($\alpha<0$, $\beta<0$)

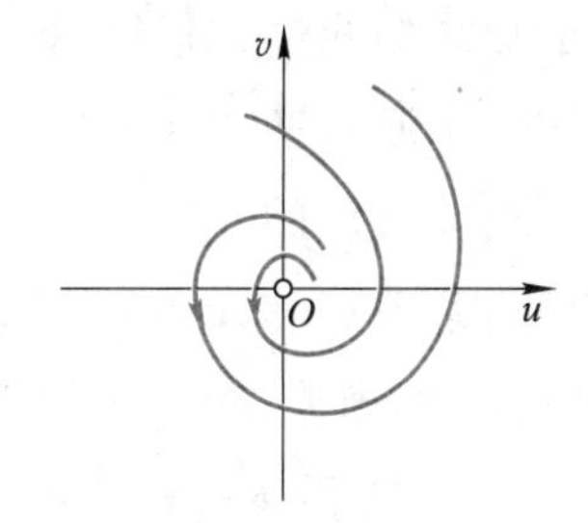

图 6.19　不稳定的焦点($\alpha>0$, $\beta<0$)

在情形(Ⅲ.2),由(6.44)式知 $r(t)\equiv\rho_0$,因此平衡点 O 附近的轨道是一族同心圆. 这时平衡点 O 是稳定的但不渐近稳定. 这样的平衡点称为**中心**,见图 6.20 及图 6.21.

上面的分析结果也可以通过

$$T=\mathrm{tr}\,\boldsymbol{A},\quad D=\det\boldsymbol{A},\quad \Delta=T^2-4D$$

三个量之间的相互关系来判定,这些关系是根据二次多项式方程根与系数的关系得到的. 在图 6.22 中我们在 OTD 坐标系中描述了这些关系,其中抛物线 $\Delta=0$ 对应

着星形结点或单向结点，T 轴对应着下面我们将要讨论的退化平衡点，正半 D 轴对应着中心.

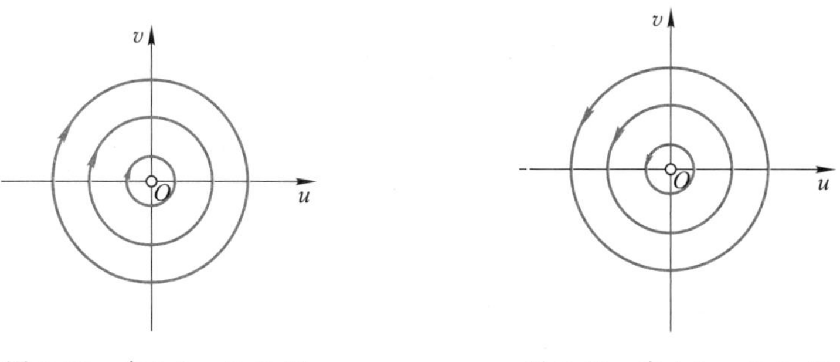

图 6.20　中心($\alpha=0,\beta>0$)　　图 6.21　中心($\alpha=0,\beta<0$)

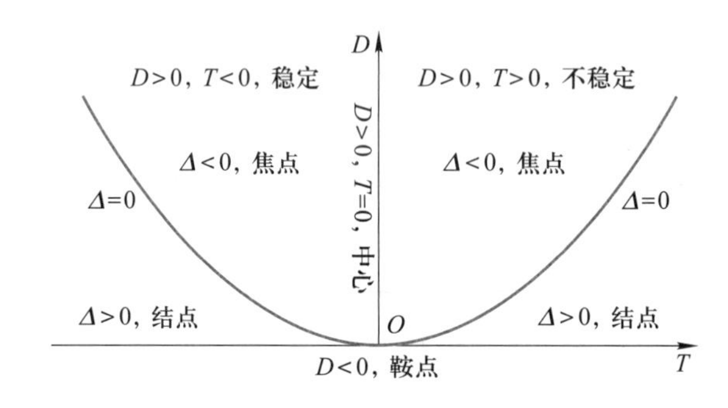

图 6.22　平面线性系统平衡点的分类与 T,D,Δ 的关系

对于一般形式的线性方程组(6.36)，可用前述线性变换将其化为标准形，并由标准形的相图不难通过逆变换画出原系统的相图. 但是这种方法计算量较大，下面我们介绍一个简单实用的方法.

我们可先由系数矩阵 $\boldsymbol{A}$ 的特征值迅速判断出平衡点的类型和稳定性，然后利用平面线性系统平衡点的下面两个性质作出相图：首先，注意到当 $t\to+\infty$ 或 $t\to-\infty$ 时，某些轨道将沿某一确定的方向(称为平衡点的特殊方向)趋于平衡点，特别地，两向结点和鞍点有两个特殊方向，单向结点有一个特殊方向，星形结点有无穷个特殊方向，焦点和中心没有特殊方向；并且当某条直线给出平衡点的特殊方向时，它被平衡点分割的两条射线都是系统的轨道，这些性质在仿射变换下保持不变. 其次，平面线性系统(6.36)在相平面上给出的方向场关于平衡点(0,0)对称，即若$(P(x,y),Q(x,y))$为系统在点(x,y)给出的方向，则$(-P(x,y),-Q(x,y))$为系统在点$(-x,-y)$给出的方向.

下面我们通过具体的例子来说明如何利用这种方法.

例 6.3　考虑如下的平面线性系统：

$$\begin{cases}\dfrac{dx}{dt}=3x,\\[2ex]\dfrac{dy}{dt}=2x+y.\end{cases}\tag{6.45}$$

首先计算系数矩阵 $\boldsymbol{A}$ 的特征值. $\det(\boldsymbol{A}-\lambda\boldsymbol{I})=\lambda^2-4\lambda+3=(\lambda-3)(\lambda-1)$. 从而,特征值为 $\lambda_1=1,\lambda_2=3$,是一对相异正实值,属于情形(Ⅰ.2). 因此原点 $O(0,0)$ 作为系统(6.45)的平衡点是一个不稳定的两向结点.

为了画出相图,我们需要找出平衡点(0,0)的两个特殊方向,为此先求出 $\boldsymbol{A}$ 的特征向量. 对应于 λ_1,λ_2,容易得到关于 $\boldsymbol{\xi}_j=(u_j,v_j)^{\mathrm{T}}$ 的齐次线性方程组

$$(\boldsymbol{A}-\lambda_j\boldsymbol{I})\boldsymbol{\xi}_j=\begin{pmatrix}3-\lambda_j & 0\\ 2 & 1-\lambda_j\end{pmatrix}\begin{pmatrix}u_j\\ v_j\end{pmatrix}=\boldsymbol{0},\quad j=1,2$$

的基础解系,即对应于 $\lambda_1=1$ 有特征向量 $\boldsymbol{\xi}_1=(0,1)^{\mathrm{T}}$,对应于 $\lambda_2=3$ 有特征向量 $\boldsymbol{\xi}_2=(1,1)^{\mathrm{T}}$. 这样,我们相应绘出两条直线 ℓ_1 和 ℓ_2,它们上面的轨道都是继续沿着它们且背离原点 O. 因为 $|\lambda_1|<|\lambda_2|$,因此除了 ℓ_2 上的轨道外,所有轨道的曲线都与 ℓ_1 相切于 O 点,从而直线 ℓ_1 和 ℓ_2 分别给出了平衡点(0,0)的两个特殊方向. 由此不难画出系统(6.45)的相图,见图 6.23.

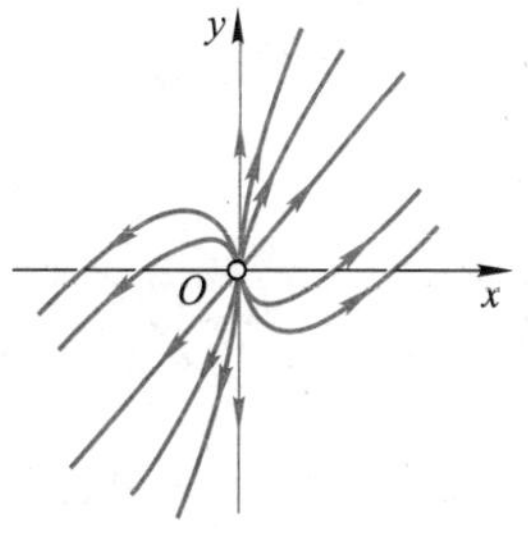

图 6.23　例 6.3

例 6.4　考虑如下的平面线性系统:

$$\begin{cases}\dfrac{dx}{dt}=-x-y,\\[2ex]\dfrac{dy}{dt}=x-3y.\end{cases}\tag{6.46}$$

系数矩阵 $\boldsymbol{A}$ 的特征值是 2 重特征值 $\lambda_{1,2}=-2$,因此平衡点 O 或者是稳定的星形结点或者是稳定的单向结点. 它们之间的区别在于平衡点(0,0)有多少个特殊方向,无穷个对应于前者,唯一一个对应于后者. 为进一步判断,我们同样先求出 $\boldsymbol{A}$ 的特征向量,为此求解齐次线性方程组

$$(\boldsymbol{A}-\lambda_1\boldsymbol{I})\boldsymbol{\xi}_1=\begin{pmatrix}1 & -1\\ 1 & -1\end{pmatrix}\begin{pmatrix}u_1\\ v_1\end{pmatrix}=\boldsymbol{0},$$

即 $u_1-v_1=0$,从而得到一个特征向量 $\boldsymbol{\xi}_1=(1,1)^{\mathrm{T}}$. 显然,总共能解出的线性无关的特征向量组有且只有一个向量. 因此 O 是稳定的单向结点. 沿特征向量 $\boldsymbol{\xi}_1=(1,1)^{\mathrm{T}}$ 绘出一条直线 ℓ_1,它上面的轨道继续沿着它指向原点 O. 其余所有轨道的曲线都与 ℓ_1 相切于 O 点,见图 6.24.

从上面两个例子可看出平衡点(0,0)的特殊方向由矩阵 **A** 的实特征向量给出. 对星形结点,这时矩阵 **A** 可对角化,容易看出每个向量都是特征向量,从而都是特殊方向,因此星形结点有无穷个特殊方向,而对焦点和中心,矩阵 **A** 没有实特征向量,因此没有特殊方向.

例 6.5　考虑如下的平面线性系统:

$$\begin{cases}\dfrac{\mathrm{d}x}{\mathrm{d}t}=y,\\[2ex]\dfrac{\mathrm{d}y}{\mathrm{d}t}=-x.\end{cases}\tag{6.47}$$

系数矩阵 **A** 的特征值是一对共轭复数 $\lambda_{1,2}=\pm\mathrm{i}$. 由于实部为零,平衡点 O 是一个中心. 它当然是稳定的. 由于轨道是盘旋的,我们只需要判断盘旋的方向. 为此,考虑 x 轴(相应于极坐标下的极轴)上的任意一点 Q,不妨取 $Q(1,0)$. 易见在 Q 点处 $\dot{x}=y=0$, $\dot{y}=-x=-1$,亦即在 Q 点向量场方向为$(0,-1)$,因此盘旋方向是顺时针的,见图 6.25.

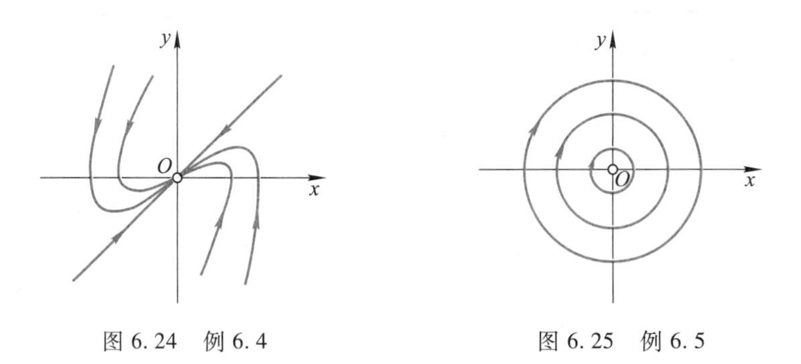

图 6.24　例 6.4　　　　图 6.25　例 6.5

以上我们讨论了系数矩阵 **A** 没有零特征值的各种情形. 所有上述类型的平衡点都称为**初等平衡点**,否则就称为**退化平衡点**(或**高阶平衡点**). 我们也将除去中心以外的上述初等平衡点称为是**粗的**,其余的平衡点称为是**细的**. 我们可以进一步证明(参见文献[29]的第二章):

如果系统(6.35)的线性部分(6.36)具有粗的平衡点 O,那么系统(6.35)在原点 O 的小邻域内与线性化系统(6.36)具有相同的定性性质. 事实上,在动力系统理论中,上述粗的平衡点都是*双曲平衡点*,即线性化系统(6.36)的特征值实部都不为零. 这样的系统(6.35)即使形式上发生"微小改变",其在该平衡点附近轨道状况与原来系统轨道的状况一定是具有相同的拓扑结构的. 在该平衡点附近系统(6.35)轨道的拓扑结构与线性化系统(6.36)轨道的拓扑结构是一样的.

关于细的平衡点,我们未必有非线性系统和它的线性化系统之间的这种一致性. 我们首先要考虑中心. 容易从一些例子中看到,即使线性部分(6.36)具有中心 O,系统(6.35)的平衡点 O 也可以是一个焦点. 我们称这样的平衡点为非线性系统(6.35)的细焦点或中心型焦点. 这需要做进一步的中心焦点判定(参见文献[29]的第二章).

另一类细的平衡点就是退化平衡点,即系数矩阵 $\boldsymbol{A}$ 有零特征值,亦即 $\det \boldsymbol{A}=0$. 对线性系统(6.36)来说,$\boldsymbol{A}$ 的特征方程为 $\lambda^2-(a+d)\lambda=0$,特征值为 $\lambda_1=0,\lambda_2=a+d$. 尤其当 $a\neq 0$ 或 $b\neq 0$ 时,方程组(6.36)可写成

$$\frac{\mathrm{d}x}{\mathrm{d}t}=ax+by,\quad \frac{\mathrm{d}y}{\mathrm{d}t}=k(ax+by), \tag{6.48}$$

其中 k 为常数. 显然直线 $ax+by=0$ 上的所有点均为方程组(6.48)的平衡点. 这样的直线称为**奇线**. 从方程组(6.48)可以得到相空间上轨道满足的微分方程 $\frac{\mathrm{d}y}{\mathrm{d}x}=k$,因此轨道为一族平行直线 $y=kx+C_0$,其中 C_0 为任意常数. 另一方面,由方程组(6.48)得

$$\frac{\mathrm{d}}{\mathrm{d}t}(ax+by)=\lambda_2(ax+by).$$

因此,$ax+by=C_1e^{\lambda_2 t}$. 其中 C_1 为任意常数. 所以当 $\lambda_2<0$ 时,轨道趋于奇线上的点,当 $\lambda_2>0$ 时,轨道远离奇线上的点,见图 6.26 及图 6.27.

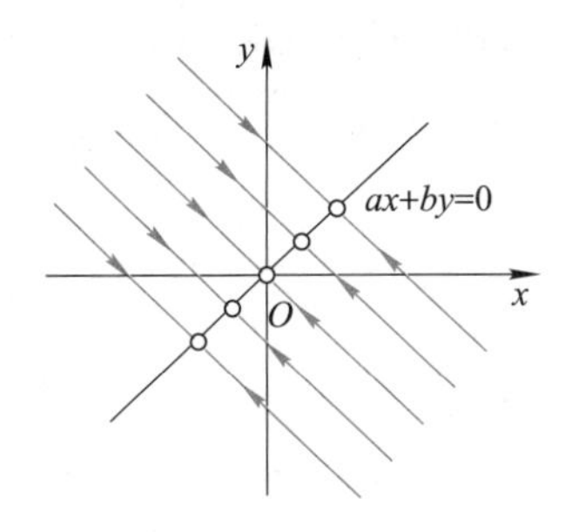

图 6.26　$a^2+b^2\neq 0$ 且 $a+d<0$

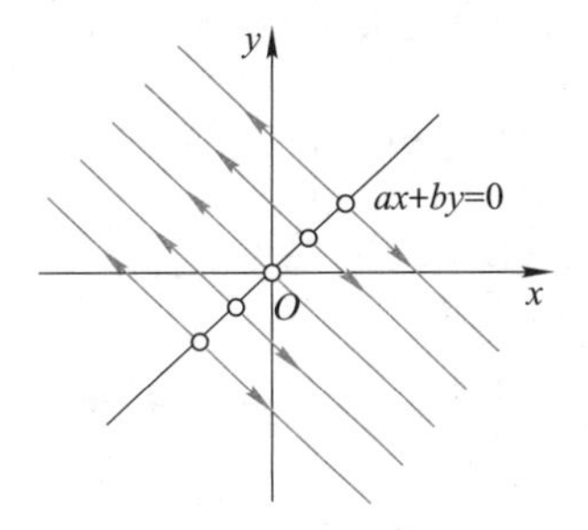

图 6.27　$a^2+b^2\neq 0$ 且 $a+d>0$

若 $\lambda_2=0$,即 $\boldsymbol{A}$ 的特征值都为零,则由方程组(6.48)系数矩阵的迹为零得知 $a+kb=0$. 易知方程组(6.48)的轨道与奇线 $ax+by=0$ 平行. 方程组(6.48)的通解为

$$x(t)=bC_0t+C_2,\quad y(t)=dC_0t+(kC_2+C_0),$$

其中 C_2 为任意常数. 这时轨道的走向由 b,d,C_0 的符号确定,奇线 $ax+by=0$ 将相平面划分为两部分,不同部分的轨道的走向正好相反,在图 6.28 中我们画出了当 $b<$

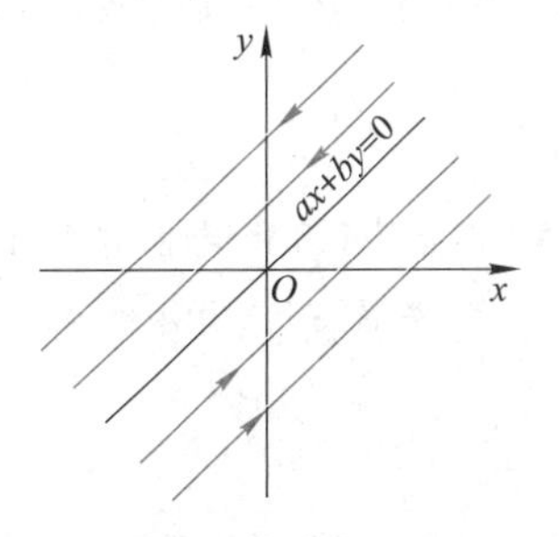

图 6.28　$b<0,d<0$ 且 $a+d=0$

$0, d<0$ 时系统的相图，读者可类似地画出其他情况下系统的相图.

若 $a=b=0$ 但 c, d 不全为零，则 $cx+dy=0$ 为奇线，轨道为一族平行于 y 轴的直线，见图 6.29 及图 6.30. 若 $a=b=c=d=0$，则平衡点充满了整个相平面.

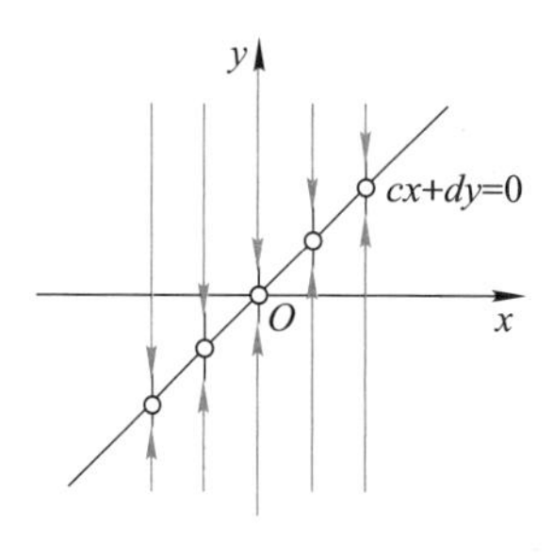

图 6.29　$a=b=0$ 且 $d<0$

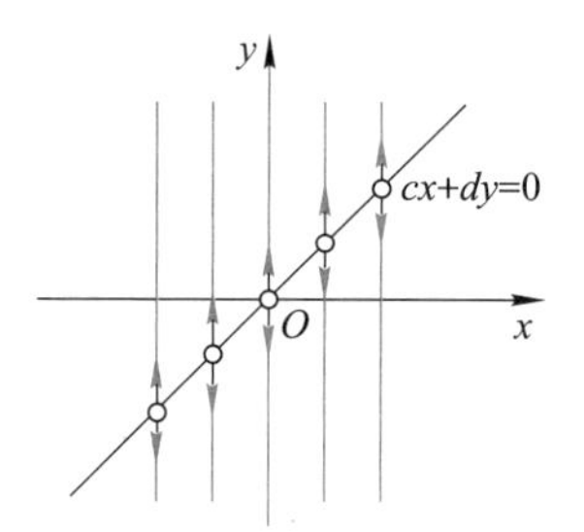

图 6.30　$a=b=0$ 且 $d>0$

具有退化平衡点的线性系统和非线性系统的定性性质很不相同. 非线性系统的退化平衡点判定是一件技术性很强的工作，对这一方面有兴趣的读者可参阅文献[29]的第二章.

习题 6.4

1. 求出下列线性系统的平衡点，判断其类型和稳定性，并画出相图：

(1) $\dfrac{\mathrm{d}x}{\mathrm{d}t}=-x+y-2,\quad \dfrac{\mathrm{d}y}{\mathrm{d}t}=-2x-y-1$；

(2) $\dfrac{\mathrm{d}x}{\mathrm{d}t}=2x+7y-7,\quad \dfrac{\mathrm{d}y}{\mathrm{d}t}=x-2y+2$；

(3) $\dfrac{\mathrm{d}x}{\mathrm{d}t}=7x+3y-7,\quad \dfrac{\mathrm{d}y}{\mathrm{d}t}=6x+4y-6$；

(4) $\dfrac{\mathrm{d}x}{\mathrm{d}t}=5x+3y+8,\quad \dfrac{\mathrm{d}y}{\mathrm{d}t}=-3x-5y-8$.

2. 设 α,β,γ 都是实数且 $\alpha\gamma\neq 0$. 讨论线性系统

$$\frac{\mathrm{d}x}{\mathrm{d}t}=\alpha x+\beta y,\quad \frac{\mathrm{d}y}{\mathrm{d}t}=\gamma y$$

的平衡点类型和稳定性，并画出 α,β,γ 在各种不同情况下系统的相图.

3. 考虑关于二元函数 $\phi(x,t)$ 的非线性偏微分方程

$$\frac{\partial\phi}{\partial t}+\phi\frac{\partial\phi}{\partial x}=c\frac{\partial^2\phi}{\partial x^2},$$

它描述了一类波的传播，称为 Burgers（伯格斯）方程，其中 $c>0$ 为波的传播速度. 令 $\xi=x-ct, u(\xi)=\phi(x,t)$. 请推导以 ξ 为自变量的函数 $u(\xi)$ 所满足的常微分方程，并将其化为等价的一阶微分方程

组. 画出该微分方程组的相图.

4. 求出下列非线性系统的平衡点,并判断哪些是双曲平衡点. 对双曲平衡点判断其类型和稳定性,并画出系统在平衡点附近的相图:

(1) $\dfrac{dx}{dt}=-6y+2xy-8$, $\dfrac{dy}{dt}=y^2-x^2$;

(2) $\dfrac{dx}{dt}=-x+e^{-y}-1$, $\dfrac{dy}{dt}=1-e^{x+y}$;

(3) $\dfrac{dx}{dt}=\sin y$, $\dfrac{dy}{dt}=x+x^3$.

5. 引入极坐标并画出下面系统的相图:

$$\frac{dx}{dt}=x(x^2+y^2-1),\quad \frac{dy}{dt}=y(x^2+y^2-1).$$

*6. 引入极坐标,观察并说明原点是系统

$$\frac{dx}{dt}=-y-x\sqrt{x^2+y^2},\quad \frac{dy}{dt}=x-y\sqrt{x^2+y^2}$$

的稳定焦点.

§ 6.5　周期轨道与 Poincaré 映射

微分方程定性理论的一个重要任务就是确定一个微分方程的轨道在相空间中的分布情况和拓扑结构,即**相图**的结构. 前面的方法使我们能够分析一些平面动力系统的平衡点的定性性质. 对于非线性系统来说,我们所得到的这些结果不过是系统在平衡点附近的轨道结构,即系统的局部结构. 要想知道系统在远离平衡点之处的事情,我们至少要分析微分方程的其他形式的、非定常的有界解. 其中最重要的一类就是系统的周期解或闭轨.

在上一节中我们看到,线性系统的中心附近被一族闭轨所充满. 对非线性系统(6.31)还有另一种情况:某一条闭轨存在一个邻域,系统在这个邻域内没有其他闭轨,即这样的闭轨是孤立的. 我们把孤立的闭轨称为**极限环**,它是另外的轨道的极限集合.

由极限环的定义,若 Γ 是系统(6.31)的极限环,则 Γ 有一个外侧邻域和一个内侧邻域,使得在这些邻域内系统(6.31)没有其他闭轨,这时由这些邻域内出发的轨道都盘旋地趋于或远离极限环 Γ. 为了区分各种不同情况,从而更好地研究极限环本身的性质,我们引入如下关于极限环稳定性的概念:称极限环 Γ 为**稳定极限环**,是指当 $t\to+\infty$ 时极限环 Γ 内外两侧的轨道都盘旋地趋于 Γ,见图 6.31;称极限环 Γ 为**不稳定极限环**,是指当 $t\to-\infty$ 时极限环 Γ 内外两侧的轨道都盘旋地趋于 Γ,见图 6.32;称极限环 Γ 为**半稳定极限环**,是指极限环 Γ 某一侧的轨道当 $t\to+\infty$

时盘旋地趋于 Γ 而另一侧的轨道当 $t\to-\infty$ 时盘旋地趋于 Γ，见图 6.33 或图 6.34.

图 6.31　稳定极限环

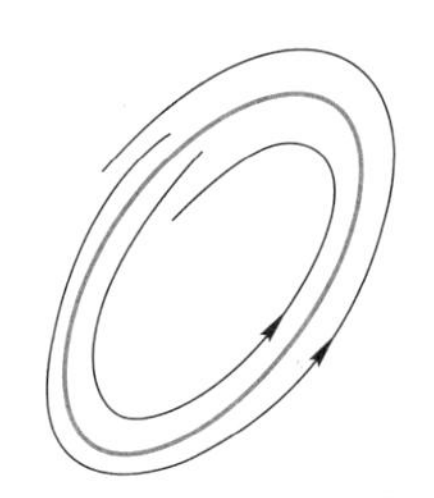

图 6.32　不稳定极限环

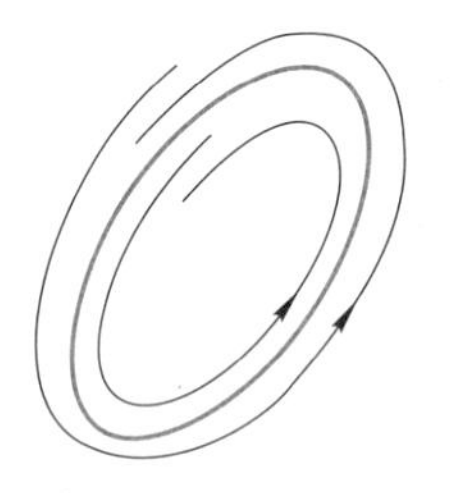

图 6.33　半稳定极限环

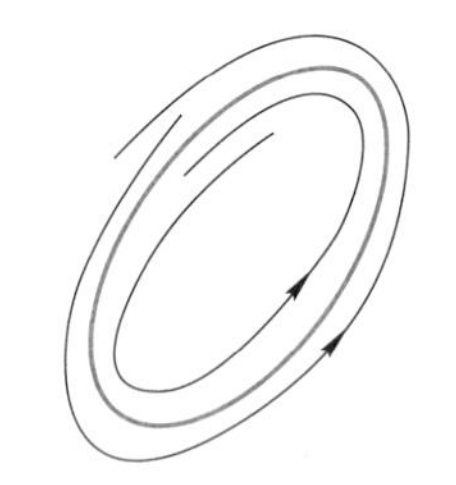

图 6.34　半稳定极限环

平衡点和闭轨都可以成为其他轨道的极限状态. 一般地，对于自治系统(6.1)的轨道 $\boldsymbol{x}=\boldsymbol{\varphi}(t,\boldsymbol{x}_0)$，若存在序列 $t_n\to+\infty$，使得

$$\lim_{n\to+\infty}\boldsymbol{\varphi}(t_n,\boldsymbol{x}_0)=\boldsymbol{x}^*,$$

则称 $\boldsymbol{x}^*$ 为该轨道的 ω **极限点**；若存在序列 $t_n\to-\infty$，使得上述极限关系成立，则称 $\boldsymbol{x}^*$ 为该轨道的 α **极限点**. 轨道 $\boldsymbol{\varphi}(t,\boldsymbol{x}_0)$ 的 ω 极限点的全体 $\omega(\boldsymbol{x}_0,\boldsymbol{\varphi})$ 称为该轨道的 ω **极限集**. 轨道 $\boldsymbol{\varphi}(t,\boldsymbol{x}_0)$ 的 α 极限点的全体 $\alpha(\boldsymbol{x}_0,\boldsymbol{\varphi})$ 称为该轨道的 α **极限集**. ω 极限集和 α 极限集的全体

$$L(\boldsymbol{x}_0,\boldsymbol{\varphi})=\omega(\boldsymbol{x}_0,\boldsymbol{\varphi})\cup\alpha(\boldsymbol{x}_0,\boldsymbol{\varphi})$$

称为该轨道的**极限集**. 显然，系统(6.31)的平衡点和闭轨的 ω 极限集和 α 极限集就是该轨道本身.

相对于三维或更高维相空间上的动力系统来说，平面动力系统的轨道情况相对单纯，这是因为平面上有 Jordan 闭曲线定理，即平面上任一简单闭曲线 γ 把平面分割为两部分，连接这两部分中任意点的连续路径必与 γ 相交. 利用这一性质，我们可以获得以下著名结果(参见文献[29]的第一章)，它是判断极限环存在性的重要方法.

定理 6.7(Poincaré-Bendixson(庞加莱-本迪克松)环域定理)　设函数 $X(x,y)$ 和 $Y(x,y)$ 为 Oxy 坐标平面上某区域 G 内的连续可微函数. 若在 G 内存在有界环形闭区域

$$\overline{D}=L_1\cup D\cup L_2,$$

其中 L_1 是 D 的内边界，L_2 是 D 的外边界，而 L_1,L_2 都是简单闭曲线且都不是系统(6.31)的闭轨，满足条件：在 $\overline{D}$ 内不含系统(6.31)的平衡点，且系统(6.31)从 L_1 和 L_2 上出发的轨道都不能离开 $\overline{D}$，或都不能进入 $\overline{D}$，则系统(6.31)在 D 内存在一条闭轨 Γ，见图 6.35.

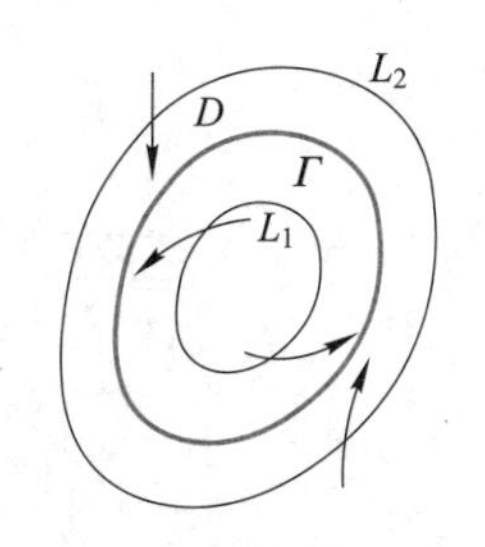

图 6.35 Poincaré-Bendixson 环域定理

上述有界环形区域的边界 L_1 和 L_2 分别称为环域的内境界线和外境界线. 应用上述定理判断极限环的存在性的关键在于构造这样的境界线，只要能构造出这样的境界线及相应的环形区域，则由 Poincaré-Bendixson 环域定理，该区域内必有闭轨. 若能进一步判断该闭轨是孤立的，则它就是极限环，并且我们能大致确定极限环的位置：这样的环形区域越狭小，极限环的位置越精确.

例 6.6 考虑系统

$$\begin{cases}\dfrac{\mathrm{d}x}{\mathrm{d}t}=y+x(1-x^2-y^2),\\[2ex]\dfrac{\mathrm{d}y}{\mathrm{d}t}=-x+y(1-x^2-y^2),\end{cases}\tag{6.49}$$

它以原点 O 为唯一的平衡点. 考虑两条闭曲线 $L_1:x^2+y^2=r_1^2<1$ 和 $L_2:x^2+y^2=r_2^2>1$ 以及它们围成的环域 D. 令

$$V(x,y)=x^2+y^2.$$

易见

$$\begin{aligned}\left.\frac{\mathrm{d}V}{\mathrm{d}t}\right|_{(6.49)}&=2x[y+x(1-x^2-y^2)]+2y[-x+y(1-x^2-y^2)]\\&=2(x^2+y^2)(1-x^2-y^2).\end{aligned}$$

因此，在 L_1 上 $\left.\dfrac{\mathrm{d}V}{\mathrm{d}t}\right|_{(6.49)}>0$，在 L_2 上 $\left.\dfrac{\mathrm{d}V}{\mathrm{d}t}\right|_{(6.49)}<0$，从而，从境界线 L_1,L_2 出发的轨道都进入区域 D. 这样，上述 Poincaré-Bendixson 环域定理保证了闭轨的存在性.

事实上，我们可直接验证系统(6.49)有唯一的稳定极限环. 为此引入极坐标 $x=r\cos\theta, y=r\sin\theta$，可将系统(6.49)化成

$$\frac{\mathrm{d}r}{\mathrm{d}t}=r(1-r^2),\quad \frac{\mathrm{d}\theta}{\mathrm{d}t}=-1.$$

容易求出其通解为

$$r(t)=\frac{1}{\sqrt{1+Ce^{-2t}}},\quad \theta(t)=-(t-t_0),$$

其中 C,t_0 为任意常数. 相应地得到系统(6.49)的通解为

$$x(t)=\frac{\cos(t-t_0)}{\sqrt{1+Ce^{-2t}}},\quad y(t)=-\frac{\sin(t-t_0)}{\sqrt{1+Ce^{-2t}}}.\tag{6.50}$$

不难看出,当 $C=0$ 时,解(6.50)为闭轨 $\Gamma:x^2+y^2=1$;当 $C>0$ 时,解(6.50)为螺旋线,并且当 $t\to+\infty$ 时从闭轨 Γ 内部盘旋地趋于 Γ;当 $C<0$ 时,解(6.50)也为螺旋线,并且当 $t\to+\infty$ 时从闭轨 Γ 外部盘旋地趋于 Γ. 因此闭轨 Γ 为系统(6.49)唯一的稳定极限环,见图 6.36.

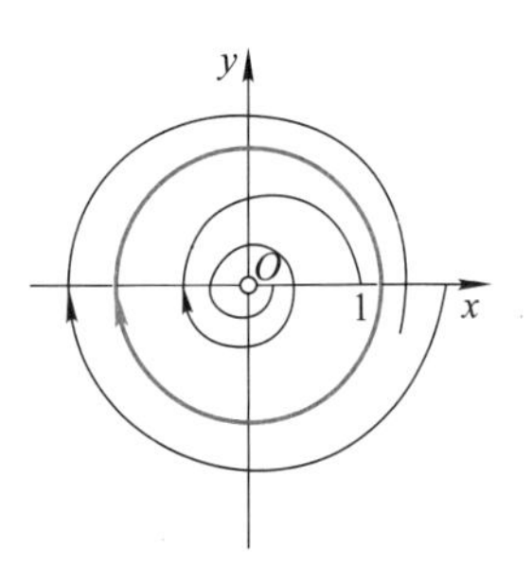

图 6.36 系统(6.49)的相图

在什么情况下系统(6.31)不存在极限环呢? 利用 Green(格林)公式,我们不难证明如下结论.

定理 6.8(Bendixson 判据) 在系统(6.31)中设函数 $X(x,y)$ 和 $Y(x,y)$ 在 Oxy 平面上某区域 G 内连续可微. 若在单连通区域 $D\subset G$ 内函数

$$\frac{\partial X}{\partial x}+\frac{\partial Y}{\partial y}$$

不变号且在 D 内任何子区域上都不恒为零,则系统(6.31)在 D 内不存在闭轨.

证明 用反证法. 设

$$\Gamma:x=x(t),\quad y=y(t),\quad 0\leqslant t\leqslant T$$

为 D 内闭轨,它围成的 D 内的子区域为 D_0. 由 Green 公式及方程组(6.31),

$$\iint\limits_{D_0}\left(\frac{\partial X}{\partial x}+\frac{\partial Y}{\partial y}\right)\mathrm{d}x\mathrm{d}y=\oint_\Gamma X\mathrm{d}y-Y\mathrm{d}x$$

$$=\int_0^T\left(X\frac{\mathrm{d}y}{\mathrm{d}t}-Y\frac{\mathrm{d}x}{\mathrm{d}t}\right)\mathrm{d}t=0.$$

但由定理假设,必有

$$\iint\limits_{D_0}\left(\frac{\partial X}{\partial x}+\frac{\partial Y}{\partial y}\right)\mathrm{d}x\mathrm{d}y\neq 0.$$

这就导致矛盾,因此在区域 D 内不存在闭轨. □

Bendixson 判据的如下推广是非常有用的. 其证明和定理 6.8 的证明完全类似,我们把它留作习题.

定理 6.9(Dulac(迪拉克)判据) 在系统(6.31)中设 $X(x,y)$ 和 $Y(x,y)$ 为 Oxy

平面上某区域 G 内的连续可微函数. 若在 G 内存在单连通区域 D 及 D 内连续可微函数 $B(x,y)$,使得在 D 内函数

$$\frac{\partial(BX)}{\partial x}+\frac{\partial(BY)}{\partial y}$$

不变号且在 D 内的任何子区域上都不恒为零,则系统(6.31)在 D 内不存在闭轨.

定理 6.9 中的函数 $B(x,y)$ 称为 Dulac **函数**,它的构造同前面遇到的 Lyapunov 函数一样都是非常富有技巧性的.

例 6.7　设 a,b,α,β 为常数且 $b\neq 0$,考虑方程

$$\frac{\mathrm{d}^2x}{\mathrm{d}t^2}+ax+b\frac{\mathrm{d}x}{\mathrm{d}t}-\alpha x^2-\beta\left(\frac{\mathrm{d}x}{\mathrm{d}t}\right)^2=0. \tag{6.51}$$

令 $y=\frac{\mathrm{d}x}{\mathrm{d}t}$,则方程(6.51)化为方程组(6.31)的形式,其中

$$X(x,y)=y,\quad Y(x,y)=-ax-by+\alpha x^2+\beta y^2.$$

构造 Dulac 函数

$$B(x,y)=b\mathrm{e}^{-2\beta x},$$

它显然满足

$$\frac{\partial(BX)}{\partial x}+\frac{\partial(BY)}{\partial y}=-b^2\mathrm{e}^{-2\beta x}<0.$$

由定理 6.9,方程(6.51)没有闭轨.

下面简要介绍研究闭轨的另一个重要方法,即**后继函数法**. 假设原点 O 是系统(6.31)的中心型平衡点,即它在 O 点的线性化系统(6.36)以 O 点为中心. 在这种情况下,如果没有进一步的分析,我们无法断定 O 是中心还是焦点,更无法知道围绕 O 点是否还有闭轨以及有多少个闭轨.

在 O 点的小邻域 B_δ 内,系统(6.31)可以等价地用系统(6.35)代替,其中 $R_1(x,y)$,$R_2(x,y)$ 相对于线性项来说是很小的. 考虑极坐标轴(即 x 轴的正半轴)Σ. 在 $\Sigma_0=\Sigma\cap B_\delta$ 上任取一点 P_0. 线性系统(6.36)从 P_0 出发的轨道是闭轨,必定返回到 Σ_0 上(实质上返回到同一个点 P_0). 按照第五章解对参数的连续依赖性的思想,我们也能够证明,非线性系统(6.35)从 P_0 出发的轨道也会返回到 Σ_0 上的某个点 P_1,它在 P_0 附近,见图 6.37. 这样我们就可定义一个映射

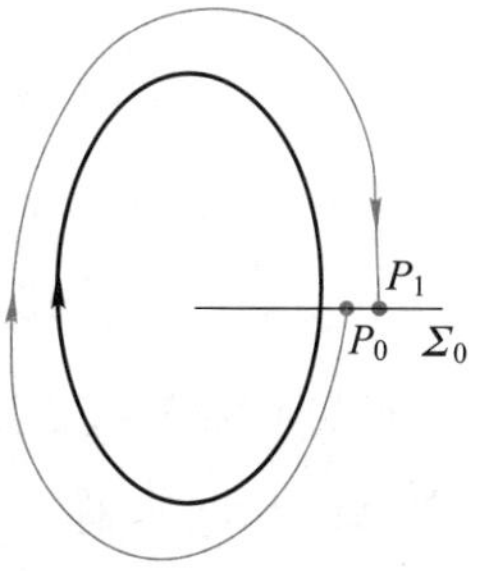

$$\Pi:\Sigma_0\to\Sigma,\quad \Pi(P_0)=P_1.$$

图 6.37　Poincaré 映射

从而系统在 O 点附近的闭轨问题等价于寻找映射 Π 的不动点 $Q\in\Sigma_0$,即 $\Pi(Q)=Q$. 若 Π 的不动点 Q 是吸引的(排斥的),即**后继函数**

$$d(P)=\Pi(P)-P$$

在 Q 附近当 $P<Q$ 时恒大于零(小于零)而当 $P>Q$ 时恒小于零(大于零),则相应的闭轨就是稳定的极限环(不稳定的极限环). 我们称 Σ_0 为 **Poincaré 截面**(或**无切线段**),称 Π 为 **Poincaré 映射**.

Poincaré 映射将微分方程的轨道同集合上自映射的迭代联系在了一起. 用 Poincaré 映射来解剖微分方程,我们可以把闭轨和其他轨道的动力学问题化成对一个离散动力系统的不动点、周期点以及其他特殊轨道的判定. 因此离散动力系统是与微分方程紧密相关的一个重要的研究课题.

研究离散动力系统,首先就要研究映射的**迭代**. 设 X 是 $\mathbb{R}^n$ 的子集,$\boldsymbol{f}:X\to X$ 是一个连续自映射. 我们称复合映射 $\boldsymbol{f}(\boldsymbol{f}(\boldsymbol{x}))$ 为 $\boldsymbol{f}$ 的 2 次迭代,在不发生混淆时简记为 $\boldsymbol{f}^2$. 归纳地定义一般的 k 次迭代

$$\boldsymbol{f}^k(\boldsymbol{x})=\boldsymbol{f}(\boldsymbol{f}^{k-1}(\boldsymbol{x})),\qquad k=2,3,\cdots,$$

补充地定义 $\boldsymbol{f}^0(\boldsymbol{x})\equiv\boldsymbol{x}$(即 $\boldsymbol{f}^0$ 是恒同映射 Id). 那么,

$$\{\boldsymbol{f}^k:k=0,1,2,\cdots\}$$

关于映射的复合。构成了一个半群,我们称之为一个**离散半动力系统**. 如果 $\boldsymbol{f}$ 是一个同胚,即 $\boldsymbol{f}$ 是单一的满射且其逆 $\boldsymbol{f}^{-1}$ 也是连续的,那么我们可以将上述迭代半群扩展成一个群

$$\{\boldsymbol{f}^k:k=0,\pm1,\pm2,\cdots\}.$$

这就是我们前面定义的**离散动力系统**. 如上指出,一个连续运动过程可以离散化. 反过来,一个离散运动过程在某些条件下也可以由某个连续运动过程每隔一段时间采样而得,或者说一个离散动力系统在某些条件下也可以嵌入到一个连续动力系统.

相应于前面考虑的微分方程,对同胚 $\boldsymbol{f}:X\to X$,我们分别称集合

$$\mathrm{Orb}_f(\boldsymbol{x}_0)=\{\boldsymbol{f}^k(\boldsymbol{x}_0):k=0,\pm1,\pm2,\cdots\},$$

$$\mathrm{Orb}_f^+(\boldsymbol{x}_0)=\{\boldsymbol{f}^k(\boldsymbol{x}_0):k=0,1,2,\cdots\},$$

$$\mathrm{Orb}_f^-(\boldsymbol{x}_0)=\{\boldsymbol{f}^{-k}(\boldsymbol{x}_0):k=0,1,2,\cdots\}$$

为 $\boldsymbol{f}$ 过点 $\boldsymbol{x}_0\in X$ 的**轨道**、**正半轨**和**负半轨**. 进而,若对某个 $\boldsymbol{x}_0\in X$,存在自然数 p,使得 $\boldsymbol{f}^p(\boldsymbol{x}_0)=\boldsymbol{x}_0$,则称 $\boldsymbol{x}_0$ 为 $\boldsymbol{f}$ 的**周期点**. 满足这一关系的最小正整数 p 称为 $\boldsymbol{x}_0$ 的**周期**. 这时当 $p=1$ 时有 $\boldsymbol{f}(\boldsymbol{x}_0)=\boldsymbol{x}_0$,而当 $p>1$ 时有

$$\boldsymbol{f}^p(\boldsymbol{x}_0)=\boldsymbol{x}_0,\quad \boldsymbol{f}^k(\boldsymbol{x}_0)\neq\boldsymbol{x}_0,\ \forall\, k=1,2,\cdots,p-1,$$

又称 $\boldsymbol{x}_0$ 为 $\boldsymbol{f}$ 的 p **周期点**. 我们称过周期点的轨道为 $\boldsymbol{f}$ 的**周期轨**. 当 $p=1$ 时称 $\boldsymbol{x}_0$ 为 $\boldsymbol{f}$ 的**不动点**. 分别记 $\boldsymbol{f}$ 的周期点集和不动点集为 $\mathrm{Per}(\boldsymbol{f})$ 和 $\mathrm{Fix}(\boldsymbol{f})$.

为了进一步了解周期性,我们考虑闭区间 $I\subset\mathbb{R}$ 上的一维连续映射 $f:I\to I$. 若 x_0 是 f 的 p 周期点,且 f^p 在 x_0 连续可微并满足 $|(f^p(x_0))'|<1$,则 x_0 为 f 的**稳定周期点**. 若 $|(f^p(x_0))'|>1$,则 x_0 为 f 的**不稳定周期点**. 周期点的稳定性反映了在迭代过程中周期点是吸引还是排斥它附近的点.

例 6.8 考虑自映射 $f_\lambda:I=[0,1]\to I$, $f_\lambda(x)=\lambda x(1-x)$,其中 $\lambda\in[0,4]$. 这个映射称为 **logistic(逻辑斯谛)映射**,它描述了无世代交叠的昆虫逐年的种群量的变化规律. 易见 f_λ 的不动点 x 应满足 $f_\lambda(x)=x$,从中解出

$$x_1=0,\quad x_2=1-\frac{1}{\lambda}.$$

可以验证:当 $\lambda<1$ 时,f_λ 只有唯一的一个不动点 $x_1=0$,它是稳定的. 当 $1<\lambda<3$ 时,x_1 变为不稳定不动点,同时 x_2 产生并成为稳定的不动点. 当 $\lambda>3$ 时,x_2 变为不稳定不动点,同时 f_λ 有两个 2 周期点

$$x_\pm=\frac{1}{2\lambda}\left(1+\lambda\pm\sqrt{(\lambda+1)(\lambda-3)}\right).$$

它们可以通过 $f_\lambda^2(x)=x$ 解出. 当 $\lambda<1+\sqrt{6}$ 时这两个周期点都是稳定的. 读者还可以继续发掘下去. 这种随参数连续渐变而呈现出的周期性突变现象称为分岔. 上述过程呈现出一变二、二变四、四变八……的规律,称为倍周期分岔现象或 Feigenbaum(费根鲍姆)分岔现象. 其中,分岔现象发生的每一个参数点 $\lambda=1,3,1+\sqrt{6},\cdots$ 称为**分岔点**. 在图 6.38 中我们用所谓的分岔图来形象地展示了这一有趣的现象,图中

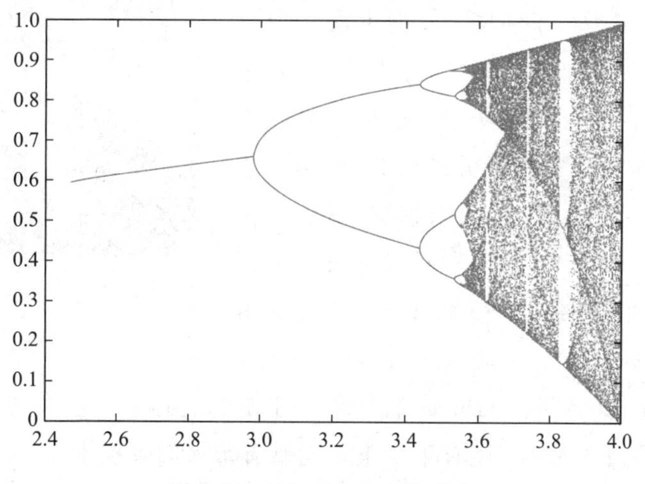

图 6.38 Feigenbaum 分岔现象

横坐标表示参数 λ 的值，纵坐标表示对应的映射 f 的稳定的周期点随参数 λ 的变化而变化的情况，读者可清楚地看到在分岔点处每个稳定的周期点失去稳定性后变为两个周期点，同时周期扩大了一倍.

1964 年苏联数学家 A. N. Sharkovsky（沙科夫斯基）对自然数作了重新排序，称为 **Sharkovsky 序**：

$$
\begin{aligned}
&3\lhd 5\lhd 7\lhd\cdots\lhd 2n+1\lhd 2n+3\lhd\cdots\\
&\lhd 2\times 3\lhd 2\times 5\lhd\cdots\lhd 2\times(2n+1)\lhd 2\times(2n+3)\lhd\cdots\\
&\lhd 2^2\times 3\lhd 2^2\times 5\lhd\cdots\lhd 2^2\times(2n+1)\lhd 2^2\times(2n+3)\lhd\cdots\\
&\cdots\\
&\lhd 2^m\times 3\lhd 2^m\times 5\lhd\cdots\lhd 2^m\times(2n+1)\lhd 2^m\times(2n+3)\lhd\cdots\\
&\cdots\\
&\lhd 2^l\lhd 2^{l-1}\lhd\cdots\lhd 16\lhd 8\lhd 4\lhd 2\lhd 1,
\end{aligned}
$$

并证明了如下重要结果（参见文献[28]的第二章及[30]和[31]），它全面揭示了一维迭代动力系统的周期性规律.

定理 6.10（Sharkovsky 定理） 设 f 为闭区间 $I\subset\mathbb{R}$ 上的连续自映射且有 p 周期点，则对任何自然数 m，只要 $p\lhd m$，f 就必有 m 周期点.

1900 年著名数学家 Hilbert（希尔伯特，1862—1943）在国际数学家大会上提出了 23 个重要问题，其中第 16 个问题的后半部分是要求给出平面多项式微分系统

$$\frac{\mathrm{d}x}{\mathrm{d}t}=P_k(x,y),\quad \frac{\mathrm{d}y}{\mathrm{d}t}=Q_k(x,y)$$

的极限环个数的最大上界 $H(k)$ 以及极限环的相对位置. 这里要求 $H(k)$ 只与 x,y 的 k 次多项式 $P_k(x,y)$ 和 $Q_k(x,y)$ 的次数 k 有关，而不依赖于 $P_k(x,y)$ 和 $Q_k(x,y)$ 的具体形式. 近百年来围绕着这个问题不少数学家做了大量研究，但到目前为止连最简单的情况 $H(2)$ 都未解决. 目前只知道 $H(2)\geqslant 4$，$H(3)\geqslant 12$，$H(n)\geqslant n^2\log(n)$. 对于一个给定的多项式系统，1923 年 Dulac 证明最多有有限个极限环，但他的证明被发现有漏洞. 后来 Ecalle（埃可）及 Ilyashenko（伊里雅申科）分别独立地证明了 Dulac 的结果是正确的. 由此可见，关于微分方程的周期轨道的研究仍十分艰巨，还有不少重要问题有待人们去探索.

图 6.39 D. Hilbert（1862—1943）

习题 6.5

1. 引入柱坐标 $x=r\cos\theta, y=r\sin\theta, z=z$. 证明：当 $\mu\in\left(\frac{1}{2},1\right)$ 时，方程组

$$\begin{cases}\dfrac{\mathrm{d}x}{\mathrm{d}t}=(\mu-1)x-y+xz,\\[2mm] \dfrac{\mathrm{d}y}{\mathrm{d}t}=x+(\mu-1)y+yz,\\[2mm] \dfrac{\mathrm{d}z}{\mathrm{d}t}=\mu z-(x^2+y^2+z^2)\end{cases}$$

有使得 z 为常数的周期解，并求出周期解的表达式.

2. 证明系统 $\dfrac{\mathrm{d}\boldsymbol{x}}{\mathrm{d}t}=\boldsymbol{f}(\boldsymbol{x})$ 的任一轨道的极限集都是闭集.

3. 证明系统 $\dfrac{\mathrm{d}\boldsymbol{x}}{\mathrm{d}t}=\boldsymbol{f}(\boldsymbol{x})$ 的轨道 $\boldsymbol{x}=\boldsymbol{\varphi}(t,\boldsymbol{x}_0)$ 的 ω 极限集是空集的充要条件为

$$\lim_{t\to+\infty}\|\boldsymbol{\varphi}(t,\boldsymbol{x}_0)\|=+\infty,$$

它的 α 极限集是空集的充要条件为

$$\lim_{t\to-\infty}\|\boldsymbol{\varphi}(t,\boldsymbol{x}_0)\|=+\infty.$$

4. 证明系统 $\dfrac{\mathrm{d}\boldsymbol{x}}{\mathrm{d}t}=\boldsymbol{f}(\boldsymbol{x})$ 的轨道 $\boldsymbol{x}=\boldsymbol{\varphi}(t,\boldsymbol{x}_0)$ 的 ω 极限集是单点集 $\{\boldsymbol{x}^*\}$ 的充要条件为

$$\lim_{t\to+\infty}\boldsymbol{\varphi}(t,\boldsymbol{x}_0)=\boldsymbol{x}^*,$$

它的 α 极限集是单点集 $\{\boldsymbol{x}^*\}$ 的充要条件为

$$\lim_{t\to-\infty}\boldsymbol{\varphi}(t,\boldsymbol{x}_0)=\boldsymbol{x}^*.$$

5. 证明 Dulac 判据.

6. 证明下列系统无闭轨：

(1) $\dfrac{\mathrm{d}x}{\mathrm{d}t}=-(1-x)^3+xy^2,\quad \dfrac{\mathrm{d}y}{\mathrm{d}t}=y+y^3$；

(2) $\dfrac{\mathrm{d}x}{\mathrm{d}t}=2xy+x^3,\quad \dfrac{\mathrm{d}y}{\mathrm{d}t}=-x^2+y-y^2+y^3$；

(3) $\dfrac{\mathrm{d}x}{\mathrm{d}t}=y,\quad \dfrac{\mathrm{d}y}{\mathrm{d}t}=(1+x^2)y+x^3$.

7. 构造形如 $B(x,y)=\mathrm{e}^{mx+ny}$ 的 Dulac 函数，证明系统

$$\frac{\mathrm{d}x}{\mathrm{d}t}=y,\quad \frac{\mathrm{d}y}{\mathrm{d}t}=-x-y+x^2+y^2$$

无闭轨，其中 m,n 为常数.

8. 引入极坐标并用 Poincaré-Bendixson 环域定理证明系统

$$\frac{\mathrm{d}x}{\mathrm{d}t}=x-y-x^3,\quad \frac{\mathrm{d}y}{\mathrm{d}t}=x+y-y^3.$$

在环形区域 $D=\{(x,y)\in\mathbb{R}^2:1\leqslant x^2+y^2\leqslant 2\}$ 内有闭轨.

9. 引入极坐标证明系统

$$\frac{\mathrm{d}x}{\mathrm{d}t}=-y+x(1-x^2-y^2),\quad \frac{\mathrm{d}y}{\mathrm{d}t}=x+y(1-x^2-y^2)$$

有唯一的极限环并用后继函数法讨论极限环的稳定性.

10. 令 $f(x)=ax+b,a,b\in\mathbb{R},a\neq 1$,计算 $f^n(x)$ 的表达式,其中 $n\geqslant 1$.

11. 设

$$f(x)=\frac{x\cos\theta-\sin\theta}{x\sin\theta+\cos\theta},$$

证明当 $n\geqslant 1$ 时,

$$f^n(x)=\frac{x\cos n\theta-\sin n\theta}{x\sin n\theta+\cos n\theta}.$$

12. 设 $f:I\to I$ 为闭区间 $I\subset\mathbb{R}$ 上的连续自映射,x_0 为 f 的 p 周期点,$\varphi=f^q$. 证明:若正整数 q 满足 $(p,q)=d,m=\dfrac{p}{d}$,则 x_0 为 φ 的 m 周期点,这里 (p,q) 为 p,q 的最大公约数. 特别地,当 p,q 互素时,x_0 也为 φ 的 p 周期点. 反之,若 x_0 既为 f 的 p 周期点也为 φ 的 m 周期点,则 $p=m(p,q)$.

*13. 讨论 $\mathbb{R}$ 上的映射族 $g_\mu(x)=\mu-x^2$ 发生的 Feigenbaum 现象,并计算前三个分岔点 μ_1,μ_2,μ_3,可用数值方法求出近似值.

§6.6 平面 Hamilton 系统

在这一节我们应用前面的定性理论方法来分析一类在物理学中重要的系统,即 Hamilton 系统.

令 $W\subset\mathbb{R}^{2n}$ 为开集,$\boldsymbol{x},\boldsymbol{y}\in\mathbb{R}^n$ 且 $(\boldsymbol{x},\boldsymbol{y})\in W$,$H(\boldsymbol{x},\boldsymbol{y})$ 为定义在 W 上的连续可微实函数. 称如下形式的系统

$$\frac{\mathrm{d}\boldsymbol{x}}{\mathrm{d}t}=\frac{\partial H}{\partial \boldsymbol{y}},\quad \frac{\mathrm{d}\boldsymbol{y}}{\mathrm{d}t}=-\frac{\partial H}{\partial \boldsymbol{x}} \tag{6.52}$$

为 W 上带 n 个自由度的 **Hamilton 系统**,称 $H(\boldsymbol{x},\boldsymbol{y})$ 为系统(6.52)的 **Hamilton 函数**,其中 $\boldsymbol{x}=(x_1,x_2,\cdots,x_n)^{\mathrm{T}}$,$\boldsymbol{y}=(y_1,y_2,\cdots,y_n)^{\mathrm{T}}$,

$$\frac{\partial H}{\partial \boldsymbol{x}}=\left(\frac{\partial H}{\partial x_1},\frac{\partial H}{\partial x_2},\cdots,\frac{\partial H}{\partial x_n}\right)^{\mathrm{T}},\quad \frac{\partial H}{\partial \boldsymbol{y}}=\left(\frac{\partial H}{\partial y_1},\frac{\partial H}{\partial y_2},\cdots,\frac{\partial H}{\partial y_n}\right)^{\mathrm{T}}.$$

在经典天体力学的多体问题和无阻尼的机械振动中常常会遇到 Hamilton 系统,这时 Hamilton 函数 $H(\boldsymbol{x},\boldsymbol{y})$ 往往表示这样一个力学系统的总能量. 因此对一般

的 Hamilton 系统(6.52),我们又称其 Hamilton 函数 $H(\boldsymbol{x},\boldsymbol{y})$ 为**能量函数**. 下面是 Hamilton 函数 $H(\boldsymbol{x},\boldsymbol{y})$ 的一个非常重要的性质.

定理 6.11 Hamilton 系统(6.52)的 Hamilton 函数 $H(\boldsymbol{x},\boldsymbol{y})$ 沿着系统(6.52)的轨道等于常数.

证明 设$(\boldsymbol{x}(t),\boldsymbol{y}(t))$为系统(6.52)的解,则 $H(\boldsymbol{x}(t),\boldsymbol{y}(t))$为 t 的函数. 易见

$$\begin{aligned}\frac{\mathrm{d}}{\mathrm{d}t}H(\boldsymbol{x}(t),\boldsymbol{y}(t))&=\frac{\partial H}{\partial \boldsymbol{x}}\frac{\mathrm{d}\boldsymbol{x}}{\mathrm{d}t}+\frac{\partial H}{\partial \boldsymbol{y}}\frac{\mathrm{d}\boldsymbol{y}}{\mathrm{d}t}\\&=\frac{\partial H}{\partial \boldsymbol{x}}\frac{\partial H}{\partial \boldsymbol{y}}-\frac{\partial H}{\partial \boldsymbol{y}}\frac{\partial H}{\partial \boldsymbol{x}}\\&=0.\end{aligned}$$

这表明沿着轨道$(\boldsymbol{x}(t),\boldsymbol{y}(t))$函数 $H(\boldsymbol{x},\boldsymbol{y})$是一个常数. □

定理 6.11 表明在一个无阻尼的机械振动系统中,系统的总能量保持不变,因此定理 6.11 表明 Hamilton 系统满足**能量守恒定律**. 一般把满足能量守恒定律的系统称为**保守系统**. 显然 Hamilton 系统是保守系统.

带一个自由度的 Hamilton 系统即为平面 Hamilton 系统. 我们前面有许多例子都涉及如下形式的微分方程:

$$\frac{\mathrm{d}^2x}{\mathrm{d}t^2}+g(x)=0, \tag{6.53}$$

其中 $x\in\mathbb{R}$,$g(x)$为$\mathbb{R}$ 上的连续可微函数. 如果用 y 表示速度,上述方程可以等价地写成

$$\frac{\mathrm{d}x}{\mathrm{d}t}=y,\quad \frac{\mathrm{d}y}{\mathrm{d}t}=-g(x). \tag{6.54}$$

不难证明它是 Hamilton 系统,其 Hamilton 函数为

$$H(x,y)=\frac{y^2}{2}+G(x),$$

其中

$$G(x)=\int_0^x g(s)\,\mathrm{d}s$$

是系统运动的势能,而$\frac{y^2}{2}$是系统运动的动能. 因此这类特殊的平面 Hamilton 系统也被称为“动能+势能”型 Hamilton 系统. 容易看到(x_0,y_0)为系统(6.54)的平衡点当且仅当 $y_0=0$ 且 $g(x_0)=0$. 在这种情况下 $G'(x_0)=0$,因此 x_0 为势能函数 $G(x)$的**临界点**.

定理 6.12 系统(6.54)的平衡点都在 x 轴上. $(x_0,0)$ 为平衡点当且仅当 x_0 为势能函数 $G(x)$ 的临界点. 当 x_0 为 $G(x)$ 的严格极大值点时,即 $G''(x_0)<0$, $(x_0,0)$ 为系统(6.54)的鞍点. 当 x_0 为 $G(x)$ 的严格极小值点时,即 $G''(x_0)>0$, $(x_0,0)$ 为系统(6.54)的中心.

证明 只需要证明定理的后一半结论. 设 x_0 为 $G(x)$ 的严格极大值点,这时必有

$$G'(x_0)=g(x_0)=0,\quad G''(x_0)=g'(x_0)<0, \tag{6.55}$$

在 $(x_0,0)$ 处考虑系统(6.54)右边函数的 Jacobi 矩阵

$$\boldsymbol{A}=\begin{pmatrix}0 & 1\\ -g'(x_0) & 0\end{pmatrix}. \tag{6.56}$$

由(6.55)式知 $\operatorname{tr}\boldsymbol{A}=0$, $\det\boldsymbol{A}=g'(x_0)<0$. 可以断定矩阵 $\boldsymbol{A}$ 有两个符号相反的非零实特征值. 因此 $(x_0,0)$ 是系统(6.54)的鞍点.

再设 x_0 为 $G(x)$ 的严格极小值点,这时必有

$$G'(x_0)=g(x_0)=0,\quad G''(x_0)=g'(x_0)>0. \tag{6.57}$$

在 $(x_0,0)$ 处系统(6.54)右边函数的 Jacobi 矩阵同样由(6.56)式给出,同时 $\operatorname{tr}\boldsymbol{A}=0$, $\det\boldsymbol{A}=g'(x_0)>0$. 可以断定矩阵 $\boldsymbol{A}$ 的两个特征值是一对共轭纯虚数. 故 $(x_0,0)$ 为系统(6.54)的线性部分的中心.

为了进一步证明 $(x_0,0)$ 也为系统(6.54)的中心,我们注意到,定理 6.11 告诉我们系统(6.54)在平衡点 $(x_0,0)$ 附近的轨道形成了相平面中的一族曲线

$$V(x,y)=\frac{y^2}{2}+G(x)-G(x_0)\equiv C, \tag{6.58}$$

其中 C 为常数. 显然 $V(x_0,0)=0$,即在平衡点 $(x_0,0)$ 处 $C=0$. 又由于 x_0 为 $G(x)$ 的严格极小值点,因此存在 $(x_0,0)$ 的闭邻域 $N_\delta=\{(x,y)\in\mathbb{R}^2:(x-x_0)^2+y^2\leqslant\delta^2\}$,使得在 $N_\delta\setminus\{(x_0,0)\}$ 上 $V(x,y)>0$. 令

$$l=\min_{(x,y)\in\partial N_\delta}V(x,y),$$

这里 $\partial N_\delta=\{(x,y)\in\mathbb{R}^2:(x-x_0)^2+y^2=\delta^2\}$ 是 N_δ 的边界. 现在我们证明:只要 $0<C<l$,曲线(6.58)就是包含平衡点 $(x_0,0)$ 在内的闭曲线. 事实上,设 γ 是由 $(x_0,0)$ 出发到 ∂N_δ 的任意一条曲线,则沿着 γ, $V(x,y)$ 的值由初始的 0 变到大于或等于 l. 对任意给定的常数 $0<C<l$,由 $V(x,y)$ 的连续性知,在 γ 上必有一点使得 $V(x,y)=C$,即 γ 必与曲线(6.58)相交. 这表明:曲线(6.58)必为包含平衡点 $(x_0,0)$ 在内的闭曲线.

现在取定某个 $C_0<l$. 当 C 由 0 变到 C_0 时我们由(6.58)式得到一族彼此不相交的同时包含平衡点$(x_0,0)$在内的闭曲线. 当 $C=0$ 时它退化为平衡点$(x_0,0)$. 因此存在平衡点$(x_0,0)$的一个邻域,使得系统(6.54)的轨道全为闭轨,从而证明了$(x_0,0)$是系统(6.54)的中心. □

由定理 6.12,如果势能函数 $G(x)$ 仅有孤立临界点,并且每个临界点都是严格极值点,则不难由势能函数 $G(x)$ 的图像对应地在 Oxy 坐标系中画出系统(6.54)的相图,见图 6.40. 其中除了平衡点都在 x 轴上外,轨道由曲线族 $H(x,y)=C$ 给出,它们关于 x 轴是对称的.

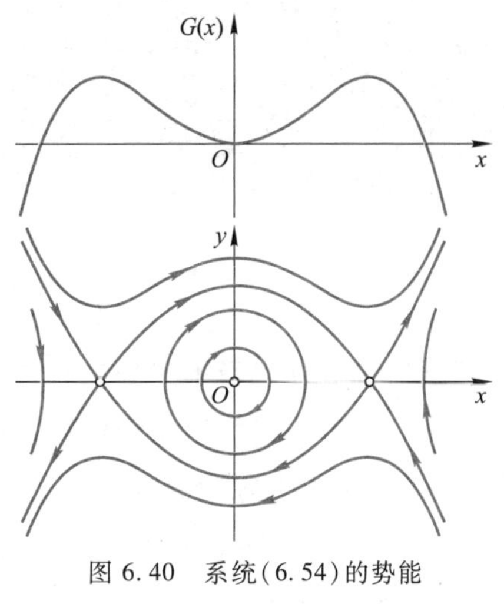

图 6.40　系统(6.54)的势能函数与相图

例 6.9　在例 6.1 的单摆中设 $\mu=0$,即系统无阻力,则方程(6.15)变为

$$\frac{\mathrm{d}^2\varphi}{\mathrm{d}t^2}=-\omega^2\sin\varphi,$$

其中 $\omega=\sqrt{\dfrac{g}{l}}$ 为摆动的固有频率. 令 $x=\varphi$, $y=\dfrac{\mathrm{d}\varphi}{\mathrm{d}t}$,上述系统等价地写成

$$\frac{\mathrm{d}x}{\mathrm{d}t}=y,\quad \frac{\mathrm{d}y}{\mathrm{d}t}=-\omega^2\sin x. \tag{6.59}$$

显然系统(6.59)是形如系统(6.54)的平面 Hamilton 系统,其势能函数为 $G(x)=\omega^2(1-\cos x)$,其轨道由曲线族$\dfrac{y^2}{2}+G(x)=C$给出.

进一步考虑势能函数的临界点

$$x_k=k\pi,\quad k=0,\pm1,\cdots,$$

易见,当 $k=2m(m\in\mathbb{Z})$时,x_k 为 $G(x)$ 的严格极小值点,$(x_k,0)$为系统(6.59)的中心;当 $k=2m+1(m\in\mathbb{Z})$时,x_k 为 $G(x)$ 的严格极大值点,$(x_k,0)$为系统(6.59)的鞍点. 进而,我们可以计算在每个中心处的总能量为 $C_0=H(2m\pi,0)=0$,在每个鞍点处的总能量为 $C_1=H((2m+1)\pi,0)=2\omega^2$. 因此对 $C\in(0,2\omega^2)$,曲线族$\dfrac{y^2}{2}+G(x)=C$ 是一族闭轨. 根据对称性我们容易画出系统(6.59)的相图,见图 6.41. 它形如一条连着一条的"小鱼". 事实上在这些"小鱼"中存在这样的轨道,当 $t\to+\infty$ 和 $t\to-\infty$ 时分别趋于两个相邻的鞍点. 我们称这样的轨道为异宿轨,它相应于能量值 C_1. 尤其是这样的轨道在 x 轴的两侧对称成对地出现,每一对与相应的鞍点一起形成一个带有平衡点的闭曲线包围着一个中心. 我们称这样的闭曲线为异宿环或分界线环.

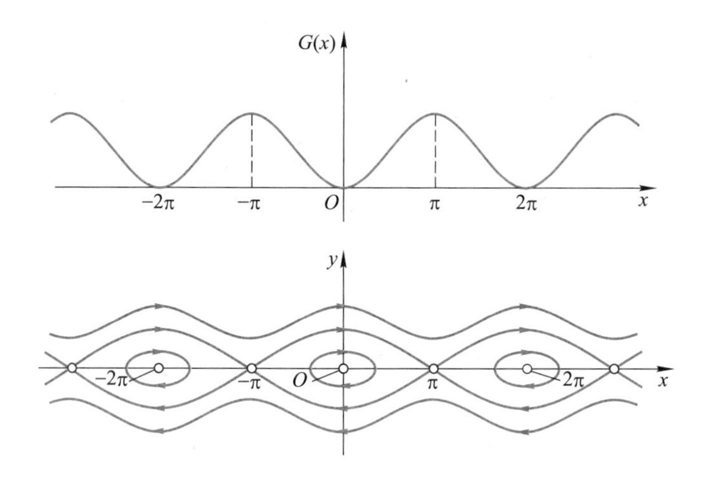

图 6.41　无阻力单摆系统的势能函数与相图

平衡点、闭轨以及上述异宿轨之类的这些特殊轨道在平面自治系统的定性分析中起着关键性作用. 只要我们把它们的性态分析清楚了,一个平面自治系统的全局相图的结构也就比较清楚了.

路漫漫其修远兮,吾将上下而求索.

习题 6.6

1. 令 $W\subset\mathbb{R}^2$ 为开集,$\boldsymbol{x}\in W$, $\boldsymbol{f}:W\to\mathbb{R}^2$ 连续可微. 证明系统

$$\frac{\mathrm{d}\boldsymbol{x}}{\mathrm{d}t}=\boldsymbol{f}(\boldsymbol{x})$$

为 W 上的 Hamilton 系统当且仅当在 W 上 $\mathrm{div}(\boldsymbol{f}(\boldsymbol{x}))\equiv 0$.

2. 设 α,β,γ 都是实常数, $\beta>0$. 考虑如下的波动方程:

$$\frac{\partial^2\phi}{\partial x^2}+\alpha\frac{\partial\phi}{\partial x}+\beta\phi^3+\gamma\frac{\partial\phi}{\partial t}=0.$$

设 c 为任意常数,令 $\xi=x-ct,\phi(x,t)=u(\xi)$. 请推导出以 ξ 为自变量的函数 $u(\xi)$ 所满足的常微分方程,并证明当 $c=\dfrac{\alpha}{\gamma}$时,该微分方程的所有解均为周期解.

3. 设系统

$$\frac{\mathrm{d}x}{\mathrm{d}t}=P(x,y),\quad \frac{\mathrm{d}y}{\mathrm{d}t}=Q(x,y) \tag{6.60}$$

为 Hamilton 系统. 证明方程 $P(x,y)\mathrm{d}y-Q(x,y)\mathrm{d}x=0$ 为恰当方程且其原函数为系统(6.60)的 Hamilton 函数.

4. 求出下列 Hamilton 系统的 Hamilton 函数并画出系统的相图:

(1) $\dfrac{\mathrm{d}x}{\mathrm{d}t}=y,\quad \dfrac{\mathrm{d}y}{\mathrm{d}t}=-x+x^2$;

(2) $\dfrac{\mathrm{d}x}{\mathrm{d}t}=y,\quad \dfrac{\mathrm{d}y}{\mathrm{d}t}=-x+x^3$;

(3) $\dfrac{\mathrm{d}x}{\mathrm{d}t}=y,\quad \dfrac{\mathrm{d}y}{\mathrm{d}t}=-1+x^2$.

*5. 证明:平面 Hamilton 系统的任意一个流在将一个平面区域变换为另一个平面区域时保持面积不变.

提示:当通过变换 $(u,v)=(u(x,y),v(x,y))$ 把一个平面区域 D_0 变换为另一个平面区域 D_1 时, D_1 的面积为

$$\iint_{D_0}\frac{\partial(u,v)}{\partial(x,y)}\mathrm{d}x\mathrm{d}y.$$

*6. 设 $a(x,y)$, $b(x,y)$ 是 $\mathbb{R}^2$ 上不为零的连续可微函数. 证明:连续可微函数 $u=U(x,y)$ 是一阶线性偏微分方程

$$a(x,y)\frac{\partial u}{\partial x}+b(x,y)\frac{\partial u}{\partial y}=0 \tag{6.61}$$

的解,当且仅当 $U(x,y)$ 是常微分方程

$$\frac{\mathrm{d}x}{a(x,y)}=\frac{\mathrm{d}y}{b(x,y)} \tag{6.62}$$

的首次积分(见 § 2.2). 方程(6.62)称为方程(6.61)的特征方程.

*7. 求偏微分方程

$$(x^2-y^2)\frac{\partial u}{\partial x}+2xy\frac{\partial u}{\partial y}=0$$

的一个解.

外国数学家译名对照表

Airy, G. B.	艾里
Arzelà, C.	阿尔泽拉
Ascoli, G.	阿斯科利
Bendixson, I.	本迪克松
Bernoulli, J.	伯努利
Bessel, W.	贝塞尔
Birkhoff, G. D.	伯克霍夫
Burgers	伯格斯
Cauchy, A. L.	柯西
Clairaut, A. C.	克莱罗
Cramér, G.	克拉默
Dulac, H.	迪拉克
Ecalle, J.	埃可
Euler, L.	欧拉
Feigenbaum, M. J.	费根鲍姆
Green, G.	格林
Gronwall, T. H.	格朗沃尔
Hamilton, W. R.	哈密顿
Hermite, C.	埃尔米特
Hilbert, D.	希尔伯特
Hurwitz, A.	赫尔维茨
Ilyashenko, Y. S.	伊里雅申科
Jacobi, C.	雅可比
Jordan, C.	若尔当
Kutta, M. W.	库塔
Lagrange, J. L.	拉格朗日
Legendre, A. M.	勒让德
Leibniz, G. W.	莱布尼茨
Lyapunov, A. M.	李雅普诺夫
Liouville, J.	刘维尔
Lipschitz, R. O. S.	利普希茨
Lorenz, E. N.	洛伦茨
Newton, I.	牛顿
Peano, G.	佩亚诺
Picard, E.	皮卡
Poincaré, H.	庞加莱
Riccati, J.	里卡蒂
Routh, E. J.	劳思
Runge, C.	龙格
Sharkovsky, A. N.	沙科夫斯基
Taylor, B.	泰勒
Vandermonde, A. T.	范德蒙德
van der Pol, B.	范德波尔
Wintner, A. F.	温特
Wronski, H.	朗斯基

索引

C

D

E

F

G

H

J

Y

Z

部分习题答案和提示

习题 1.1

1. 以船的初始位置为坐标原点，取坐标轴 y 垂直于河对岸. 设船的运动轨迹为 $y=y(x)$，则 $\dfrac{\mathrm{d}y}{\mathrm{d}x}=\dfrac{v_0}{ky(a-y)}$.

2. 设曲线方程为 $x=x(t)$，则有三种情况：$t^2+x^2=\left(x-t\dfrac{\mathrm{d}x}{\mathrm{d}t}\right)^2$；$x^2=t^2\left(\dfrac{\mathrm{d}x}{\mathrm{d}t}\right)^2$；$2xt\dfrac{\mathrm{d}x}{\mathrm{d}t}=x^2-t^2$.

习题 1.2

1. 初值问题的解为 $x(t)=2\mathrm{e}^{-3t}+2t+1$.
2. $R(t)=R_0\mathrm{e}^{-k(t-t_0)}$.

*3. 令 $v=\dfrac{\mathrm{d}x}{\mathrm{d}t}$，则运动方程为 $m\ddot{x}=m\dot{v}=-mg-k^2v^2$，初值条件为 $v(0)=v_0$. 物体达到最高点的时间是 $t=\dfrac{\sqrt{mg}}{gk}\arctan\dfrac{kv_0}{\sqrt{mg}}$.

4. 对例 1.2 的微分方程，令 $x_1=\theta,x_2=\dfrac{\mathrm{d}\theta}{\mathrm{d}t}$，则可将其化成规范的一阶方程组

$$\frac{\mathrm{d}x_1}{\mathrm{d}t}=x_2,\quad \frac{\mathrm{d}x_2}{\mathrm{d}t}=-\frac{g}{l}\sin x_1.$$

对例 1.3 的微分方程，令 $y=\dfrac{\mathrm{d}x}{\mathrm{d}t}$，则可将其化成规范的一阶方程组

$$\frac{\mathrm{d}x}{\mathrm{d}t}=y,\quad \frac{\mathrm{d}y}{\mathrm{d}t}=-\frac{k}{m}x-\frac{\mu}{m}y.$$

习题 1.3

1. (1) $x=t\dfrac{\mathrm{d}x}{\mathrm{d}t}+\left(\dfrac{\mathrm{d}x}{\mathrm{d}t}\right)^2$;

(2) $\frac{d^2x}{dt^2}-2\frac{dx}{dt}+2x=0$;

(3) $\frac{d^2x}{dt^2}=\pm\left(1+\left(\frac{dx}{dt}\right)^2\right)^{3/2}$.

2. 建立 Oxy 平面坐标系,使细磁棒的端点分别在 $A(-a,0)$ 和 $B(a,0)$ 点,在 A 处的点磁荷的磁量为+1,在 B 处的点磁荷的磁量为-1. 所求磁场满足的微分方程为

$$\frac{dy}{dx}=\frac{Q(x,y)}{P(x,y)},$$

其中

$$P(x,y)=\frac{x+a}{\sqrt{((x+a)^2+y^2)^3}}-\frac{x-a}{\sqrt{((x-a)^2+y^2)^3}},$$

$$Q(x,y)=\frac{y}{\sqrt{((x+a)^2+y^2)^3}}-\frac{y}{\sqrt{((x-a)^2+y^2)^3}},$$

习题 2.1

1. 若 $g(y_0)=0$,则 $y\equiv y_0$ 是方程的解. 若 $g(y_0)\neq0$,则初值问题

$$\frac{dy}{dx}=h(x)g(y),\quad y(x_0)=y_0$$

可用分离变量法来求解. 在实际求解中除了求出使 $g(y)=0$ 的 y 值以外,只要用 $g(y)$ 除方程 $\frac{dy}{dx}=h(x)g(y)$ 的两边,然后求不定积分

$$\int\frac{dy}{g(y)}=\int h(x)\,dx+C,$$

即可求出隐式通解.

2. (1) $x^2+y^2=C\quad(C>0)$;

(2) $y=-\frac{1}{\sin x+C},\quad y=0$;

(3) $y=Ce^{x^2}$;

(4) $(1+x^2)(1+y^2)=Cx^2\quad(C>0)$;

(5) $e^{-4x}-2e^{-2y}=C$;

(6) $y=\ln\left|\frac{x-1}{x+1}\right|+C$;

(7) $y=\frac{1+Ce^x}{1-Ce^x},\quad y=-1$;

(8) $y=\arctan(e^x+C)$, $y=k\pi+\frac{\pi}{2}$ (k 为任意整数);

(9) $y=\sin(\arcsin x+C),\quad y=-1, y=1$;

(10) $y=-\frac{1}{x^2+C},\quad y=0$;

(11) $y=C(x+1)^2$;

(12) $y^3+\mathrm{e}^y=\sin x+C$;

(13) $(x^2-1)(y^2-1)=C$.

3. (1) $\sin\dfrac{y}{x}=Cx$;

(2) $y^2+2xy-x^2-6y-2x=C$;

(3) $\ln|y|-\dfrac{y}{x}=C, y=0$;

(4) $y-\ln|x+y+1|=C, y=-x-1$;

(5) $2x^2+2xy+y^2-8x-2y=C$;

(6) $x^3-2y^3=Cx$;

(7) $(x-y)^2+2x=C$;

(8) $y^2=x^2(\ln x^2+C)$;

(9) $(x-y)^2+10x+4y=C$;

(10) $\ln|y+2|+2\arctan\left(\dfrac{y+2}{x-3}\right)=C, y=-2$;

(11) $y=x(\ln|x|+C)^2,\quad y=0$;

(12) $\sqrt{(x+3)^2+(y+1)^2}=C\mathrm{e}^{-\arctan\frac{y+1}{x+3}}\quad(C>0)$;

(13) $y=x-\dfrac{2x}{\ln|x|+C}, y=x$;

(14) $\tan(x+y+1)-\sec(x+y+1)=x+C$. 此外,对任意整数 k,

$y=-x-1+2k\pi-\dfrac{\pi}{2}$也是原方程的解;

(15) $y=|x|\sin(\ln|x|+C)$. 此外,$x^2-y^2=0$ 也是原方程的解.

4. (1) $y=C(x+1)^2+\dfrac{2}{3}(x+1)^{\frac{7}{2}}$;

(2) $y=\dfrac{1}{x}(-\cos x+C)$;

(3) $y=\dfrac{\mathrm{e}^x+C}{x}$;

(4) $x^3y+\dfrac{x^3}{3}-2x^2=C$;

(5) $y=C(x+1)+1+(x+1)\ln(x+1)$;

(6) $y=-\dfrac{1}{2}+C\mathrm{e}^{x^2}$.

5. (1) $x=y^2(C-\ln|y|), y=0$;

(2) $x=\dfrac{y^3}{4}+\dfrac{C}{y}, y=0$;

(3) $y^2=2Cx+C^2$.

6. (1) $y+e^y=\sin x+2+e^3$;

(2) $y=\sqrt{1+2x^2}$;

(3) $y^2=2\ln(1+e^x)+1-2\ln 2$;

(4) $y=\frac{3}{2}e^{\cos x-1}$;

(5) $e^y=\frac{1}{2}x^2+\frac{1}{4}x^4+e-\frac{3}{4}$;

(6) $y=\frac{3}{2}e^{1-x^2}+\frac{1}{2}$.

7. (1) $\frac{x^6}{y}-\frac{x^8}{8}=C$, $y=0$;

(2) $xy\left(C-\frac{1}{2}(\ln x)^2\right)=1$, $y=0$;

(3) $y=x^4(\ln|x|+C)^2$;

(4) $y=\frac{1}{Ce^{-x^2}-x^2+1}$, $y=0$.

8. 该曲线方程为 $y=\sin(\arctan x)$.

9. 该曲线方程为 $xy=24$.

习题 2.2

1. (1) $x^3+3x^2y^2+y^4=C$;

(2) $\sin x+\frac{x}{y}+\ln|y|=C$;

(3) $x^5+\frac{3}{2}x^2y^2-xy^3+\frac{y^3}{3}=C$;

(4) $\frac{x^3}{3}+\frac{y^2}{2}+xy=C$;

(5) $3x^2+xy+2x+4y^2-3y=C$;

(6) $x^2y+\ln y^2=C$;

(7) $x^3-2xy^2+y=C$;

(8) $x^4+2x^2y^2+y^4=C$;

(9) $e^x+3xy+\sin y=C$.

2. (1) $x^3y+4x^2y^2+4y^3=28$;

(2) $x^4e^{x+y}+x^2+y^2=1$.

3. **提示**:由假设知存在函数 $\phi(t)$,使得 $\frac{M(x,y)}{N(x,y)}=\phi\left(\frac{y}{x}\right)$.

4. (1) $\ln|y|+\frac{x}{y}=C$, $y=0$;

(2) $y^2=C(C+2x)$;

(3) $x+\arctan\dfrac{x}{y}=C$;

(4) $e^{x}\left(x^{2}y+\dfrac{y^{3}}{3}\right)=C$;

(5) $x^{2}\ln y+\dfrac{1}{3}(1+y^{2})^{\frac{3}{2}}=C$.

5. $\mu=y^{-\alpha}e^{(\alpha-1)\int a(x)\mathrm{d}x}$.

6. $\mu=\dfrac{1}{P(x)N(y)}$.

7. $f(x)=-2\cos x+K$,K 为任意常数. 通解为$\left(\dfrac{K}{2}-\cos x\right)y^{2}=C$,$C$ 为任意常数.

8. $f(x)=\dfrac{C}{x}+\dfrac{x}{2}$.

9. $a=1$,方程的通解为 $e^{-x}\sin y+x=C$.

习题 2.3

1. (1) $y=\dfrac{9}{2C}+\dfrac{1}{2}Cx^{2}$,另有特解 $y=3x$,以及 $y=-3x$;

(2) $y=-\dfrac{1}{2}x^{2}+Cx+\dfrac{1}{2}C^{2}$,另有特解 $y=-x^{2}$;

(3) $x=\dfrac{\sin y}{C}+\dfrac{1}{2}C^{2}$,另有特解 $x^{3}=\dfrac{27}{8}\sin^{2}y$,以及 $y=k\pi$,其中 k 为任意整数.

2. (1) $x=\ln p-\dfrac{1}{p}+C$, $y=p+\ln p$;

(2) $x=\sin p+e^{p}$, $y=p\sin p+\cos p+e^{p}(p-1)+C$;

(3) $x=r\cos\theta(r,C)$, $y=r\sin\theta(r,C)$,其中

$$\theta(r,C)=\int\frac{f(r)\,\mathrm{d}r}{r\sqrt{r^{2}-f^{2}(r)}}+C.$$

习题 2.4

1. (1) $x=p^{3}+2p$, $y=\dfrac{3}{4}p^{4}+p^{2}+C$;

(2) $y=\dfrac{x^{2}}{2}+Cx+C^{2}$, $y=\dfrac{x^{2}}{4}$;

(3) $y=x+\dfrac{1}{x-C}-C$, $y=\pm 2$;

(4) $y=C(x-C)^{2}$, $y=\dfrac{4}{27}x^{3}$;

(5) $x=\ln\dfrac{|t+1|}{\sqrt{t^{2}-t+1}}-\sqrt{3}\arctan\dfrac{2t-1}{\sqrt{3}}-\dfrac{1}{t}+C$, $y=\dfrac{3t}{1+t^{3}}$, $y=0$;

(6) $\left(\dfrac{y-C}{x}\right)^5-5\left(\dfrac{y-C}{x}\right)^2+1=0.$

2. (1) $y=\sin(x+C)$, $y=\pm1$,奇解:$y=\pm1$;

(2) $y=Cx+\dfrac{1}{C}$, $y^2=4x$,奇解: $y^2=4x$;

(3) $y=\dfrac{1}{4}(x+C)^2$, $y=0$,奇解:$y=0$;

(4) $(y+C)^2=(x+C)^3$, $y=x-\dfrac{4}{27}$,奇解:$y=x-\dfrac{4}{27}$;

(5) $y=x+\dfrac{1}{4}(x-C)^2\ (x\leqslant C)$, $y=x$,奇解:$y=x$;

(6) $y=Cx+\dfrac{C^2}{2}$, $y=-\dfrac{x^2}{2}$,奇解:$y=-\dfrac{x^2}{2}$.

3. (1) $y=C_1x^5+C_2x^3+C_3x^2+C_4x+C_5$;

(2) $y^2=C_1x+C_2$;

(3) $y=C_1(x^3+3x)+C_2$;

(4) $y=C_2e^{C_1x}$;

(5) $y=\dfrac{1}{12}(x+C_1)^3+C_2$;

(6) $y=C_2e^{C_1x}+1$;

(7) $y=C_1e^{\frac{x}{2}}+C_2e^{-\frac{x}{2}}+C_3x+C_4$;

(8) $y=(1+C_1^{-2})\ln|C_1x-1|+\dfrac{x}{C_1}+C_2$;

(9) $y=C_2e^{C_1x}+C_3, y=C_1x+C_2$.

4. $y=1-x$.

6. **提示**:用反证法. 若有 x_0,使得 $\varphi(x_0)\neq0$,不妨设 $x_0>0$,则存在 $\bar{x}_0$,使得 $\varphi(\bar{x}_0)=0$ 且当 $x\in(\bar{x}_0,x_0]$ 时,$\varphi(x)\neq0$.

习题 3.1

2. 导数的行列式为 $48t^3-2t$,行列式的导数为 $40t^4-3t^2+8t$.

3. **提示**:不妨设 $x(t)\geqslant0$. 由假设可知存在区间$[\alpha,\beta]$上的连续函数 $r(t)\leqslant0$,使得

$$x(t)=r(t)+L+M\int_\alpha^t x(\tau)\,d\tau.$$

构造逐次逼近序列$\{x_k(t)\}$,其中 $x_0(t)=r(t)+L$,且

$$x_{k+1}(t)=r(t)+L+M\int_\alpha^t x_k(\tau)\,d\tau,\quad k=0,1,2,\cdots,$$

仿照定理 3.1 的证明.

习题 3.2

3. $a_{11}(t)=a_{22}(t)=0, a_{12}(t)=1, a_{21}(t)=-1$.

习题 3.3

1. (2) $\boldsymbol{x}(t)=\begin{pmatrix}-\cos t-2\sin t\\ -\sin t+2\cos t\end{pmatrix}$.

习题 3.4

3. 方程的通解为 $x=\frac{1}{t}(C_1\sin t+C_2\cos t)$.

6. $x=C_1\cos 2t+C_2\sin 2t-\frac{t^2}{8}\cos 2t+\frac{t}{16}\sin 2t$.

习题 3.5

1. Airy 方程在 $t=0$ 附近的幂级数解为

$$x=C_1(1+A(t))+C_2(t+B(t)),$$

其中 C_1, C_2 为任意常数,并且

$$A(t)=\sum_{n=1}^{\infty}\frac{t^{3n}}{(3n)(3n-1)(3n-3)(3n-4)\cdot\cdots\cdot 6\cdot 5\cdot 3\cdot 2},$$

$$B(t)=\sum_{n=1}^{\infty}\frac{t^{3n+1}}{(3n+1)(3n)(3n-2)(3n-3)\cdot\cdots\cdot 7\cdot 6\cdot 4\cdot 3}.$$

2. 所给方程的幂级数解为

$$x(t)=7+3t+7\sum_{j=1}^{\infty}\frac{3\cdot 5\cdot\cdots\cdot(2j+1)(t-1)^{2j}}{2^j j!}+$$

$$3\sum_{j=1}^{\infty}\frac{2^j(j+1)!(t-1)^{2j+1}}{3\cdot 5\cdot\cdots\cdot(2j+1)}.$$

3. Hermite 方程的幂级数解为 $x=C_1H_1(t)+C_2H_2(t)$,其中

$$H_1(t)=1-\frac{\lambda t^2}{2!}-\frac{\lambda(4-\lambda)t^4}{4!}-\frac{\lambda(4-\lambda)(8-\lambda)t^6}{6!}+\cdots,$$

$$H_2(t)=t+\frac{(2-\lambda)t^3}{3!}+\frac{(2-\lambda)(6-\lambda)t^5}{5!}+\frac{(2-\lambda)(6-\lambda)(10-\lambda)t^7}{7!}+\cdots.$$

习题 4.1

1. (1) $x(t)=C_1\cos 2t+C_2\sin 2t$;

(2) $x(t)=C_1e^t+C_2\cos\sqrt{2}\,t+C_3\sin\sqrt{2}\,t$;

(3) $x(t)=e^{t}(C_1\cos t+C_2\sin t)+e^{-t}(C_3\cos t+C_4\sin t)$;

(4) $x(t)=e^{t}(C_1+C_2t+C_3t^2)+C_4e^{-t}$;

(5) $x(t)=C_1e^{-2t}+C_2te^{-2t}$;

(6) $x(t)=e^{-t}(C_1\cos\sqrt{3}t+C_2\sin\sqrt{3}t)$;

(7) $x(t)=C_1+C_2\cos 2t+C_3\sin 2t$;

(8) $x(t)=(C_1+C_2t)\cos 2t+(C_3+C_4t)\sin 2t$.

*3. 当 $\delta>\omega$ 时,实通解为

$$x(t)=e^{-\delta t}(C_1e^{\sqrt{\delta^2-\omega^2}t}+C_2e^{-\sqrt{\delta^2-\omega^2}t}).$$

当 $\delta=\omega$ 时,实通解为

$$x(t)=e^{-\delta t}(C_1+C_2t).$$

当 $\delta<\omega$ 时,实通解为

$$x(t)=e^{-\delta t}(C_1\cos\sqrt{\omega^2-\delta^2}\,t+C_2\sin\sqrt{\omega^2-\delta^2}\,t).$$

习题 4.2

1. (1) $x(t)=C_1+C_2e^{-t}+\frac{t^3}{3}-t^2+3t$;

(2) $x(t)=C_1\cos 2t+C_2\sin 2t+\frac{t}{4}\sin 2t-\frac{1}{12}\cos 4t$;

(3) $x(t)=C_1\cos 2t+C_2\sin 2t-\frac{1}{8}t^2\cos 2t+\frac{1}{16}t\sin 2t$;

(4) $x(t)=C_1+C_2e^{t}+C_3e^{3t}+\frac{1}{9}t^3+\frac{4}{9}t^2+\frac{26}{27}t$;

(5) $x(t)=C_1e^{t}+C_2e^{2t}-e^{2t}\sin e^{-t}$;

(6) $x(t)=C_1e^{t}+(C_2+C_3t)e^{2t}+\frac{1}{2}e^{3t}$;

(7) $x(t)=C_1e^{\sqrt{2}t}+C_2e^{-\sqrt{2}t}+e^{t^2}$;

(8) $x(t)=(C_1+C_2t)e^{t}+\frac{1}{6}t^3e^{t}$.

习题 4.3

*1. 方程组的通解为

$$x_1=C_1e^{t}+C_2\cos t+C_3\sin t-2-t+\frac{2}{5}e^{2t},$$

$$x_2=2C_1e^{t}+(C_2-C_3)\cos t+(C_2+C_3)\sin t+\frac{3}{5}e^{2t}-3-3t.$$

3. (1) $x=3C_1e^{t}+4C_2e^{2t}+2C_3e^{3t}$, $y=2C_1e^{t}+C_2e^{2t}+2C_3e^{3t}$, $z=3C_1e^{t}+C_2e^{2t}+3C_3e^{3t}$;

(2) $x=C_1\cos t+C_2\sin t$, $y=-C_1\sin t+C_2\cos t$;

(3) $x=-2C_1e^{5t}+C_2(3\cos t-\sin t)e^{2t}+C_3(\cos t+3\sin t)e^{2t}$,

$y=C_2(2\cos t+\sin t)e^{2t}+C_3(-\cos t+2\sin t)e^{2t}$,

$z=C_1e^{5t}-2C_2e^{2t}\cos t-2C_3e^{2t}\sin t$;

(4) $x=C_2e^{(1+2\sqrt{2})t}+C_3e^{(1-2\sqrt{2})t}$,

$y=C_2(2-2\sqrt{2})e^{(1+2\sqrt{2})t}+C_3(2+2\sqrt{2})e^{(1-2\sqrt{2})t}$,

$z=C_1e^{-2t}-4C_2(25-18\sqrt{2})e^{(1+2\sqrt{2})t}-4C_3(25+18\sqrt{2})e^{(1-2\sqrt{2})t}$;

(5) $x=\frac{25}{9}C_1+C_2e^{4t}+C_3e^{9t}$, $y=5C_1+C_2e^{4t}$, $z=C_1+C_2e^{4t}$;

(6) $x=C_1e^{t}+C_2e^{5t}$, $y=C_1e^{t}-C_2e^{5t}$, $z=C_3e^{5t}$;

(7) $x=\left(C_1+C_2t+C_3\left(3t-\frac{1}{2}t^2\right)\right)e^{2t}$, $y=(C_2-C_3t)e^{2t}$, $z=C_3e^{2t}$.

*4. **提示**:设矩阵 $\boldsymbol{A}$ 有互不相同的特征值 $\lambda_1,\lambda_2,\cdots,\lambda_s$,重数分别为 $n_1,n_2,\cdots,n_s$ 且 $n_1+n_2+\cdots+n_s=n$,则 $\dot{\boldsymbol{x}}=\boldsymbol{Ax}$ 的任一解 $\boldsymbol{x}(t)$ 均有形式:

$$\boldsymbol{x}(t)=\sum_{j=1}^{s}e^{\lambda_j t}\boldsymbol{P}_j(t),$$

其中 $\boldsymbol{P}_j(t)$ 为多项式且 $\deg \boldsymbol{P}_j(t)\leqslant n_j-1$.

习题 4.4

1. 该重物的振动方程为 $x(t)=\frac{1}{4}\cos 8t$.

习题 5.1

3. $\varphi_3(t)=1+t+t^2+t^3+\frac{2}{3}t^4+\frac{1}{3}t^5+\frac{1}{9}t^6+\frac{1}{63}t^7$.

4. 解的存在区间为 $\left[-\frac{1}{2},\frac{1}{2}\right]$,第三次近似解为

$$\varphi_3(t)=-\frac{t^2}{2}+\frac{t^5}{20}-\frac{t^8}{160}+\frac{t^{11}}{4\ 400},$$

它在解的存在区间上的误差估计为 $|\varphi_3(t)-\varphi(t)|\leqslant\frac{1}{24}$,其中 $\varphi(t)$ 为所给初值问题的真正解.

5. 解的存在区间为 $\left[-\frac{1}{2},\frac{1}{2}\right]$,所求近似解为

$$\varphi_3(t)=\frac{t^2}{2}+\frac{t^5}{20}+\frac{t^8}{160}+\frac{t^{11}}{4\ 400}.$$

6. 所给初值问题的 Picard 迭代序列如下:

$$\varphi_0(t)=0,$$

$$\varphi_n(t)=-t-2+2\sum_{k=0}^{n}\frac{t^k}{k!}+\frac{t^{n+1}}{(n+1)!}\quad(n\geqslant 1).$$

它一致收敛于初值问题的解 $x(t)=2e^t-t-2$.

7. 所给初值问题的 Picard 迭代序列如下：

$$\varphi_0(t)=x_0,$$

$$\varphi_n(t)=\sum_{k=0}^{n}\frac{x_0}{k!}\left(\int_{t_0}^{t}P(\tau)\,d\tau\right)^k+\int_{t_0}^{t}Q(\tau)\sum_{k=0}^{n-1}\frac{1}{k!}\left(\int_{\tau}^{t}P(s)\,ds\right)^k d\tau\quad(n\geqslant 1).$$

它一致收敛于初值问题的解

$$x(t)=\exp\left(\int_{t_0}^{t}P(\tau)\,d\tau\right)\left(x_0+\int_{t_0}^{t}Q(\tau)\exp\left(-\int_{t_0}^{\tau}P(s)\,ds\right)d\tau\right).$$

8. **提示**：构造逐次逼近迭代序列如下：

$$\varphi_0(t)=f(t),$$

$$\varphi_n(t)=f(t)+\lambda\int_a^b K(t,\tau)\varphi_{n-1}(\tau)\,d\tau.$$

然后仿照 Picard 存在唯一性定理的证明步骤即可.

习题 5.2

1. 相应的 Euler 折线 $\varphi(t)$ 为

$$\varphi(t)=\begin{cases}\dfrac{27}{64}t+\dfrac{189}{256}, & t\in\left[-1,-\dfrac{3}{4}\right),\\ \dfrac{9}{16}t+\dfrac{27}{32}, & t\in\left[-\dfrac{3}{4},-\dfrac{1}{2}\right),\\ \dfrac{3}{4}t+\dfrac{15}{16}, & t\in\left[-\dfrac{1}{2},-\dfrac{1}{4}\right),\\ t+1, & t\in\left[-\dfrac{1}{4},\dfrac{1}{4}\right),\\ \dfrac{5}{4}t+\dfrac{15}{16}, & t\in\left[\dfrac{1}{4},\dfrac{1}{2}\right),\\ \dfrac{25}{16}t+\dfrac{25}{32}, & t\in\left[\dfrac{1}{2},\dfrac{3}{4}\right),\\ \dfrac{125}{64}t+\dfrac{125}{256}, & t\in\left[\dfrac{3}{4},1\right].\end{cases}$$

$\varphi(t)$ 和精确解 $x(t)=e^t$ 在区间的等分点处的值及误差可列表如下：

t_n	$\varphi(t_n)$	精确解	误差
-1.00	0.316 41	0.367 88	0.051 47
-0.75	0.421 88	0.472 37	0.050 49
-0.50	0.562 50	0.606 53	0.044 03
-0.25	0.750 00	0.778 80	0.028 80
0.00	1.000 00	1.000 00	0.000 00

续表

t_n	$\varphi(t_n)$	精确解	误差
0.25	1.250 00	1.284 03	0.034 03
0.50	1.562 50	1.648 72	0.086 22
0.75	1.953 13	2.117 00	0.163 87
1.00	2.441 41	2.718 28	0.276 87

*4. **提示**:隐函数定理的存在性部分:设 $F(x,y)$, $F_x(x,y)$, $F_y(x,y)$ 在矩形区域 $R=\{(x,y)\in\mathbb{R}^2: |x-x_0|\leqslant a, |y-y_0|\leqslant b\}$ 上连续,$F(x_0,y_0)=0$, $F_y(x_0,y_0)\neq 0$,则函数方程 $F(x,y)=0$ 在 x_0 的某邻域内存在解 $y=\varphi(x)$,使得 $y_0=\varphi(x_0)$.

为此考虑初值问题

$$\frac{\mathrm{d}y}{\mathrm{d}x}=-\frac{F_x(x,y)}{F_y(x,y)},\quad y(x_0)=y_0,$$

并利用 Peano 存在性定理.

习题 5.3

3. **提示**:设 $(\bar{t},\bar{x})$ 是 G 中介于 $\varphi_1(t)$, $\varphi_2(t)$ 间的部分内的任一点,且 $\bar{t}, t_0\in(c,d)\subset(a,b)$, $\varphi_1(t)$, $\varphi_2(t)$ 均在区间 (c,d) 上存在,不妨设 $\bar{t}<t_0$. 令

$$\widetilde{G}=\{(t,x)\in\mathbb{R}^2: t\in(c,d), \varphi_1(t)\leqslant x\leqslant\varphi_2(t)\},$$

则方程过点 $(\bar{t},\bar{x})\in G$ 的解 $x=\varphi(t)$ 向右延拓时必与域 $\widetilde{G}$ 的边界曲线相交.

*4. **提示**: 用反证法. 不妨设所给初值问题的解 $x=x(t)$ 在区间 $[t_0,+\infty)$ 上存在,令 $\alpha=\max\{t_0,1\}$,则在 $[\alpha,+\infty)$ 上有

$$\frac{x'(t)}{1+x^2(t)}\geqslant 1,$$

由此导出矛盾.

5. (1) 最大存在区间为 $(0,+\infty)$,当 $t\to 0^+$ 时解趋于 0,当 $t\to+\infty$ 时解趋于 $+\infty$.

 (2) 最大存在区间为 $(0,+\infty)$,当 $t\to 0^+$ 时解趋于 $-\infty$,当 $t\to+\infty$ 时解趋于 -1.

*6. **提示**:用反证法. 不妨设方程的解 $x=\varphi(t)$ 向右只可延拓到区间 $[t_0,\beta_0)$,其中 $t_0\in(a,b)$, $\beta_0<b$. 取定 α 及 β,使得

$$a<\alpha<t_0<\beta_0<\beta<b,$$

则在闭区间 $[\alpha,\beta]$ 上,函数 $A(t)\geqslant 0$, $B(t)\geqslant 0$ 均有界,设法由 Wintner 定理导出矛盾.

习题 5.4

6. **提示**:设积分曲线 $\Gamma: x=x(t)$ 与直线 $L: x=t$ 当 $t>0$ 时有交点 $P(t_0,x_0)$,其中 $t_0>0$,则当 $t>t_0$ 时 Γ 将保持在 L 的下方. 取满足

$$t_0^2<\left(2m-\frac{1}{2}\right)\pi$$

的最小正整数 m,则 P 必在双曲线

$$H:\ tx=\left(2m-\frac{1}{2}\right)\pi \quad (t>0,x>0)$$

下方. 证明当 $t>t_0$ 时 Γ 也将保持在 H 的下方.

习题 5.5

3. 所求表达式为

$$\frac{\partial x}{\partial t_0}(t;t_0,x_0)\Bigg|_{\substack{t_0=0\\x_0=0}}=0,\quad \frac{\partial x}{\partial x_0}(t;t_0,x_0)\Bigg|_{\substack{t_0=0\\x_0=0}}=\mathrm{e}^{\frac{t^2}{2}}.$$

4. **提示**:令

$$z(t)=\frac{\partial \boldsymbol{x}(t;t_0,\boldsymbol{x}_0)}{\partial t_0}+\sum_{i=1}^{n}\frac{\partial \boldsymbol{x}(t;t_0,\boldsymbol{x}_0)}{\partial x_i^0}f_i(t_0,\boldsymbol{x}_0),$$

证明 $\boldsymbol{z}(t)$ 为初值问题

$$\frac{\mathrm{d}z}{\mathrm{d}t}=\left(\frac{\partial}{\partial \boldsymbol{x}}\boldsymbol{f}(t,\boldsymbol{x}(t;t_0,\boldsymbol{x}_0))\right)z,\quad z(t_0)=\boldsymbol{0}$$

的解.

习题 5.6

1. **提示**: 改进的 Euler 公式的局部截断误差为

$$T_{n+1}=x(t_{n+1})-x(t_n)-\frac{h}{2}(f(t_n,x(t_n))+f(t_{n+1},x_p)).$$

其中 $x_p=x(t_n)+hf(t_n,x(t_n))$. 再利用 Taylor 展开计算即可.

2. 用 Euler 折线法,计算结果如下:

t_n	$x(t_n)$	x_n	$\lvert x(t_n)-x_n\rvert$
0. 1	0. 557 752 127 4	0. 550 000 000 0	0. 007 752 127 4
0. 2	0. 632 034 804 1	0. 614 983 341 7	0. 017 051 462 4
0. 3	0. 724 430 460 4	0. 696 348 609 0	0. 028 081 851 4
0. 4	0. 836 585 030 0	0. 795 535 490 6	0. 041 049 539 4
0. 5	0. 970 217 221 0	0. 914 030 873 9	0. 056 186 347 1
0. 6	1. 127 129 756 0	1. 053 376 515 0	0. 073 753 241 0
0. 7	1. 309 222 769 0	1. 215 178 414 0	0. 094 044 355 0
0. 8	1. 518 509 528 0	1. 401 118 024 0	0. 117 391 504 0
0. 9	1. 757 134 672 0	1. 612 965 436 0	0. 144 169 236 0
1. 0	2. 027 395 183 0	1. 852 594 671 0	0. 174 800 512 0

用改进的 Euler 方法,计算结果如下:

t_n	$x(t_n)$	x_n	$\lvert x(t_n)-x_n \rvert$
0.1	0.557 752 127 4	0.557 491 670 8	0.000 260 456 6
0.2	0.632 034 804 1	0.631 452 600 7	0.000 582 203 4
0.3	0.724 430 460 4	0.723 457 947 3	0.000 972 513 1
0.4	0.836 585 030 0	0.835 145 560 3	0.001 439 469 7
0.5	0.970 217 221 0	0.968 225 129 9	0.001 992 091 1
0.6	1.127 129 756 0	1.124 489 297 0	0.002 640 459 0
0.7	1.309 222 769 0	1.305 826 894 0	0.003 395 875 0
0.8	1.518 509 528 0	1.514 238 495 0	0.004 271 033 0
0.9	1.757 134 672 0	1.751 854 468 0	0.005 280 204 0
1.0	2.027 395 183 0	2.020 955 716 0	0.006 439 467 0

用四阶 Runge-Kutta 公式,计算结果如下:

t_n	$x(t_n)$	x_n	$\lvert x(t_n)-x_n \rvert$
0.1	0.557 752 127 4	0.557 752 013 7	1.137×10^{-7}
0.2	0.632 034 804 1	0.632 034 550 5	2.536×10^{-7}
0.3	0.724 430 460 4	0.724 430 036 4	4.240×10^{-7}
0.4	0.836 585 030 0	0.836 584 402 6	6.274×10^{-7}
0.5	0.970 217 221 0	0.970 216 351 9	8.691×10^{-7}
0.6	1.127 129 756 0	1.127 128 603 0	1.153×10^{-6}
0.7	1.309 222 769 0	1.309 221 284 0	1.485×10^{-6}
0.8	1.518 509 528 0	1.518 507 655 0	1.873×10^{-6}
0.9	1.757 134 672 0	1.757 132 351 0	2.321×10^{-6}
1.0	2.027 395 183 0	2.027 392 346 0	2.837×10^{-6}

其中 $x(t_n)$ 为准确值,x_n 为近似值,$\lvert x(t_n)-x_n \rvert$ 为绝对误差.

3. 所求积分的近似值为 0.746 824 183 9.

习题 6.1

1. (1) 该系统有两个平衡点:$x_1=0$ 和 $x_2=2$;

(2) 该系统有两个平衡点:$(0,0)$ 和 $\left(\dfrac{\beta}{s},\dfrac{\alpha}{r}\right)$.

习题 6.2

1. 当 $\mu=-1$ 时有一个定常解 $x(t)\equiv0$,渐近稳定. 通解为

$$x^2=\frac{Ke^{-2t}}{1-Ke^{-2t}}.$$

当 $\mu=0$ 时有一个定常解 $x(t)\equiv 0$,渐近稳定. 通解为

$$x^2=\frac{1}{2t+K}.$$

当 $\mu=1$ 时有三个定常解 $x_1(t)\equiv -1, x_2(t)\equiv 0, x_3(t)\equiv 1$,其中 $x_1(t), x_3(t)$ 渐近稳定,$x_2(t)$ 不稳定. 通解为

$$x^2=\frac{Ke^{2t}}{1+Ke^{2t}},$$

3. 作变换 $u=x-\dfrac{1}{\mu}, v=y$,则原方程组变为

$$\frac{du}{dt}=-\mu u-\left(u+\frac{1}{\mu}\right)^p v^q,\quad \frac{dv}{dt}=b\left(\left(u+\frac{1}{\mu}\right)^p v^q-v\right),$$

其零解渐近稳定.

5. 所给 van der Pol 方程的零解不稳定.

6. 原方程组有三个定常解

$$A:(x(t),y(t))\equiv(0,0),\quad B:(x(t),y(t))\equiv\left(\frac{\alpha}{\beta},0\right),$$

$$C:(x(t),y(t))\equiv\left(\frac{\delta}{\varepsilon},\frac{\beta\delta}{\gamma\varepsilon}-\frac{\alpha}{\gamma}\right).$$

定常解 A 渐近稳定,定常解 B 和 C 不稳定.

习题 6.3

2. (1) 令 $V(x,y)=x^2+y^2$,原方程的零解渐近稳定;

   (2) 令 $V(x,y)=xy$,原方程的零解不稳定;

   (3) 令 $V(x,y)=xy$,原方程的零解不稳定;

   (4) 令 $V(x,y)=x^2+y^2$,原方程的零解渐近稳定;

   (5) 令 $V(x,y)=4x^2+(x+y)^2$,原方程的零解渐近稳定.

3. 零解不稳定.

7. 零解渐近稳定.

8. **提示**:由假设知零解稳定,即对任意给定的 $\varepsilon>0(\varepsilon<M_1)$,存在 $\delta(\varepsilon)>0$,使得当 $\|\boldsymbol{x}_0\|<\delta$ 时,方程组满足初值条件 $\boldsymbol{x}(t_0)=\boldsymbol{x}_0$ 的解 $\boldsymbol{x}(t;t_0,\boldsymbol{x}_0)$ 对一切 $t\geqslant t_0$ 均有定义且满足

$$\|\boldsymbol{x}(t;t_0,\boldsymbol{x}_0)\|<\varepsilon<M_1.$$

由 Weierstrass(魏尔斯特拉斯)聚点原理知集合

$$\Omega(\boldsymbol{x}_0)=\{\boldsymbol{x}^*:\text{存在序列 } t_n\to+\infty,\text{使得}\lim_{n\to+\infty}\boldsymbol{x}(t_n;t_0,\boldsymbol{x}_0)=\boldsymbol{x}^*\}$$

非空. 可用反证法证明 $\Omega(\boldsymbol{x}_0)=\{\boldsymbol{0}\}$,由此容易推导出零解渐近稳定.

事实上,若 $\boldsymbol{x}^*\in\Omega(\boldsymbol{x}_0)$ 但 $\boldsymbol{x}^*\neq\boldsymbol{0}$,先证明

$$\lim_{t\to+\infty}V(\boldsymbol{x}(t;t_0,\boldsymbol{x}_0))=V(\boldsymbol{x}^*).$$

再证明存在 $\bar{t}\geqslant t_0$,使得 $V(\boldsymbol{x}(\bar{t};t_0,\boldsymbol{x}^*))<V(\boldsymbol{x}^*)$. 由此证明

$$\lim_{n\to+\infty} V(\boldsymbol{x}(t_n+\bar{t};t_0,\boldsymbol{x}_0))=V(\boldsymbol{x}(\bar{t};t_0,\boldsymbol{x}^*))<V(\boldsymbol{x}^*),$$

从而导出矛盾.

习题 6.4

1. (1) 平衡点$(-1,1)$为原系统的稳定焦点;

(2) 平衡点$(0,1)$为原系统的鞍点,不稳定;

(3) 平衡点$(1,0)$为原系统的不稳定两向结点;

(4) 平衡点$(-1,-1)$为原系统的鞍点,不稳定.

2. 所给线性系统的平衡点$(0,0)$的类型和稳定性可分为如下几种情况:

(1) 当$\alpha\gamma<0$时,平衡点$(0,0)$为鞍点,不稳定.

(2) 当$\alpha\gamma>0$且$\alpha\neq\gamma$时,平衡点$(0,0)$为两向结点. 当$\alpha>0$时不稳定,当$\alpha<0$时稳定.

(3) 当$\alpha=\gamma$且$\beta\neq0$时,平衡点$(0,0)$为单向结点. 当$\alpha>0$时不稳定,当$\alpha<0$时稳定.

(4) 当$\alpha=\gamma$且$\beta=0$时,平衡点$(0,0)$为星形结点. 当$\alpha>0$时不稳定,当$\alpha<0$时稳定.

3. 函数$u(\xi)$所满足的常微分方程为

$$(u-c)\frac{\mathrm{d}u}{\mathrm{d}\xi}=c\frac{\mathrm{d}^2u}{\mathrm{d}\xi^2}.$$

令$\frac{\mathrm{d}u}{\mathrm{d}\xi}=v$,则该方程等价于一阶微分方程组

$$\frac{\mathrm{d}u}{\mathrm{d}\xi}=v,\quad \frac{\mathrm{d}v}{\mathrm{d}\xi}=\frac{1}{c}(u-c)v.$$

4. (1) 原方程组有两个平衡点$A(-1,-1)$,$B(4,4)$,均为双曲平衡点. 其中A为稳定焦点,B为不稳定焦点.

(2) 原方程组有唯一的平衡点$O(0,0)$,不是双曲平衡点.

(3) 原方程组有无穷多个平衡点$(0,k\pi)$ $(k=0,\pm1,\pm2,\cdots)$. 当k为偶数时平衡点为双曲平衡点,且为鞍点,不稳定;当k为奇数时平衡点不是双曲平衡点.

5. 原系统有奇点$(0,0)$及奇线$x^2+y^2=1$. 除奇点及奇线外该方程组的轨线族为相平面上的一族射线$\theta(t)=t_0$,在奇线$x^2+y^2=1$内部,它趋于奇点$(0,0)$,在奇线$x^2+y^2=1$外部,它远离奇线$x^2+y^2=1$. 故原点是稳定的星形结点.

习题 6.5

1. 当$\mu\in\left(\frac{1}{2},1\right)$时,原方程组有使得$z$为常数的周期解,其表达式为

$$x(t)=\sqrt{(1-\mu)(2\mu-1)}\cos(t+t_0),$$

$$y(t)=\sqrt{(1-\mu)(2\mu-1)}\sin(t+t_0),$$

$$z(t)=1-\mu,$$

其中t_0为任意常数.

9. 原系统唯一的极限环为稳定极限环 $x^2+y^2=1$.

10. $f^n(x)=a^n x+\frac{1-a^n}{1-a}b$.

* 13. 前三个分岔点为 $\mu_1=\frac{3}{4}$, $\mu_2=\frac{5}{4}$, $\mu_3=1.368\ 098\ 939$.

习题 6.6

2. 函数 $u(\xi)$ 所满足的常微分方程为

$$\frac{\mathrm{d}^2u}{\mathrm{d}\xi^2}+(\alpha-\gamma c)\frac{\mathrm{d}u}{\mathrm{d}\xi}+\beta u^3=0.$$

4. (1) Hamilton 函数为 $H(x,y)=\frac{1}{2}(x^2+y^2)-\frac{1}{3}x^3$;

(2) Hamilton 函数为 $H(x,y)=\frac{1}{2}(x^2+y^2)-\frac{1}{4}x^4$;

(3) Hamilton 函数为 $H(x,y)=\frac{1}{2}y^2+x-\frac{1}{3}x^3$.

* 5. **提示**:设 $\{\boldsymbol{\varphi}^t : t\in\mathbb{R}\}$ 是平面 Hamilton 系统

$$\frac{\mathrm{d}x}{\mathrm{d}t}=\frac{\partial H}{\partial y}=f(x,y),\quad \frac{\mathrm{d}y}{\mathrm{d}t}=-\frac{\partial H}{\partial x}=g(x,y)$$

的一个流,其中映射 $\boldsymbol{\varphi}^t:\mathbb{R}^2\to\mathbb{R}^2$ 中的变量为解的初值,为清楚起见,下用 (x_0,y_0) 表示. 令矩阵 $\boldsymbol{Z}(x_0,y_0,t)$ 为 $\boldsymbol{\varphi}^t(x_0,y_0)$ 关于 (x_0,y_0) 的 Jacobi 矩阵,则可证明 $\boldsymbol{Z}(x_0,y_0,t)$ 满足初值问题

$$\frac{\mathrm{d}\boldsymbol{Z}}{\mathrm{d}t}=\frac{\partial(f(x_0,y_0),g(x_0,y_0))}{\partial(x_0,y_0)}\boldsymbol{Z},\quad \boldsymbol{Z}(x_0,y_0,t_0)=\boldsymbol{I}.$$

* 7. 该偏微分方程有一个解 $u=\frac{x^2}{y}+y$.

参考文献

[1] ARNOL'D V I. Geometrical Methods in the Theory of Ordinary Differential Equations. New York: Springer-Verlag, 1982.

[2] ARNOL'D V I. 常微分方程. 沈家骐,周宝熙,卢亭鹤,译. 北京:科学出版社, 1985.

[3] 蔡燧林. 常微分方程. 杭州: 浙江大学出版社,1988.

[4] CODDINGTON E A, LEVINSON N. Theory of Ordinary Differential Equations. New York: McGraw-Hill, 1955.

[5] 丁同仁,李承治. 常微分方程教程. 3 版. 北京:高等教育出版社,2022.

[6] 甘特马赫尔 Φ P. 矩阵论. 柯召,译. 北京:高等教育出版社,1955.

[7] GUCKENHEIMER J, HOLMES P. Nonlinear Oscillations, Dynamical Systems, and Bifurcations of Vector Fields. New York: Springer-Verlag, 1984.

[8] HALE J K. Ordinary Differential Equations. New York: Wiley, 1969.

[9] HARTMAN P. Ordinary Differential Equations. 2nd Ed. Boston-Basel-Stuttgart: Birkhäuser, 1982.

[10] 金福临,李训经. 常微分方程. 上海:上海科学技术出版社,1984.

[11] KOHLER W, JOHNSON L. Elementary Differential Equations. Boston: Addison-Wesley, 2003.

[12] LEFSCHETZ S. Ordinary Differential Equations: Geometric Theory. New York: Interscience, 1957.

[13] 李庆扬,王能超,易大义. 数值分析. 5 版. 北京:清华大学出版社,2008.

[14] 林武忠,汪志鸣,张九超. 常微分方程. 北京: 科学出版社,2003.

[15] PERKO L. Differential Equations and Dynamical Systems. New York: Springer-Verlag, 1991.

[16] PETROVSKY I G. 常微分方程讲义. 黄克欧,译. 北京:高等教育出版社, 1957.

[17] 秦元勋. 微分方程所定义的积分曲线. 北京: 科学出版社,1959.

[18] RABENSTEIN A L. Elementary Differential Equations with Linear Algebra. New York:Harcourt Brace Jovanovich,1982.

[19] SANSONE G,CONTI R. Non-linear Differential Equations. New York: Pergamon,1964.

[20] STEPANOV V V. 微分方程教程. 卜元震,译. 北京:高等教育出版社,1955.

[21] STOER J, BULIRSCH R. Introduction to Numerical Analysis. 2nd Ed. New York: Springer-Verlag,1993.

[22] TRENCH W F. Elementary Differential Equations. New York: Brook-Cole, 2000.

[23] 王高雄,周之铭,朱思铭,等. 常微分方程. 4 版. 北京: 高等教育出版社, 2020.

[24] 王柔怀,伍卓群. 常微分方程讲义. 北京: 人民教育出版社,1963.

[25] WASTON G N. A Treatise on the Theory of Bessel Functions. 2nd Ed. London: Cambridge,1944.

[26] 叶彦谦. 常微分方程讲义. 2 版. 北京: 人民教育出版社,1982.

[27] 叶彦谦. 极限环论. 2 版. 上海: 上海科学技术出版社,1984.

[28] 张伟年. 动力系统基础. 北京: 高等教育出版社,2001.

[29] 张芷芬,丁同仁,黄文灶,等. 微分方程定性理论. 北京:科学出版社,1997.

[30] 张筑生. 微分动力系统原理. 北京: 科学出版社,1987.

[31] 朱德明,韩茂安. 光滑动力系统. 上海: 华东师范大学出版社,1993.

读者意见反馈

为收集对教材的意见建议，进一步完善教材编写并做好服务工作，读者可将对本教材的意见建议通过如下渠道反馈至我社。

咨询电话　400-810-0598

反馈邮箱　hepsci@ pub. hep. cn

通信地址　北京市朝阳区惠新东街4号富盛大厦1座

　　　　　高等教育出版社理科事业部

邮政编码　100029

防伪查询说明

用户购书后刮开封底防伪涂层，使用手机微信等软件扫描二维码，会跳转至防伪查询网页，获得所购图书详细信息。

防伪客服电话　(010)58582300